Ingenieurmathematik kompakt mit Maple

Thomas Westermann

Ingenieurmathematik kompakt mit Maple

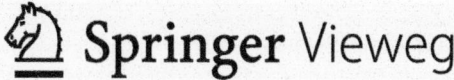

Professor Dr. Thomas Westermann
Hochschule Karlsruhe – Technik und Wirtschaft
Karlsruhe
Deutschland

Extras im Web: http://www.home.hs-karlsruhe.de/~weth0002/buecher/maple/start.htm

ISBN 978-3-642-25052-1 ISBN 978-3-642-25053-8 (eBook)
DOI 10.1007/978-3-642-25053-8

Die Deutsche Nationalbibliothek verzeichnet diese Publikation in der Deutschen Nationalbibliografie; detaillierte bibliografische Daten sind im Internet über http://dnb.d-nb.de abrufbar.

Springer Vieweg
© Springer-Verlag Berlin Heidelberg 2012
Das Werk einschließlich aller seiner Teile ist urheberrechtlich geschützt. Jede Verwertung, die nicht ausdrücklich vom Urheberrechtsgesetz zugelassen ist, bedarf der vorherigen Zustimmung des Verlags. Das gilt insbesondere für Vervielfältigungen, Bearbeitungen, Übersetzungen, Mikroverfilmungen und die Einspeicherung und Verarbeitung in elektronischen Systemen.

Die Wiedergabe von Gebrauchsnamen, Handelsnamen, Warenbezeichnungen usw. in diesem Werk berechtigt auch ohne besondere Kennzeichnung nicht zu der Annahme, dass solche Namen im Sinne der Warenzeichen- und Markenschutz-Gesetzgebung als frei zu betrachten wären und daher von jedermann benutzt werden dürften.

Lektorat: Eva Hestermann-Beyerle
Einbandentwurf: WMXDesign GmbH, Heidelberg

Gedruckt auf säurefreiem und chlorfrei gebleichtem Papier

Springer Vieweg ist eine Marke von Springer DE.
Springer DE ist Teil der Fachverlagsgruppe Springer Science+Business Media
www.springer-vieweg.de

Vorwort

In diesem Buch werden Aufgaben- und Problemstellungen der Ingenieurmathematik wie z.B. das Lösen von Gleichungen, Ungleichungen und linearen Gleichungssystemen, das Differenzieren und Integrieren elementarer Funktionen, Vektor- und Matrizenrechnung, Funktionen mit mehreren Variablen, das Lösen von Differenzialgleichungen, Integraltransformationen und vieles mehr mit MAPLE bearbeitet. Durch die Kenntnis weniger Befehle (solve, limit, diff, int, plot, plot3d) ist man in der Lage, alle elementaren Aufgaben der Ingenieurmathematik auch bei komplizierten Funktionen zu lösen.

Die Rechentechnik tritt daher in den Hintergrund; die mathematische Begriffsbildung, die interessante Modellierung und das systematische Vorgehen gewinnen an Bedeutung. In diesem Lehrbuch wird dieser spannende Aspekt aufgegriffen, indem mathematische Begriffe anschaulich motiviert, systematisch anhand praxisbezogener Beispiele verdeutlicht und mit MAPLE-Worksheets umgesetzt werden.

Die mathematischen Begriffe erhalten durch die dreidimensionalen Schaubilder und aussagekräftigen Animationen eine sehr anschauliche Bedeutung. Die Mathematik wird dadurch greifbarer und visuell verständlich.

Da auch komplizierte Aufgabenstellungen einfach in MAPLE umgesetzt werden können, ist man in der Lage mit demselben Befehlssatz umfangreiche Probleme aus den Anwendungen zu bearbeiten, die per Hand so nicht oder nur sehr schwer zugänglich wären. Im vorliegenden Buch wird daher in jedem Kapitel speziell auf diese wichtigen Aspekte der Ingenieurmathematik eingegangen. Beispiele hierfür sind u.a.

— Modellierung elektrischer Netzwerke
— Einlesen und Darstellen von Messdaten
— Überlagerung von Schwingungen
— Darstellung des Fundamentalsatzes der Algebra
— Bisektions- und Newton-Verfahren
— Beschreibung von Magnetfelder induziert durch Einzelspulen
— Bogenlänge und Krümmung von Kurven
— Fehler- und Ausgleichsrechnung
— Schwerpunktskoordinaten und Trägheitsmomente starrer Körper
— Linien- und Oberflächenintegrale
— RC- und RL-Wechselstromkreise
— Abkühlgesetze von Körpern
— Beschreibung chemischer Reaktionen
— Beschreibung schwingungsfähiger Systeme

- Schwingungen einer Karosserie
- Balkenbiegungen
- Lösen von Differenzialgleichungen mit der Laplace-Transformation
- Spektralanalyse periodischer Funktionen mit Fourier-Reihen
- Spektralanalyse nichtperiodischer Funktionen mit Fourier-Transformation
- Frequenzanalyse elektrischer Filterschaltungen

Oftmals stößt die analytische Mathematik an ihre Grenzen, so dass die interessanten anwendungsorientierten Aufgabenstellungen nicht mehr exakt, sondern nur näherungsweise gelöst werden können. Obwohl in der Mathematik das umfangreiche Gebiet der Numerik zur Verfügung steht, hat man in den Bachelorkursen hierzu oftmals keine Zeit. MAPLE bietet zu den meisten Befehlen numerische Varianten an (evalf, fsolve, dsolve(..., *numeric*)), um diese Probleme mit leicht angepassten Befehlsvarianten ebenfalls lösen zu können.

Die umfangreichen graphischen Möglichkeiten durch plot, plot3d, animate, animate3d liefern sowohl bei den mathematischen Standardaufgaben, der Darstellung der numerischen Ergebnisse, bei den Anwendungsbeispielen oder auch bei eigenen Programmen hilfreiche Unterstützung beim Verständnis der Ingenieurmathematik. Alle Themengebiete lassen sich interaktiv am Rechner mit den vorgefertigten und auf der Homepage zum Buch erhältlichen Worksheets mit MAPLE bearbeiten.

Auf der Homepage zum Buch befinden sich neben den Animationen alle MAPLE-Arbeitsblätter, mit denen der Stoff interaktiv bearbeitet oder auf die eigenen Problemstellungen angepasst werden kann. Weitere Informationen befinden sich unter dem Reiter *Download* auf der Homepage zum Buch:
  http://www.home.hs-karlsruhe.de/~weth0002/buecher/maple/start.htm

Das Buch eignet sich hervorragend für das Selbststudium sowie zur erfolgreichen Umsetzung von Studien- und Projektarbeiten.

Mein Dank gilt Herrn Richard und Frau Bormann von Scientific Computers und Waterloo Maple Inc., die mir MAPLE15 zur Verfügung gestellt haben. Ganz besonders möchte ich mich bei Frau Hestermann-Beyerle und Frau Kollmar-Thoni vom Springer-Verlag für die kompetente Betreuung sowie die gute und angenehme Zusammenarbeit bedanken.

Karlsruhe, im Januar 2012   *Thomas Westermann*

Inhaltsverzeichnis

0	**Einführung in die Benutzeroberfläche**	1
0.1	Grundlegendes zur Benutzeroberfläche von Maple	2
0.2	Paletten	10
0.3	Maple-Strukturen	12
0.4	Maple-Hilfe	14
1	**Zahlen, Gleichungen und Gleichungssysteme**	16
1.1	Zahlen	17
1.2	Gleichungen	19
1.3	Ungleichungen	23
1.4	Lineare Gleichungssysteme	24
1.5	Zusammenstellung der Maple-Befehle	28
2	**Vektoren und Vektorrechnung**	29
2.1	Vektorrechnung	29
2.2	Punkte, Geraden und Ebenen	32
2.3	Zusammenstellung der Maple-Befehle	39
3	**Matrizen und Determinanten**	41
3.1	Matrizen	41
3.2	Determinanten	43
3.3	Rangbestimmung	43
3.4	Anwendungen	44
3.5	Zusammenstellung der Maple-Befehle	48
4	**Elementare Funktionen**	49
4.1	Definition und Darstellung von Funktionen	49
4.2	Polynome	57
4.3	Gebrochenrationale Funktionen	60
4.4	Potenz- und Wurzelfunktionen	64
4.5	Exponentialfunktionen	64
4.6	Trigonometrische Funktionen	65
4.7	Zusammenstellung der Vereinfachungsbefehle	67
5	**Komplexe Zahlen**	69
5.1	Darstellung komplexer Zahlen	69
5.2	Komplexes Rechnen	71
5.3	Anwendungen	73
5.3.1	Beschreibung harmonischer Schwingungen	73
5.3.2	Superposition gleichfrequenter Schwingungen	74
5.3.3	Visualisierung des Fundamentalsatzes der Algebra	76
5.4	Beschreibung von RCL-Filterschaltungen	77
5.5	Zusammenstellung der Maple-Befehle	84

6	**Folgen und Grenzwerte**	85
6.1	Ermittlung von Grenzwerten	85
6.2	Graphische Darstellung von Funktionsfolgen	86
6.3	Berechnung von Funktionsgrenzwerten	87
6.4	Bisektionsverfahren	87
6.5	Zusammenstellung der Maple-Befehle	89
7	**Differenziation**	90
7.1	Definition der Ableitung	91
7.2	Differenzieren	92
7.3	Logarithmische Differenziation	93
7.4	Implizite Differenziation	94
7.5	L'Hospitalsche Regeln	94
7.6	Newton-Verfahren	95
7.7	Anwendungsbeispiel: Magnetfeld von Leiterschleifen	98
7.8	Zusammenstellung der Maple-Befehle	100
8	**Integralrechnung**	101
8.1	Das bestimmte Integral	101
8.2	Integration	103
8.3	Partielle Integration	104
8.4	Substitutionsmethode	106
8.5	Partialbruchzerlegung	107
8.6	Uneigentliche Integrale	109
8.7	Anwendungen	109
8.7.1	Mittelungseigenschaft	109
8.7.2	Bogenlänge	110
8.7.3	Krümmung	112
8.7.4	Volumen und Mantelflächen von Rotationskörpern	112
8.8	Zusammenstellung der Maple-Befehle	115
9	**Zahlen-, Potenz- und Taylor-Reihen**	116
9.1	Zahlenreihen	117
9.2	Quotientenkriterium	119
9.3	Konvergenzbetrachtungen bei Potenzreihen	120
9.4	Potenzreihen	122
9.5	Visualisierung der Konvergenz der Taylor-Reihen	123
9.6	Taylor-Reihen	124
9.7	Anwendungsbeispiel: Scheinwerferregelung	126
9.8	Zusammenstellung der Maple-Befehle	129
10	**Funktionen in mehreren Variablen**	131
10.1	Darstellung von Funktionen in zwei Variablen	131
10.2	Differenzialrechnung	135
10.2.1	Partielle Ableitung	135
10.2.2	Totale Ableitung	136

10.2.3	Berechnung und Darstellung des Gradienten	137
10.2.4	Berechnung der Richtungsableitung	139
10.2.5	Taylor-Reihen	139
10.3	Anwendung der Differenzialrechnung	140
10.3.1	Das totale Differenzial	140
10.3.2	Fehlerrechnung	141
10.3.3	Bestimmung der stationären Punkte und Extremwerte	142
10.3.4	Relative Extrema für Funktionen mit mehreren Variablen	145
10.3.5	Bestimmung der Ausgleichsgeraden	148
10.4	Zusammenstellung der Maple-Befehle	151
11	**Doppel- und Mehrfachintegrale**	**154**
11.1	Doppelintegrale	155
11.2	Dreifachintegrale	157
11.3	Anwendungen	158
11.4	Linien- oder Kurvenintegrale	163
11.5	Oberflächenintegrale	171
11.6	Zusammenstellung der Maple-Befehle	174
12	**Gewöhnliche Differenzialgleichungen**	**175**
12.1	Lösen von DG 1. Ordnung	175
12.2	Lineare Differenzialgleichungssysteme	179
12.2.1	Homogene LDGSysteme	179
12.2.2	Eigenwerte und Eigenvektoren	180
12.2.3	Berechnung inhomogener LDGSysteme	186
12.3	Lösen von DG n-ter Ordnung	193
12.4	Zusammenstellung der Maple-Befehle	197
13	**Numerisches Lösen von Differenzialgleichungen**	**199**
13.1	Streckenzugverfahren von Euler	199
13.2	Verfahren höherer Ordnung	201
13.3	Numerisches Lösen von DG mit **dsolve**	206
13.4	Zusammenstellung der Maple-Befehle	212
14	**Laplace-Transformation**	**213**
14.1	Laplace-Transformation	213
14.2	Anwendungen der Laplace-Transformation	215
14.3	Zusammenstellung der Maple-Befehle	221
15	**Fourier-Reihen**	**222**
15.1	Berechnung der Fourier-Koeffizienten	223
15.2	Analyse T-periodischer Signale	225
15.3	Prozedur zur Berechnung der Fourier-Koeffizienten	229
15.4	Berechnung der komplexen Fourier-Koeffizienten	232
15.5	Zusammenstellung der Maple-Befehle	233

16	**Fourier-Transformation**	234
16.1	Fourier-Transformation und Beispiele	235
16.2	Inverse Fourier-Transformation	237
16.3	Darstellung der Deltafunktion	237
16.4	Anwendungsbeispiele	239
16.4.1	Lösen von DG mit der Fourier-Transformation	239
16.4.2	Frequenzanalyse des Doppelpendelsystems	240
16.4.3	Frequenzanalyse eines Hochpasses	242
16.5	Zusammenstellung der Maple-Befehle	244
	Literaturverzeichnis	247
	Index	249
	Maple-Befehle	251

0. Einführung in die Benutzeroberfläche

MAPLE ist ein Computerprogramm, mit dem man Mathematik am Computer betreiben kann, wie man es ursprünglich nur mit Stift und Papier gewohnt war. Nicht nur Grundrechenoperationen wie Addition, Subtraktion, Multiplikation und Division reeller oder komplexer Zahlen werden exakt durchgeführt, sondern alle grundlegenden Problemstellungen der Ingenieurmathematik wie z.B. das Lösen von Gleichungen, Ungleichungen und linearen Gleichungssystemen, das Differenzieren und Integrieren elementarer Funktionen, Vektor- und Matrizenrechnung, Funktionen mit mehreren Variablen, das Lösen von Differenzialgleichungen, Integraltransformationen und vieles mehr werden mit MAPLE symbolisch gelöst.

Durch die Kenntnis weniger Befehle (u.a. solve, limit, diff, int, Vector, Matrix) ist man in der Lage, alle grundlegenden Aufgaben der Ingenieurmathematik auch für komplizierte Ausdrücke auszuführen.

MAPLE und ähnliche Programme werden als Computeralgebrasysteme (CAS) bezeichnet, da man die mathematischen Probleme primär algebraisch bearbeitet und nicht nur numerisch auswertet wie bei den gängigen Programmiersprachen C, C^{++}, Java usw. Daher auch gelegentlich die Bezeichnung Formelmanipulationsprogramme. Die Stärke von MAPLE liegt aber nicht nur in der Manipulation von Formeln oder dem Berechnen von mathematischen Operationen, sondern MAPLE besticht durch seine hervorragenden graphischen Möglichkeiten, die durch wenige Befehle (u.a. plot, plot3d, animate) einfach und eindrucksvoll realisierbar sind.

Bevor wir jedoch MAPLE auf mathematische Probleme und Aufgabenstellungen der Ingenieurmathematik anwenden, wird in diesem Kapitel die Benutzeroberfläche(n) von MAPLE beschrieben, um eine Orientierungshilfe für das Arbeiten mit dem Programm zu erhalten.

0.1 Grundlegendes zur Benutzeroberfläche von MAPLE

Nach dem erstmaligen Start von MAPLE erscheint das Startup-Menü, wie es in Abb. 0.1 gezeigt ist,

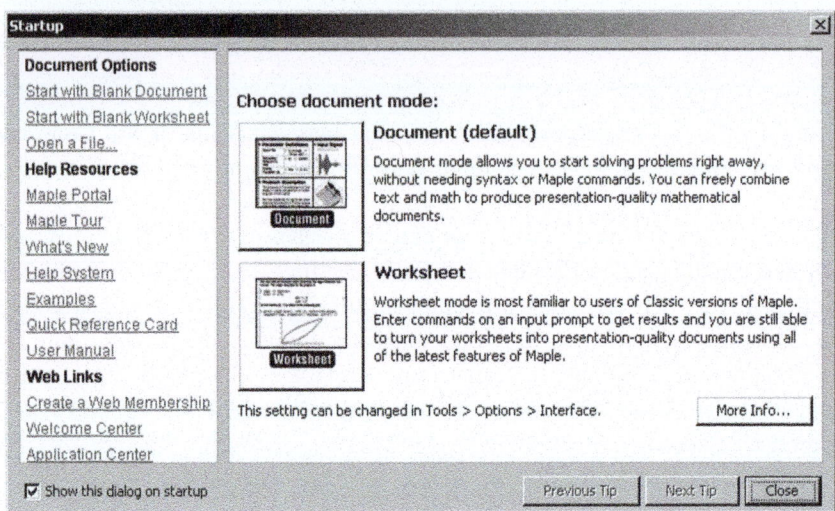

Abb. 0.1. Startup-Menü

unter dem man den Modus einstellt, mit dem man MAPLE betreiben möchte: *Worksheet-Mode* oder *Document-Mode*.

Übersicht: In der folgenden Tabelle ist eine Übersicht über die unterschiedlichen Varianten der Benutzeroberflächen gezeigt, die wir im Folgenden genauer beschreiben werden. In der zweiten Spalte ist der Eingabe-Prompt und in der dritten Spalte ein Eingabebeispiel angegeben.

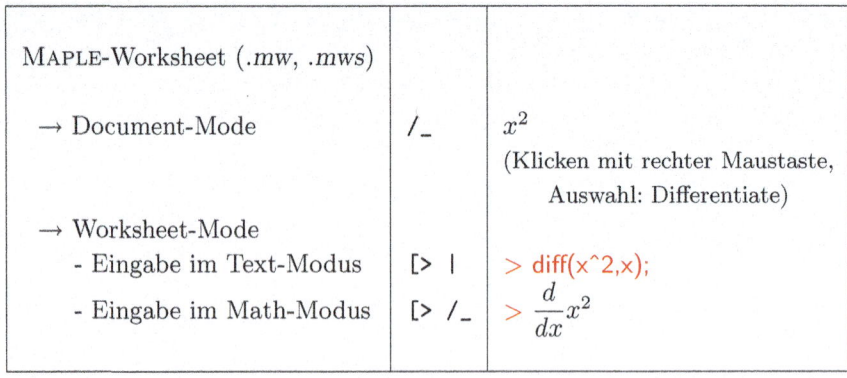

Nach der Wahl des Modes wird man zur Benutzeroberfläche von MAPLE weitergeleitet, die unter der Windows-Version von MAPLE15 in Abb. 0.2 gezeigt ist:

0.1 Grundlegendes zur Benutzeroberfläche von Maple

Abb. 0.2. Benutzeroberfläche von Maple15 (Standard-Worksheet)

Am oberen Rand befinden sich Symbolleisten u.a. zum Dateimanagement, zur Formatierung und Ausführung des Worksheets und Links zur MAPLE-Hilfe. Am linken Rand befinden sich die Paletten, welche die Eingabe erleichtern, insbesondere wenn man noch keine oder geringe MAPLE-Kenntnisse besitzt. Mit der Expression Palette können die Befehle sehr einfach, symbolorientiert erstellt werden. Am oberen Rand der Arbeitsfläche sind weitere Formatierungs- und Auswahlelemente. Der Status des Eingabefeldes ist entweder der befehlsorientierte Text-Modus oder der symbolorientierte Math-Modus.

Worksheet-Mode/Document-Mode: Diese Wahl des Modes im Startup-Menü wird automatisch für alle weiteren Starts verwendet; kann aber bei jedem Start durch das Startup-Menü wieder neu eingestellt werden. Standardmäßig wird der Document-Mode aktiviert, der die MAPLE-Befehle verbirgt und bei dem man durch lediglich Klicken und Auswahl der mathematischen Operationen aus dem Kontextmenü die MAPLE-Aktionen veranlasst. Dieser Modus ist gerade für Einsteiger hilfreich und einfach, da er keinerlei Kenntnisse von MAPLE-Befehlen und deren Syntax benötigt.

0. Einführung in die Benutzeroberfläche

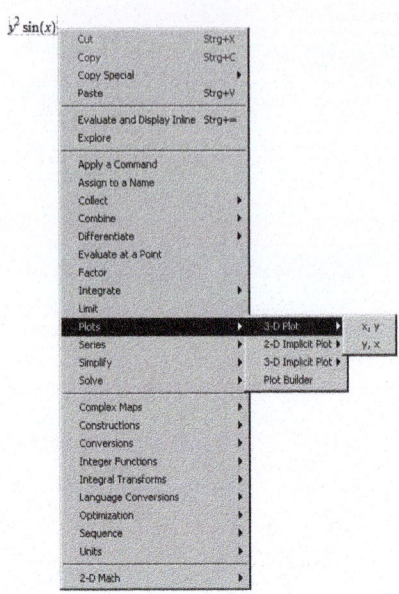

Nach dem Starten des *Document-Mode* erscheint die Eingabeaufforderung
/_
in der man einen Ausdruck der Form
$y^2 \sin(x)$
eingeben kann. Durch Anklicken mit der rechten Maustaste erhält man ein Kontextmenü, aus dem man Operationen auswählen kann. Im Document-Mode kann man z.B. bei der Multiplikation auf das *-Zeichen verzichten. Differenzialgleichungen können vereinfacht mit $y'' + y = 0$ spezifiziert werden.

Der befehlsorientierte *Worksheet-Mode* hingegen wird empfohlen, wenn man mehrere Befehle kombiniert, Befehlsoptionen gezielt aktivieren bzw. deaktivieren möchte, die Programmierungselemente verwendet bzw. Prozeduren erstellt. Worksheet-Mode und Document-Mode sind identisch in ihrer Funktionalität.

Abb. 0.3. Interaktive Manipulation eines Ausdrucks

Nachträglich kann man die Wahl des Modes ändern: Vom Worksheet-Mode zum Document-Mode:

$\boxed{\text{Tools}}$ $\longrightarrow$ Options $\longrightarrow$ Interface $\longrightarrow$ Worksheet ↦ Document $\longrightarrow$ Apply Globally

bzw. vom Document-Mode zum Worksheet-Mode

$\boxed{\text{Tools}}$ $\longrightarrow$ Options $\longrightarrow$ Interface $\longrightarrow$ Document ↦ Worksheet $\longrightarrow$ Apply Globally

In diesem Buch wird durchgängig der befehlsorientierte Worksheet-Mode verwendet, so dass wir im Folgenden nur diese Einstellung beschreiben. Diese Variante hat den Vorteil, dass anhand der Syntax klar hervorgeht, welcher Befehl bzw. welche Variante des Befehls verwendet wird. Im Document-Mode erfolgt die Spezifikation nur durch interaktives Anklicken von Menüs und Untermenüs, was nachträglich schwer zu reproduzieren ist. Eine dennoch gute Beschreibung dieser interaktiven Verwendung von MAPLE findet man in einem Lernvideo auf der MAPLE-Homepage unter:

> http://www.maplesoft.com/support/training/videos/quickstart

Dort befinden sich neben mehreren Videos und den Ausarbeitungen der Quickstart-Tutorien zahlreiche weitere Trainingsvideos zur Ansicht sowie Beschreibungen zum Downloaden.

Text-Modus/Math-Modus: Nach dem Starten des Standard-Worksheets im Worksheet-Mode erscheint die Benutzeroberfläche des elektronischen Arbeitsblattes (Worksheets) (siehe Abb. 0.2) mit der Eingabeaufforderung [>
Andernfalls erzeugt man sich eine solche Eingabezeile, indem man den -Button der oberen Menüleiste betätigt.

Man kann zwischen zwei unterschiedlichen Eingabemodi wählen, die in der oberen Taskleiste spezifiziert werden:
- dem befehlsorientierten **Text**-Modus (Eingabe erscheint rot und fett);
- dem symbolorientierten **Math**-Modus (Eingabe in schwarz und kursiv).

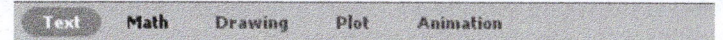

> **Text-Modus**

Im Text-Modus wird eine Eingabe entsprechend der MAPLE-Syntax gemacht. Die Eingabe muss mit einem ; oder : abgeschlossen und durch Drücken der **Return**-Taste bestätigt werden. Ein Beispiel:
> 5 ∗ 4;

$$20$$

Die Ausgabe erscheint in blauer Farbe, eine Zeile tiefer und zentriert. Anschließend erscheint wieder eine Eingabeaufforderung. Alle in diesem Buch verwendeten Befehle sind in diesem Text-Modus angegeben. Wird beispielsweise eine Stammfunktion von $x^2 \sin(x)$ gesucht, so wird dies in der MAPLE-Syntax:
> int(x^2 ∗ sin(x), x);

$$-x^2 \cos(x) + 2\cos(x) + 2x \sin(x)$$

eingegeben. Die MAPLE-Eingabe wird in den nachfolgenden Kapiteln des Buches so spezifiziert. Mit dem **diff**-Befehl wird die Ableitung von $x^2 \sin(x)$ bestimmt.
> diff(x^2 ∗ sin(x), x);

$$2x \sin(x) + x^2 \cos(x)$$

> **Math-Modus**

Alternativ zum Text-Modus steht der Math-Modus zur Verfügung. Dieser ist symbolorientiert. Die Eingabe braucht nicht mit einem ; oder : abgeschlossen werden, wenn nur ein Befehl pro Zeile vorkommt, sondern er muss nur durch Drücken der **Return**-Taste bestätigt werden. Auch ist die Syntax im Math-Modus nicht ganz so streng, verglichen mit dem Text-Modus.
> 5   4

$$20$$

> diff($(x^2 \sin(x), x)$)

$$2x\,\sin(x) + x^2\,\cos(x)$$

Bei der obigen Eingabe wird x^2 durch x^2 erzeugt. Auf den Malpunkt bei der Multiplikation von x^2 mit $\sin(x)$ oder auch 5 mit 4 kann verzichtet werden; es muss hierfür aber ein Leerzeichen gesetzt werden.

▸ Expression Palette

Sowohl im Text- als auch im Math-Modus kann die Expression-Palette an der linken Taskleiste verwendet werden. Diese besteht aus Symbolen für häufig verwendete Rechenoperationen. $\frac{d}{dx}f$ symbolisiert die Ableitung von f nach der Variablen x bzw. $\int_a^b f\,dx$ steht für das bestimmte Integral. Z.B. durch Anklicken des Symbols

$$\frac{d}{dx}f$$

für die gewöhnliche Ableitung erscheint im Text-Modus in der Eingabezeile
> diff(f, x);

In dieser Eingabezeile muss man nun die farblich gekennzeichneten Symbole **f** und **x** spezifizieren. Durch ein anschließendes Betätigen der Return-Taste wird der Befehl ausgeführt.

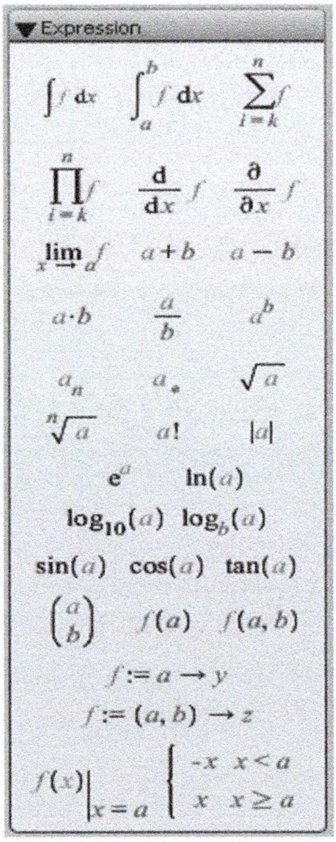

Aktiviert man hingegen im Math-Modus das Symbol $\int_a^b f\,dx$ für das bestimmte Integral, erscheint in der MAPLE-Eingabezeile genau

Abb. 0.4. Expression Palette

diese Schreibweise, bei der man dann die farblich gekennzeichneten Symbole f, a und b, gegebenenfalls auch die Integrationsvariable x anpasst:
> $\int_2^3 x^2\,dx$

Obwohl die symbolorientierte Eingabe für den Einstieg in MAPLE bequemer erscheint, ist die befehlsorientierte Eingabe nicht nur versionsunabhängig, sondern auch übersichtlicher und weniger fehleranfällig. Standardmäßig ist MAPLE im Math-Modus. Mit der Funktionstaste **F5** kann man vom Math- in den Text-Modus und umgekehrt jederzeit umstellen. Möchte man als Standardeingabe den Text-Modus wählen, aktiviert man diesen mit:

| Tools | → Options → Display → Input display | Maple Notation | → Apply Globally.

Wird statt der **Return**-Taste die Tastenkombination **Shift** zusammen mit **Return** betätigt, erhält man eine weitere Eingabeaufforderung, ohne dass der Befehl sofort ausgeführt wird. Erst wenn die gesamte Eingabe mit **Return** bestätigt wird, führt MAPLE alle Befehle in einem Befehlsblock aus. Zusammengehörende Teile sind durch eine Klammer am linken Rand gekennzeichnet. Durch die Funktionstaste **F3** werden zwei MAPLE-Befehle getrennt; mit **F4** werden zwei MAPLE-Befehle zu einem Block zusammengefügt.

> MAPLE-**Output**

Unabhängig davon, ob die Eingabe im Math- oder Text-Modus spezifiziert wird, kann der MAPLE-Output weiter interaktiv bearbeitet werden. Kommen wir zur Verdeutlichung nochmals auf die Integralaufgabe $\int x^2 \sin(x)\, dx$ zurück. Um das Ergebnis der Rechnung einer Variablen *expr* zuzuordnen, verwendet man die Variablenzuweisung mit := *vor* dem MAPLE-Befehl:

> expr := int(x^2 ∗ sin(x), x);

$$expr := -x^2 \cos(x) + 2 \cos(x) + 2x \sin(x)$$

Alternativ steht der **%**-Operator (ditto-Operator) zur Verfügung. Mit **%** wird auf das Ergebnis der letzten MAPLE-Rechnung zurückgegriffen. Eine Variablenzuweisung erfolgt dann *nach* dem **int**-Befehl durch

> expr := %;

$$expr := -x^2 \cos(x) + 2 \cos(x) + 2x \sin(x)$$

Anschließend können mit *expr* Formelmanipulationen vorgenommen werden:

Markiert man das Ergebnis der MAPLE-Rechnung (MAPLE-Output) und betätigt die rechte Maustaste, werden mögliche Rechenoperationen vorgeschlagen, die auf das Ergebnis anwendbar sind. Z.B. *Differentiate* ⟶ *x* differenziert das Ergebnis.

Wählt man statt dem Differenzieren mit der rechten Maustaste z.B. *Plots* ⟶ *2D-Plot*, wird die Stammfunktion in einem *Smartplot* gezeichnet. Die Skalierung der *x*-Achse erfolgt dabei immer von -10 bis 10.

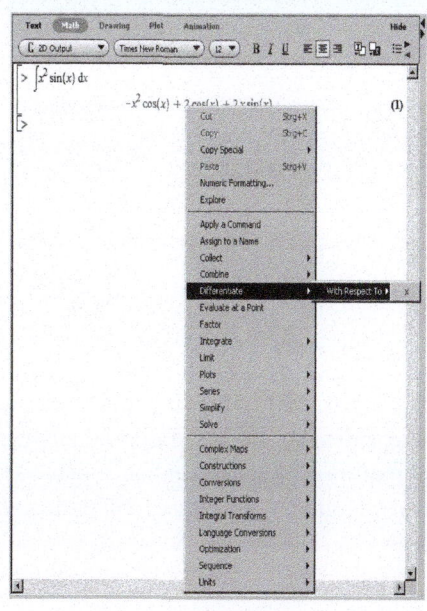

0. Einführung in die Benutzeroberfläche

Sehr umfangreich ist der interaktive **PlotBuilder**. Um ihn zu verwenden, definiert man die zu zeichnende Funktion, z.B. mit y:=sin(x); klickt mit der rechten Maustaste auf die MAPLE-Ausgabe und folgt der Menüführung

$$Plots \longrightarrow Plot\ Builder \longrightarrow Options \longrightarrow ... \longrightarrow Plot$$

Durch den PlotBuilder, dessen Oberfläche auf der linken Spalte in Abb. 0.5 zu sehen ist, wird die Art der Darstellung (z.B.: 2-D plot) selektiert. Über das Untermenü Options können weitere Optionen des plot-Befehls selektiert werden (siehe rechte Spalte). Wird abschließend der Button Plot gedrückt, erscheint das Bild im Worksheet; wird Command gedrückt erhält man den MAPLE-Befehl mit allen spezifizierten Optionen.

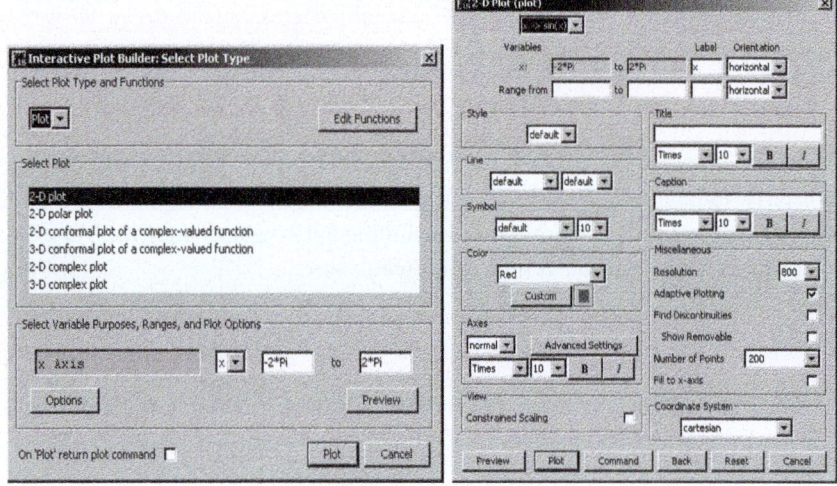

Abb. 0.5. PlotBuilder

Sehr umfangreich ist auch der interaktive **DE Solver**. Um ihn zu verwenden definiert man die zu lösende Differenzialgleichung, klickt mit der rechten Maustaste auf die MAPLE-Ausgabe und folgt dem Kontextmenü

Solve DE Interactively

In diesem Menü können Anfangsbedingungen oder Parameter der Differenzialgleichung spezifiziert werden. Man entscheidet, ob die Differenzialgleichung numerisch oder analytisch gelöst werden soll und erhält entsprechend der Wahl ein weiteres Menü, bei dem man Optionen zur Lösung spezifizieren kann. Man entscheidet, ob die MAPLE-Befehle angezeigt werden sollen und welche Ausgabe man im Worksheet haben möchte (Plot/ Solution/ MapleCommand) bzw. (Plot/ NumericProcedure/ MapleCommand) im Falle der numerischen Variante.

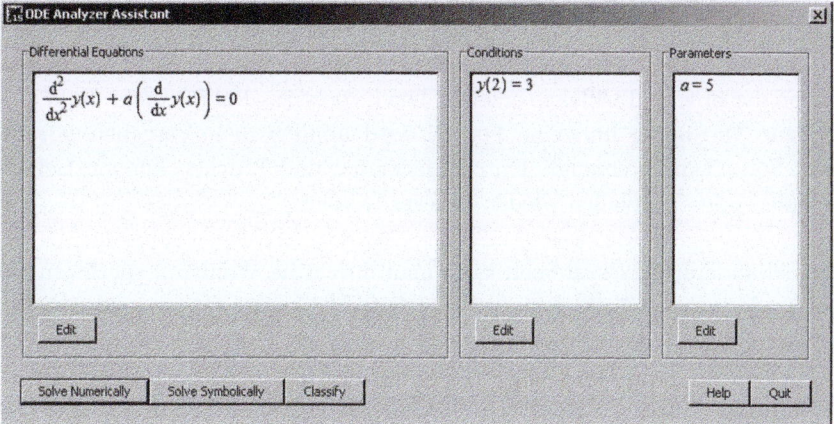

Abb. 0.6. Interaktiver DE Solver

> Maple-**Graphik**

Durch Anklicken einer in Maple erstellten Graphik (erzeugt z.B. durch den Befehl plot(x^2, x=0..2);) erscheint eine neue Toolbar an der oberen Taskleiste, mit der man die Graphik *nachträglich* interaktiv ändern kann.

Jetzt ist der **Plot**-Modus aktiv. Man kann z.B. die Achsen beschriften, Gitterlinien einfügen, den Graphen verschieben, zoomen oder Eigenschaften des Graphen wie Linienstärke, Farbe und vieles mehr ändern. Es steht aber auch der **Drawing**-Modus zur Verfügung. Mit dieser Option kann man in der gewählten Graphik weitere Graphik-Elemente einfügen, die unter den zugehörigen Icons anwählbar sind. Alternativ steht wieder die rechte Maustaste zur Verfügung. Dadurch gibt es eine bequeme Möglichkeit Legenden zu beschriften, in die Graphik mit einzubinden sowie die Graphiken in einem der Formate <eps, gif, jpg, bmp, wmf> abzuspeichern.

Insbesondere um eine Animation, die durch **animate** oder **display** erzeugt wird, zu starten, muss das Bild angeklickt werden. Dann erscheint das Symbol für den **Animation**-Modus. Betätigt man den Startbutton in der oberen Leiste, beginnt die Animation abzulaufen. Bei Animationen können auch der **Plot**- und **Drawing**-Modus durch Anklicken aktiviert werden. Alternativ kann man nach dem Anklicken der Graphik zur Steuerung wieder die rechte Maustaste verwenden.

> MAPLE-**Textsystem**

Um Textstellen im Worksheet einzufügen, wird eine Textzeile durch den $\boxed{\text{T}}$-Button der oberen Taskleiste erzeugt. Die Expression-Palette steht dann ebenfalls zur Verfügung und eine Formel wird ähnlich dem Vorgeben mit dem Word-Formeleditor erzeugt. Durch Markieren und Löschen können Befehls-, Ausgabe- oder Textzeilen wieder entfernt werden.

Wie bei anderen Textsystemen kann man durch die Wahl von speziellen Buttons an der oberen Taskleiste den Text fett (**B**), kursiv (*I*) bzw. unterstrichen (u) darstellen. Mögliche Formate für den Absatz sind links- oder rechtsbündig oder Blocksatz. Ein strukturierter Aufbau des Worksheets in der Form von aufklappbaren Buttons ist durch die Option *Insert* → *Section* oder *Insert* → *Subsection* möglich.

Durch das Exportieren des Worksheets nach *.tex* erhält man sowohl den Text als auch die Formeln in LaTeX und die Bilder als *eps*-Files. Durch das Exportieren des Worksheets nach *.htm* erhält man den Text als *html*-File und sowohl die Formeln als auch die Bilder im *gif*-Format. Animationen werden als *animated-gifs* abgespeichert und bei Aufruf der entsprechenden *html*-Seite als Animationen abgespielt. Ein Exportieren in das Word-kompatible *rtf*-Format ist ebenfalls möglich.

0.2 Paletten

Um dem Anfänger das interaktive Arbeiten mit MAPLE zu erleichtern, steht auch das Kontextmenü zur Verfügung: Man klickt den MAPLE-Output bzw. im **Math**-Modus direkt die Eingabezeile an und wählt die gewünschte Aktion aus. Zusätzlich bietet MAPLE als Eingabehilfe mehrere Paletten an, die sich an der linken Taskleiste befinden.

Die rot unterlegten Paletten dienen hauptsächlich der Spezifizierung von elementaren Rechenoperationen. Wichtige Paletten sind:

Expression Palette: Häufig verwendete MAPLE-Operationen wie Integration, Differentiation, Summenbildung, Limesrechnung aber auch Grundrechenarten, Potenzen und Wurzeln sowie elementare Funktionen werden durch Anklicken des entsprechenden Symbols in MAPLE-Syntax umgesetzt. Die noch zu spezifizierenden Parameter des Befehls sind farblich gekennzeichnet und müssen vor der Ausführung festgelegt werden.

Matrix Palette: Um die Eingabe von Matrizen und Vektoren zu erleichtern, gibt es die Matrix Palette. Dadurch können durch Auswahl der entsprechenden Parameter Matrizen als auch Spalten- oder Zeilenvektoren spezifiziert werden.

Common Symbols / Greek Palette: Oftmals verwendet man sowohl im Text als auch im Eingabemodus griechische Buchstaben. Diese stehen direkt über die Greek Palette zur Verfügung, während e, ∞, π, i und andere mathematische Symbole in der Common Symbols Palette zusammengestellt sind.

Die grün unterlegten Paletten können für die Definition von Variablennamen (im Math-Modus) verwendet werden, stehen aber auch dem Textsystem zur Verfügung. Die blau unterlegten Paletten sind für den Gebrauch als Textsymbole geeignet.

Favorites: Durch Auswahl (rechte Maustaste) eines Symbols aus den vorgegebenen Paletten hat man die Möglichkeit mit *Add To Favorites Palette* die eigene Palette Favorites zu erstellen.

Units: Um die Behandlung von physikalischen Aufgabenstellungen mit Einheiten zu ermöglichen, stehen die beiden Units-Paletten zur Verfügung. Mit Einheiten kann wie mit Variablen gerechnet werden (+, -, *, /, ^), es erfolgt aber keine automatische Vereinfachung; diese wird mit **simplify** veranlasst.

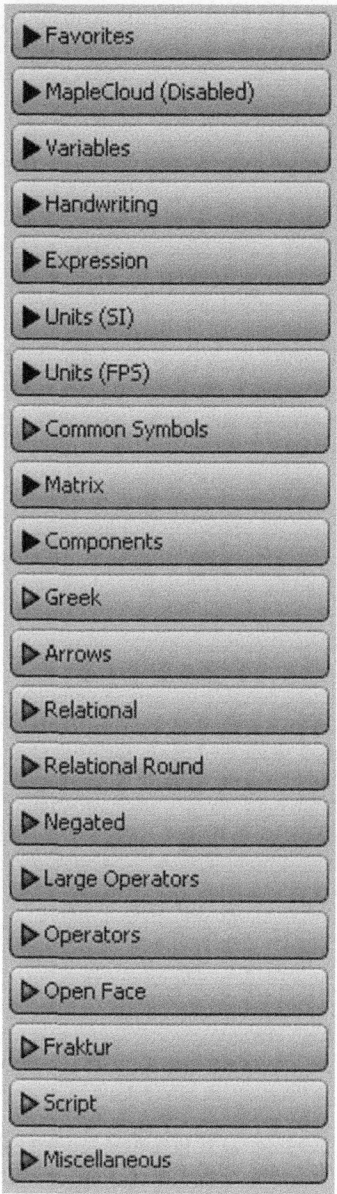

Abb. 0.7. Paletten

Variables: Sehr hilfreich beim Arbeiten mit umfangreicheren Worksheets erweist sich die neue Variables-Palette, die den Status von Variablen bzw. den Wert der gesetzten Variablen angibt.

MapleCloud: MapleCloud ermöglicht einen Austausch von MapleCloud Documents. Durch MapleCloud können Teile oder komplette Standard-Worksheets aus einem von Google verwalteten Server hochgeladen werden, welche dann wiederum anderen Cloud-Benutzern zum Lesen oder Downloaden zur Verfügung stehen.

Components: Über die Components Palette lassen sich im MAPLE-Worksheet Buttons erzeugen, welche z.B. verborgene MAPLE-Befehle starten, Aus- und Eingabefenster erzeugen. Die Komponenten können nur über die Components Palette erzeugt, dann aber interaktiv durch die rechte Maustaste spezifiziert werden.

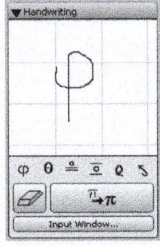

Handwriting: Erstellt man durch eine Freihandzeichnung das in Abb. 0.8 dargestellte Symbol und aktiviert dann den Button $\pi \to \pi$, so erhält man Vorschläge für mögliche erkannte mathematische Symbole, die man dann im Text oder in der MAPLE-Eingabe (im Math-Modus) verwenden kann.

Abb. 0.8. Handwriting

0.3 MAPLE-Strukturen

Wie jede Programmiersprache besitzt MAPLE Symbole für Operatoren, die im Falle der Grundrechenoperationen mit den Standardoperatoren übereinstimmen, Zuweisungsoperatoren und vieles mehr. Für die Klammern gelten bei MAPLE besondere Konventionen, da sie jeweils eigenständige Bedeutung besitzen. Zur Vollständigkeit werden in diesem Abschnitt auch die Programmierstrukturen wie for-Schleifen oder if-Abfragen zusammengestellt.

Operatoren

+	Addition		<	kleiner
-	Subtraktion		<=	kleiner gleich
*	Multiplikation		>	größer
/	Division		>=	größer gleich
**	Potenz		=	gleich
^	Potenz		<>	ungleich
.	Matrizenmultiplikation			

Nulloperatoren

:=	Zuweisung
;	Befehlsende zur Ausführung und Ausgabe des Ergebnisses
:	Befehlsende zur Ausführung *ohne* Ausgabe des Ergebnisses
%	zuletzt berechneter Ausdruck (ditto-Operator)
\\	An- und Abführungszeichen für Texte in MAPLE-Befehlen

⊙ Klammern

(...)	Klammerung in einer mathematischen Formel
[., .,..., .]	Erzeugung einer Liste
< ., .,..., .>	Erzeugung eines Spaltenvektors
< .| .|...| .>	Erzeugung eines Zeilenvektors
{ ., .,..., .}	Erzeugung einer Menge

⊙ Programmierstrukturen

for-Schleife
   for <*index*> from <*start*> by <*schritt*> to <*ende*>
   do <*anweisungen*> end do;

while-Schleife
   while <*bedingung*>
   do <*anweisungen*> end do;

if-Bedingung
   if <*bedingung*> then <*anweisungen*> endif;

if/else
   if <*bedingung*> then <*anweisungen*>
   else <*anweisungen*>
   endif;

if/elseif/else
   if <*bedingung*> then <*anweisungen*>
   elif <*bedingung*> then <*anweisungen*>
   else <*anweisungen*>
   endif;

Prozeduren
   p:= proc(<*parameter*>)
   local <*variablen*>;
   <*anweisungen*>
   end;

⊙ Packages

Da MAPLE beim Starten nur einen Grundumfang von Befehlen aktiviert, sind viele Befehle in Packages aufgeteilt, die bei Bedarf mit **>with(package);** geladen werden. Wichtige Packages sind u.a.

CodeGeneration	Package zum Konvertieren von MAPLE-Code nach C, Java, Fortran
CurveFitting	Package zum Anpassen von Kurven (Spline, BSpine, LeastSquare)
DEtools	Package zum Lösen und graphischen Darstellen von Differenzialgleichungs-Systemen
DiscreteTransforms	enthält diskrete Transformationen wie z.B. FFT
geom3d	Geometrie-Paket für den $\mathbb{R}^3$
geometry	Geometrie-Paket für den $\mathbb{R}^2$
inttrans	Package der Integraltransformationen
LinearAlgebra	Package zur Linearen Algebra
Matlab	Link zu Matlab

PDEtools	Package zum Lösen partieller Differenzialgleichungen
plots	Graphikpaket
plottools	Paket zum Erzeugen von graphischen Objekten
RealDomain	Schränkt die Rechnung auf die reelle Zahlen ein
simplex	Paket zur linearen Optimierung
Student[Calculus1]	Tools zum Erlernen von Begriffen der Analysis
Student[LinearAlgebra]	Tools zum Erlernen der Linearen Algebra
VariationalCalculus	Package zur Variationsrechnung
VectorCalculus	Package zur Vektoranalysis

Die gekennzeichneten Packages werden in diesem Buch verwendet. Alle Packages können mit **?packages** und alle Befehle eines Packages mit *with(package);* oder *?package* aufgelistet werden; die Hilfe zu den einzelnen Befehlen erhält man mit *?befehl*.

Man beachte, dass man z.B. vor der Verwendung des animate-Befehls durch
> with(plots):

das gesamte plots-Paket bzw. durch
> with(plots, animate):

nur den animate-Befehl geladen hat. Innerhalb von Prozeduren ist diese Vorgehensweise ab MAPLE10 nicht mehr erlaubt. Dann muss mit der Befehlsvariante
> plots[animate](...):

gearbeitet werden.

0.4 MAPLE-Hilfe

MAPLE bietet sowohl dem Anfänger als auch dem fortgeschrittenen Nutzer eine sehr umfangreiche Hilfe an, die man über den Menüpunkt

| Help | ⟶ Maple Help

erhält. Es öffnet sich anschließend ein separates Fenster (siehe Abb. 0.9), in dem man dann die gewünschte Hilfestellung zu dem eingegebenen Befehl erhält. Der Aufbau der MAPLE-Hilfe zu einem Befehl ist immer

- Aufruf des Befehls
- Erklärung der Parameter und zusätzlichen Optionen
- Beschreibung des Befehls
- Beispiele
- Links zu verwandten Befehlen

Besonders wertvoll sind die Beispiele, die sich mit Copy und Paste direkt in das aktuelle Worksheet übertragen lassen. Somit hat man schon ein syntaktisch korrektes Beispiel.

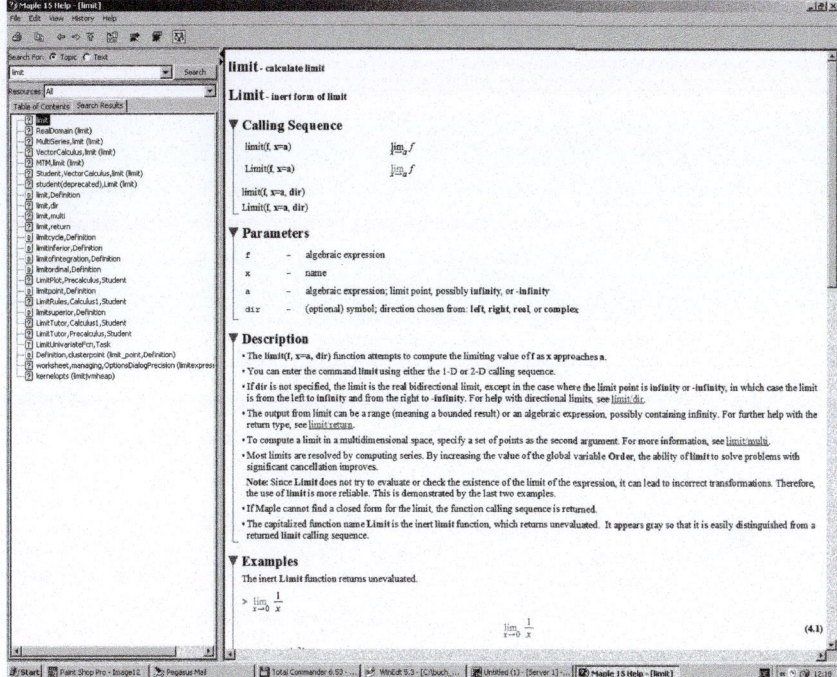

Abb. 0.9. Separates Hilfe-Fenster

Es werden immer alle möglichen Befehle angezeigt, die mit den spezifizierten Buchstaben beginnen. Ist man sich über den Befehlsnamen nicht sicher, dann kann man sich so vortasten: Sucht man z.B. die Hilfeseite für den Befehl der Grenzwerte berechnet, so gibt man am Besten zunächst *li* (für Limes) ein. Anschließend gibt man *limit* ein oder klickt direkt auf den MAPLE-Vorschlag **limit**.

Alternativ kann man im Worksheet
> ?limit

eingeben, dann öffnet sich ebenfalls das Hilfemenü, jetzt aber gleich zum **limit**-Befehl. Oder man klickt im Math-Modus mit der rechten Maustaste auf das Symbol und selektiert *Help on Command*.

Mit
> ???limit

erhält der fortgeschrittene Nutzer gleich die Beispiele aus der MAPLE-Hilfe angezeigt; die restlichen Sektionen werden dann ausgeblendet.

Einen schnellen Überblick über die Funktionalität, Hotkeys, oft verwendete Icons, Benutzeroberflächen bzw. den Wechsel der Oberflächen bietet die Quick-Reference: Help ⟶ Quick Reference.

1. Zahlen, Gleichungen und Gleichungssysteme

1.1 Zahlen

Die Grundrechenoperationen werden in MAPLE mit

$$+, \quad -, \quad *, \quad /;$$

das Potenzieren mit ^ gebildet. Jedoch anders als bei einem Taschenrechner gewohnt, unterscheidet MAPLE zwischen gebrochenrationalen Zahlen und Dezimalzahlen. Mit 2 bzw. 2/3 werden gebrochenrationale Zahlen definiert, während 2. und 2./3 Dezimalzahlen spezifizieren. Innerhalb der gebrochenrationalen Zahlen werden die Rechenoperationen exakt ausgeführt und das Ergebnis wieder als gebrochenrationale Zahl dargestellt.

> 2/3+1/4;

$$\frac{11}{12}$$

Dezimalzahlen werden standardmäßig mit 10 Dezimalstellen angegeben; die Genauigkeit der Rechenoperationen erfolgt innerhalb dieses Bereichs. Diese Zahlen werden im Folgenden float-Zahlen genannt.

> 2./3+1/4;

.9166666667

Durch den Befehl **Digits**:=n werden sowohl die Darstellung der Zahlen als auch die Genauigkeit der Rechnung innerhalb der float-Zahlen auf den Wert n gesetzt.

> **Wurzeln.**

Mit **sqrt**(c) beschreibt man die Quadratwurzel einer nichtnegativen Zahl c. In der Regel kann die Quadratwurzel nicht exakt ausgewertet werden, denn z.B. $\sqrt{2}$ hat ja unendlich viele Nachkommastellen.

> sqrt(2);

$$\sqrt{2}$$

MAPLE gibt dann die Eingabe als Ausgabezeile wieder. **evalf** erzwingt die Umwandlung des Ergebnisses in die float-Zahl 1.414213562 bei einer Genauigkeit von 10 Dezimalstellen.

> evalf(sqrt(2), 10);

1.414213562

> **Logarithmen.**

Mit **log**[b](c) wird der Logarithmus einer positiven Zahl c zur Basis b festgelegt. *log* als auch *ln* stehen für den natürlichen Logarithmus und *log*10 bezeichnet den 10er Logarithmus.

Potenzrechnen.

Die Potenzrechenregeln sind MAPLE bekannt, zur Vereinfachung der Ausdrücke muss explizit mit dem **simplify**-Befehl gearbeitet werden.

> a^n/a^m = simplify(a^n/a^m);

$$\frac{a^n}{a^m} = a^{(n-m)}$$

Summen und Produkte.

Summen und Produkte sind in MAPLE einfach durchführbar:

> add(i^2, i=5..10) = add(i^2, i=5..10);

$$\sum_{i=5}^{10} i^2 = 355$$

> Product((2*i-1)^2, i=3..6) = product((2*i-1)^2, i=3..6);

$$\prod_{i=3}^{6}(2i-1)^2 \quad = 12006225$$

Man erkennt, dass bei Großschreibung die Befehle nur symbolisch dargestellt werden (*inerte* oder *träge* Form der Befehle); bei Kleinschreibung die Befehle ausgeführt werden. Diese Gesetzmäßigkeit werden wir bei vielen anderen MAPLE-Befehlen wiederfinden. Mit MAPLE können durch den **sum**-Befehl (alternativ zum **add**-Befehl) Summenausdrücke nicht nur berechnet werden, sondern man findet für viele Summenwerte auch allgemeine Formeln:

> Sum(i^3, i=1..n) = sum(i^3, i=1..n):
> simplify(%);

$$\sum_{i=1}^{n} i^3 = \frac{1}{4}n^4 + \frac{1}{2}n^3 + \frac{1}{4}n^2$$

Binomialkoeffizienten

Die Binomialkoeffizienten werden berechnet durch

> binomial(49,6);

$$13\,983\,816$$

Das Entwickeln der binomischen Formeln erfolgt mit **expand**

> (a+b)^4 = expand((a+b)^4);

$$(a+b)^4 = a^4 + 4\,a^3 b + 6\,a^2 b^2 + 4\,a b^3 + b^4$$

Mengen.

Mengen werden in MAPLE durch die explizite Angabe der Elemente in geschweiften Klammern oder durch den **set**-Befehl definiert. Zur Vereinigung, zum Schnitt und für das Komplement stehen die Befehle **union**, **intersect** und **minus** zur Verfügung.

> M := {1,2,3,a,b,c}:

1.2 Gleichungen

Gleichungen werden in MAPLE mit dem **solve**-Befehl gelöst. Die Syntax ist

> **solve(gleichung, unbekannte)**

solve versucht die Lösung der Gleichung in exakter Darstellung anzugeben, was nicht für alle Gleichungen möglich ist. Zum näherungsweisen Lösen von Gleichungen steht der **fsolve**-Befehl

> **fsolve(gleichung, unbekannte, optionen)**

mit den beiden wichtigen Optionen *complex* (für komplexe Lösungen) und *a..b* (für den Bereich, in dem eine Lösung gesucht wird) zur Verfügung.

⊙ **Für quadratische Gleichungen**
$$x^2 + px + q = 0$$
liefert der **solve**-Befehl immer alle Lösungen:
> eq1 := x^2+p*x+q=0:
> solve(eq1, x);

$$-\frac{1}{2}p + \frac{1}{2}\sqrt{p^2 - 4q}, \; -\frac{1}{2}p - \frac{1}{2}\sqrt{p^2 - 4q}$$

Setzt man $D := p^2 - 4q$ (*Diskriminante*), so hat die Gleichung für $D > 0$ zwei verschiedene reelle Lösungen, für $D = 0$ eine doppelte reelle Lösung und für $D < 0$ zwei verschiedene komplexe Lösungen.

Beispiele 1.1:
(1) Zwei reelle Lösungen
> eq2 := x^2+x-2=0:
> solve(eq2, x);

$$-2, \; 1$$

(2) Eine doppelte reelle Lösung
> eq3 := x^2+4*x+4=0:
> solve(eq3 ,x);

$$-2, \; -2$$

(3) Zwei komplexe Lösungen
> eq4 := x^2-4*x+13=0:
> solve(eq4, x);

$$2 + 3I, \; 2 - 3I$$

Hierbei bedeutet I die imaginäre Einheit (Kap. 5, Komplexe Zahlen). □

Gleichungen höheren Grades

sind mathematisch nur zum Teil exakt lösbar. MAPLE ist daher oftmals nicht in der Lage, eine explizite Darstellung der Lösung anzugeben.

Beispiel 1.2. Gesucht sind Lösungen der Gleichung 5. Grades

$$x^5 + x^2 - 2x - 1 = 0.$$

> eq5 := x^5+x^2-2*x-1=0:
> sol := solve(eq5, x);

$$sol := RootOf(\_Z^5 + \_Z^2 - 2\_Z - 1, index = 1), ...,$$
$$RootOf(\_Z^5 + \_Z^2 - 2\_Z - 1, index = 5)$$

RootOf *(expr, index=i)* ist ein Platzhalter für alle Nullstellen des Ausdrucks *expr=0*. Mit der Option *index=i* wird die *i*-te Nullstelle der Gleichung symbolisch repräsentiert. Wendet man den **evalf**-Befehl an, der den Ausdruck zahlenmäßig (numerisch) als float-Zahl auswertet, erhält man
> evalf(sol);

$1.146231447, 0.2619583768 + 1.263413015\, I, -0.4187590298,$
$-1.251389171, 0.2619583768 - 1.263413015\, I$

Alternativ zum **solve**-Befehl steht der **fsolve**-Befehl zur Verfügung, der direkt numerische Methoden zum Lösen der Gleichungen verwendet. Der **fsolve**-Befehl findet drei reellen Nullstellen
> fsolve(eq5, x);

$$-1.251389171, -0.4187590298, 1.146231447$$

Führt man den **fsolve**-Befehl mit der Option *complex* aus, dann werden alle fünf Lösungen berechnet (siehe auch Kapitel 5, Komplexe Zahlen).
> fsolve(eq5, x, complex);

$-1.251389171, -0.4187590298, 0.2619583768 - 1.263413015\, I,$
$0.2619583768 + 1.263413015\, I, 1.146231447$

Ist man nur an Lösungen in einem speziellen Bereich interessiert, kann zusätzlich das Lösungsintervall spezifiziert werden.
> fsolve(eq5, x, 1..2);

$$1.146231447$$

Wurzelgleichungen:

Mit dem **solve**-Befehl können auch **Wurzelgleichungen** gelöst werden. Z.B. die Gleichung

$$\sqrt{2x-3} + 5 - 3x = 0$$

wird durch
> eq6 := sqrt(2∗x-3)+5-3∗x=0:
> solve(eq6, x);

$$2$$

gelöst. MAPLE prüft explizit nach, ob die gefundenen Werte auch die ursprüngliche Gleichung erfüllen. Dies ist notwendig, da Wurzelgleichungen durch geschicktes Umformen und Quadrieren gelöst werden und das Quadrieren der Gleichungen keine Äquivalenzumformung darstellt. (Bei einer Äquivalenzumformung bleibt die Lösungsmenge der Gleichung unverändert!)

Betragsgleichungen

werden ebenfalls mit dem **solve**-Befehl gelöst. Gesucht sind z.B. die Lösungen der Betragsgleichung

$$|4x - 1| = -2x + 4.$$

Um sich einen Überblick über die beiden Funktionen zu verschaffen, zeichnet man die linke und die rechte Seite der Gleichung mit dem **plot**-Befehl:

plot([y1,y2,...,yn], x=x1..x2).

Dabei sind in den Klammern die zu zeichnenden Ausdrücke angegeben; der x-Achsen-Bereich wird durch **x=x1..x2** spezifiziert. Die linke Seite der Gleichung wird mit dem **lhs-** (**l**eft **h**and **s**ide) und die rechte Seite der Gleichung mit dem **rhs-** (**r**ight **h**and **s**ide) Befehl spezifiziert.
> eq7 := abs(4∗x-1) = -2∗x+4;

$$eq7 := \quad |4x - 1| = -2x + 4$$

> plot([lhs(eq7) , rhs(eq7)] , x = -5..5);

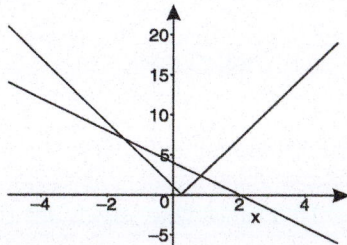

Die beiden Lösungen erhält man durch
> solve(eq7, x);

$$\frac{5}{6}, \frac{-3}{2}$$

1.3 Ungleichungen

> **Ungleichungen** werden in MAPLE mit dem **solve**-Befehl gelöst.

Beispiel 1.3 (Mit MAPLE-Worksheet). Gesucht ist die Lösungsmenge der Betragsungleichung
$$|2x + 2| > 3.$$

> solve (abs (2∗x+2) > 3, x);

$$RealRange\left(Open(\tfrac{1}{2}), \infty\right), RealRange(-\infty, Open(\tfrac{-5}{2}))$$

Dabei bedeutet $RealRange$ die Angabe eines Intervalls und $Open(\tfrac{1}{2})$, dass $\tfrac{1}{2}$ nicht zur Menge gehört, d.h. es sich um ein linksseitig offenes Intervall handelt. Die Lösungsmenge besteht damit aus zwei Teilintervallen, dem offenen Intervall $(-\infty, -\tfrac{5}{2})$ vereinigt mit dem offenen Intervall $(\tfrac{1}{2}, \infty)$:

$$\mathbb{L} = (-\infty, -\tfrac{5}{2}) \cup (\tfrac{1}{2}, \infty).$$

□

Beispiel 1.4 (Mit MAPLE-Worksheet). Gesucht ist die Lösungsmenge der Betragsungleichung
$$(x-2)^2 \leq |x|.$$

Um sich einen Überblick über die beiden Funktionen zu verschaffen, zeichnen wir die linke und die rechte Seite der Ungleichung:
> plot([(x-1)^2 , abs (x)], x=2..4);

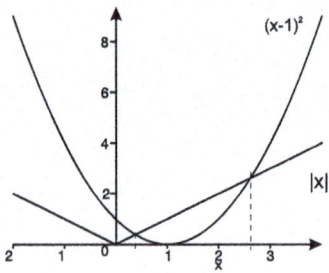

Man erkennt, dass es zwei Schnittpunkte der Graphen gibt, die es zu bestimmen gilt. Die Lösungsmenge besteht dann aus dem abgeschlossenen Intervall, in dem die Quadratfunktion $(x-1)^2$ kleiner bzw. gleich der Betragsfunktion $|x|$ ist.
> solve((x-1)^2 < = abs (x), x);

$$RealRange\left(\tfrac{3}{2} - \tfrac{1}{2}\sqrt{5}, \tfrac{3}{2} + \tfrac{1}{2}\sqrt{5}\right)$$

Die Lösungsmenge besteht aus dem beidseitig abgeschlossenen Intervall

$$\mathbb{L} = \left[\frac{3}{2} - \frac{1}{2}\sqrt{5}, \frac{3}{2} + \frac{1}{2}\sqrt{5} \right].$$ □

Visualisierung mit MAPLE: Auf der Homepage befindet sich die MAPLE-Prozedur visual_solve, um Gleichungen und Ungleichungen zu lösen sowie die Lösung graphisch darzustellen.

1.4 Lineare Gleichungssysteme

Um lineare Gleichungssysteme zu lösen, kann der **solve**-Befehl in der Form

> **solve({menge von gleichungen}, {menge von unbekannten})**

verwendet werden. Das Ergebnis von **solve** ist die Menge der Lösungen des linearen Gleichungssystems.

Anwendungsbeispiel 1.5 (Die Beschreibung elektrischer Netzwerke bei Gleichströmen).
Gegeben ist das in Abb. 1.1 dargestellte *elektrische Netzwerk* mit den Widerständen

$R_1 = 1\Omega, R_2 = 5\Omega, R_3 = 3\Omega.$

Diesem Netzwerk werden zwei Gleichströme $I_A = 1A$ und $I_B = 2A$ zugeführt. Gesucht sind die Einzelströme I_1, I_2, I_3.

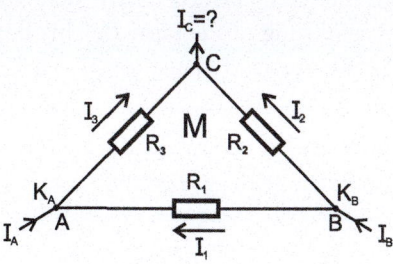

Abb. 1.1. Elektrisches Netzwerk

Um die Modellgleichungen zu erhalten, wenden wir die **Kirchhoffschen Gesetze** an. Der *Knotensatz* besagt: Die Summe der in den Knoten zufließenden Ströme ist gleich der Summe aller abfließenden Ströme. Der *Maschensatz* besagt, dass in einer Masche die Summe aller Spannungen Null ergibt.

Bei unserem Beispiel gilt für den Knoten K_A, dass I_3 zu- und I_A, I_1 abfließen

$$(K_A): \quad I_3 = I_A + I_1;$$

für den Knoten K_B, dass I_B zu- und I_1, I_2 abfließen

$$(K_B): \quad I_B = I_1 + I_2.$$

Für die Masche mit angegebenen Stromrichtungen gilt, dass der Spannungsabfall über R_2 gleich der Summe der Spannungsabfällen über R_1 und R_3 ist:

$$(M): \quad R_1 I_1 + R_3 I_3 = R_2 I_2.$$

Dies ergibt mit den gegebenen Ohmschen Widerständen ein *System* von drei Gleichungen für die Einzelströme I_1, I_2, I_3.

> eq1:= I1 - 5 * I2 + 3 * I3 = 0;
> eq2:= - I1 + I3 = 1;
> eq3:= I1 + I2 = 2;

$$eq1 := I1 - 5\ I2 + 3\ I3 = 0$$
$$eq2 := -I1 + I3 = 1$$
$$eq3 := I1 + I2 = 2$$

Die Lösung erhält man durch
> solve({eq1,eq2,eq3}, {I1,I2,I3});

$$\left\{ I1 = \frac{7}{9},\ I3 = \frac{16}{9},\ I2 = \frac{11}{9} \right\}$$

⚠ **Achtung:** Die Variablen I1, I2, I3 bleiben aber nach wie vor undefiniert, d.h. der **solve**-Befehl weist die Lösungswerte den Variablen nicht explizit zu.
> I1,I2,I3;

$$I1,\ I2,\ I3$$

Damit die Variablen I1, I2, I3 die Lösungswerte annehmen, müssen diese Werte mit dem **assign**-Befehl den Variablen zugewiesen werden. Erst nach der Ausführung des **assign**-Befehls besitzen die Variablen diesen Zahlenwert.
> Sol:=solve({eq1,eq2,eq3}, {I1,I2,I3});

$$Sol := \left\{ I1 = \frac{7}{9},\ I3 = \frac{16}{9},\ I2 = \frac{11}{9} \right\}$$

> assign(Sol);
> I1,I2,I3;

$$\frac{7}{9},\ \frac{11}{9},\ \frac{16}{9}$$

Stellen wir dasselbe LGS nun jedoch mit einer float-Zahl als Koeffizienten (z.B. bei Gleichung $eq1$ $a_{11} = 1$.) auf, so erhalten wir als Ergebnis nicht mehr die exakte Lösung für I1, I2, I3, sondern eine reelle Näherung.

⚠ **Achtung:** Da die Variablen durch die vorherige **assign**-Zuweisung schon Werte besitzen, müssen sie zuerst durch
> I1:='I1': I2:='I2': I3:='I3':

zurückgesetzt werden. Alternativ erfolgt das Zurücksetzen durch **evaln**

> l1:=evaln(l1): l2:=evaln(l2): l3:=evaln(l3):

solve liefert für die Gleichung
> eq1f:= 1. * l1 - 5 * l2 + 3 * l3 = 0:

zusammen mit eq2 und eq3 die Lösung
> solve({eq1f,eq2,eq3}, {l1,l2,l3});

$$\{\ I3 = 1.777777778,\ I2 = 1.222222222,\ I1 = 0.777777778\ \}$$

Solange die Koeffizienten des LGS rationale Zahlen sind, stellt MAPLE die exakte Lösung innerhalb der rationalen Zahlen dar. Dies spiegelt die Tatsache wider, dass die rationalen Zahlen einen Körper bilden und MAPLE die arithmetischen Operationen innerhalb dieses Körpers ausführt. Ist einer der Koeffizienten eine float-Zahl, wird die Rechnung innerhalb der float-Zahlen durchgeführt und die Lösung standardmäßig bis auf 10 Dezimalstellen näherungsweise bestimmt. Die Genauigkeit wird mit **Digits=n** auf n Stellen gesetzt. □

⊙ Formulierung von LGS über Matrizen

Durch den Begriff der Matrix (siehe Kapitel 3) können LGS auch so formuliert werden, dass nur die Zeilen des LGS als Matrix A angegeben werden und die rechte Seite als Vektor b definiert wird. Dem **solve**-Befehl für Gleichungssysteme (auch nichtlinearen) entspricht der **LinearSolve**-Befehl bei der Formulierung von linearen Gleichungssystemen mit Matrizen. Das Ergebnis wird durch einen Lösungsvektor angegeben. Dieser Lösungsvektor enthält Parameter, wenn das LGS nicht eindeutig lösbar ist.

Um die MAPLE-Befehle zur Linearen Algebra zur Verfügung zu haben, muss das Programmpaket **LinearAlgebra** aktiviert werden. Die Definition der Matrizen erfolgt mit dem **Matrix**-Befehl, indem man die Zeilen der Koeffizientenmatrix spezifiziert:
> with(LinearAlgebra):
> A1:=Matrix([[2,1,-1] , [3,5,-4] , [4,-3,2]]);

$$A1 := \begin{bmatrix} 2 & 1 & -1 \\ 3 & 5 & -4 \\ 4 & -3 & 2 \end{bmatrix}$$

Die Definition der rechten Seite des LGS erfolgt durch den **Vector**-Befehl:
> b1:=Vector([3,1,2]);

$$b1 := \begin{bmatrix} 3 \\ 1 \\ 2 \end{bmatrix}$$

und mit **LinearSolve**(A,b) wird das LGS gelöst:

> LinearSolve(A1,b1);

$$\begin{bmatrix} -1 \\ -16 \\ -21 \end{bmatrix}$$

Beispiel 1.6 (Die Lösung enthält einen Parameter.) Um das System

$$\begin{aligned} x_1 - 3x_2 + 2x_3 &= 4 \\ -2x_1 + x_2 + 3x_3 &= 2 \\ 2x_1 - 16x_2 + 18x_3 &= 28 \end{aligned}$$

zu lösen, setzen wir
> A2:=Matrix([[1,-3,2] , [-2,1,3] , [2,-16,18]]):
> b2:=Vector([4,2,28]):
> LinearSolve(A2,b2);

$$\begin{bmatrix} -2 + \tfrac{11}{5}\_t_1 \\ -2 + \tfrac{7}{5}\_t_1 \\ \_t_1 \end{bmatrix}$$

Besitzt die Lösung des LGS wie in diesem Falle einen frei wählbaren Parameter, kennzeichnet MAPLE diesen mit dem Symbol _. Der Unterstrich zu Beginn des Variablennamens $\_t_1$ weist darauf hin, dass MAPLE diese Größe eingeführt hat. □

Beispiel 1.7 (Das System hat keine Lösung.) Wir betrachten das obige System, indem wir die letzte Gleichung abändern: Die rechte Seite 28 wird durch **27** ersetzt. Ist das LGS wie in diesem Falle nicht lösbar, so liefert MAPLE keine Antwort
> b3:=Vector([4,2,27]):
> LinearSolve(A2,b3); □

MAPLE-Worksheets zu Kapitel 1

Die folgenden elektronischen Arbeitsblätter stehen für Kapitel 1 mit MAPLE zur Verfügung.
− Natürliche und reelle Zahlen mit MAPLE
− Pythagoräische Zahlen mit MAPLE
− Gleichungen und Ungleichungen mit MAPLE
− Visualisierung von Gleichungen mit MAPLE
− Lineare Gleichungssysteme mit MAPLE

1.5 Zusammenstellung der MAPLE-Befehle

Grundlegende Befehle zum Arbeiten mit Zahlen

:=	Zuweisung
+ - * /	Grundrechenoperationen
^ !	Potenz, Fakultät
binomial	Binomialkoeffizient
ln, log	Natürlicher Logarithmus
log[b]	Logarithmus zur Basis b
expand	Ausmultiplizieren von Klammerausdrücken
simplify	Vereinfachen von Ausdrücken
assume	Einschränkung von Variablen

Grundlegende Befehle für Mengen

A:={ ... }	Definition einer Menge A
A union B	Vereinigung der Mengen A und B
A intersect B	Durchschnitt der Mengen A und B
A minus B	Differenzmenge von A und B
member(element,menge)	Element einer Menge?

Grundlegende Befehle von Summen und Produkten

sum $(i*(i+1), i=1..n)$	Symbolische Auswertung einer Summe
add $(i*(i+1), i=1..10)$	Zahlenmäßige Auswertung einer Summe
product$(l*(l+1), l=1..n)$	Auswertung eines Produkts

Befehl zum Lösen von Gleichungen

solve(eq, var)	Auflösen der Gleichung eq nach der Variablen var
solve({eq1,..,eqn}, {var1,..,varn)})	Auflösen der Gleichungen $eq1,...,eqn$ nach den Variablen $var1,..., varn$

Grundlegende Befehle zum Lösen von linearen Gleichungssystemen

with(LinearAlgebra)	Linear-Algebra-Paket
Matrix([[zeile1],...])	Definition einer Matrix (zeilenweise)
Vector([spalte])	Definition eines Spaltenvektors (spaltenweise)
LinearSolve(A, b)	Lösen des linearen Gleichungssystems $Ax = b$

2. Vektoren und Vektorrechnung

2.1 Vektorrechnung

Die Befehle zur Vektorrechnung befinden sich im **LinearAlgebra**-Paket, welches durch **with(LinearAlgebra)** aktiviert wird. Alle Befehle aus dem Paket erhält man durch >**with(LinearAlgebra);** aufgelistet.

> **Vector**(n, [x1,...,xn])   bzw.
> <x1,..., xn>   legen einen **Spalten**vektor fest.

> **Vector[row]**(n, [x1,...,xn]) bzw.
> <x1|...| xn>   legen einen **Zeilen**vektor fest.

Dabei gibt n die Länge des Vektors an und $x_1,..., x_n$ sind die einzelnen Komponenten. Die Angabe von n ist optional.
> with(LinearAlgebra):
> a:=Vector(3,[a_x,a_y,a_z]);
> b:=<b_x,b_y,b_z>;
> c:=Vector(3);

$$a := \begin{bmatrix} a\_x \\ a\_y \\ a\_z \end{bmatrix} \qquad b := \begin{bmatrix} b\_x \\ b\_y \\ b\_z \end{bmatrix} \qquad c := \begin{bmatrix} 0 \\ 0 \\ 0 \end{bmatrix}$$

Zeilenvektoren werden durch den Befehl **vector[row]** oder in der Kurzversion <x1|...| xn> spezifiziert. Werden nur die Komponenten $x_1,..., x_n$ in eckigen Klammern angegeben, so wird eine dem Vektor verwandte Struktur, nämlich eine *Liste* erzeugt.
> v1:=Vector[row](3,[-2,3,4]);   #Zeilenvektor
> v2:=<-2 | 3 | 4>:   #Zeilenvektor
> l1:=[-2,2/3,6];   #Liste

$$v1 := [-2, \ 3, \ 4]$$

$$l1 := [-2, \ \frac{2}{3}, \ 6]$$

> whattype(l1), type(v2,Vector);

$$list, \text{true}$$

Die einzelnen Komponenten der Vektoren können durch Angabe des Indexes in eckigen Klammern, z.B. a[j], angesprochen werden:
> a[2], c[3], v1[2];

$$a\_y, \ 0, \ 3$$

2. Vektoren und Vektorrechnung

Der Betrag eines Vektors wird durch den **Norm**-Befehl berechnet. Das zweite Argument **2** besagt, dass die sog. Euklidische Norm berechnet wird. Allgemeiner lässt sich die p-Norm $||a||_p = \left(a_x^p + a_y^p + a_z^p\right)^{1/p}$ durch die Angabe von **p** bestimmen.

> Norm(a,**2**), Norm(v1,2);

$$\sqrt{|a_x|^2 + |a_y|^2 + |a_z|^2}, \sqrt{29}$$

Die Ausführung der Addition zweier Vektoren und die Multiplikation eines Vektors mit einem Skalar erfolgt automatisch.

> a+b, lambda*a;

$$\begin{pmatrix} a_x + b_x \\ a_y + b_y \\ a_z + b_z \end{pmatrix} \quad \begin{pmatrix} \lambda\, a_x \\ \lambda\, a_y \\ \lambda\, a_z \end{pmatrix}$$

Das Skalarprodukt

$$\boxed{\vec{a} \cdot \vec{b} = a_x b_x + a_y b_y + a_z b_z}$$

wird durch den **DotProduct**-Befehl (Punktprodukt) realisiert.

> sk:=DotProduct(a,b);

$$sk := a_x\,\overline{b_x} + a_y\,\overline{b_y} + a_z\,\overline{b_z}$$

Man beachte, dass der Querstrich bei den Komponenten des Vektors $\vec{b}$ darauf hinweist, dass das Skalarprodukt auch für komplexe Vektoren definiert ist. Für den Fall von reellen Vektoren gilt $\overline{\vec{b}} = \vec{b}$ (siehe auch Kap. 5, Komplexe Zahlen). Mit der Option *conjugate=false* wird die Rechnung im Reellen durchgeführt. Entsprechendes gilt auch für die weiteren Konstruktionen mit dem Skalarprodukt.

Um den Winkel α zwischen zwei Vektoren $\vec{a}$ und $\vec{b}$ zu berechnen, kann explizit die Formel

$$\boxed{\cos\alpha = \frac{\vec{a}\cdot\vec{b}}{|\vec{a}|\cdot|\vec{b}|} = \frac{a_x b_x + a_y b_y + a_z b_z}{\sqrt{a_x^2 + a_y^2 + a_z^2}\sqrt{b_x^2 + b_y^2 + b_z^2}}}$$

verwendet werden:

> psi:= arccos(DotProduct(a,b) / (Norm(a,2)*Norm(b,2)));

$$\psi := arccos\left(\frac{a_x\,\overline{b_x} + a_y\,\overline{b_y} + a_z\,\overline{b_z}}{\sqrt{|a_x|^2 + |a_y|^2 + |a_z|^2}\sqrt{|b_x|^2 + |b_y|^2 + |b_z|^2}}\right)$$

oder man verwendet direkt den **VectorAngle**-Befehl:
> psi := VectorAngle(a,b);

$$\psi := arccos\left(\frac{a\_x\, b\_x + a\_y\, b\_y + a\_z\, b\_z}{\sqrt{a\_x^2 + a\_y^2 + a\_z^2}\,\sqrt{b\_x^2 + b\_y^2 + b\_z^2}}\right)$$

Der Winkel wird dann mit **evalf** als float-Zahl im Bogenmaß angegeben.

Beispiel 2.1. Berechnung des Winkels zwischen den beiden Vektoren $\vec{a}_1 = (3, -1, 2)$ und $\vec{a}_2 = (1, 2, 4)$:
> a1:=<3,-1,2>: a2:=<1,2,4>:
> psi:= arccos(DotProduct(a1,a2) / (Norm(a1,2)*Norm(a2,2)));
> evalf(psi*180/Pi);

$$\psi := arccos\left(\frac{3}{98}\sqrt{14}\,\sqrt{21}\right)$$

$$58.33911721$$

oder
> angle(a1,a2): %=evalf(convert(%,degrees));

$$angle(a1, a2) := 58.33911721\ degrees \qquad \square$$

Die Projektion des Vektors $\vec{b}$ auf den Vektor $\vec{a}$ wird bestimmt durch

$$\vec{b}_a = \frac{\vec{a}\cdot\vec{b}}{|\vec{a}|^2}\cdot\vec{a}$$

> b_a:= DotProduct(a, b, conjugate=false) / Norm(a,2)^2 * a ;

$$b\_a := \begin{bmatrix} \dfrac{(a\_x\, b\_x + a\_y\, b\_y + a\_z\, b\_z)\, a\_x}{|a\_x|^2 + |a\_y|^2 + |a\_z|^2} \\[4pt] \dfrac{(a\_x\, b\_x + a\_y\, b\_y + a\_z\, b\_z)\, a\_y}{|a\_x|^2 + |a\_y|^2 + |a\_z|^2} \\[4pt] \dfrac{(a\_x\, b\_x + a\_y\, b\_y + a\_z\, b\_z)\, a\_z}{|a\_x|^2 + |a\_y|^2 + |a\_z|^2} \end{bmatrix}$$

Für das Kreuzprodukt (Vektorprodukt) steht der **CrossProduct**-Befehl zur Verfügung:
> cp:=CrossProduct(a,b);

$$cp := \begin{bmatrix} a\_y\, b\_z - a\_z\, b\_y \\ a\_z\, b\_x - a\_x\, b\_z \\ a\_x\, b\_y - a\_y\, b\_x \end{bmatrix}$$

2. Vektoren und Vektorrechnung

Beispiel 2.2. Berechnung des Flächeninhaltes des von den Vektoren $\vec{a}_1 = (1, -5, 2)$ und $\vec{a}_2 = (2, 0, 3)$ aufgespannten Parallelogramms:
> a1:=<1, -5, 2>: a2:=<2, 0, 3>:
> cp:=CrossProduct(a1,a2);
> flaeche:=evalf(Norm(cp,2));

$$cp := \begin{bmatrix} -15 \\ 1 \\ 10 \end{bmatrix}$$

$$flaeche := 18.05547009 \qquad \square$$

Visualisierung mit MAPLE: Auf der Homepage befinden sich MAPLE-Prozeduren, welche sowohl die Darstellung von Vektoren im $\mathbb{R}^2$ ermöglichen als auch die Visualisierung der Vektoroperationen. Der zweidimensionale Vektor $\vec{a}$ wird mit Hilfe der Prozedur **Linkom2d** durch die Linearkombination der zwei Einheitsvektoren $\vec{a} = a_x \vec{e}_1 + a_y \vec{e}_2$ dargestellt, während **Darst2d** zwei Ortsvektoren im $\mathbb{R}^2$ zeichnet. Die Prozedur **Add2d** addiert zwei Vektoren geometrisch und die Darstellung der Subtraktion erfolgt durch **Sub2d**. Die Prozedur **Projek2d** zeigt die Projektion des Vektors $\vec{b}$ auf den Vektor $\vec{a}$.

Entsprechend gibt es 3d-Versionen der Prozeduren für die Darstellung von Vektoren im $\mathbb{R}^3$ sowie zusätzlich die Darstellung des Vektorproduktes $\vec{a} \times \vec{b}$ durch **Vecprod**.

2.2 Punkte, Geraden und Ebenen

Die Befehle zur Analytischen Geometrie, wie man die Beschreibung von Punkten, Geraden, Ebenen und anderen Objekten des Raumes bezeichnet, befinden sich im **geom3d**-Paket, welches durch **with(geom3d)** aktiviert wird. Im Folgenden gehen wir immer davon aus, dass dieses Paket geladen ist. Alle Befehle des Paketes werden mit > **with(geom3d);** aufgelistet. Für die *zweidimensionale* Analytische Geometrie steht das **geom**-Paket zur Verfügung.

Definition der geometrischen Objekte

Zur Definition von Punkten, Geraden und Ebenen stehen die Befehle **point**, **line** und **plane** zur Verfügung. Diese Objekte werden durch den **draw**-Befehl direkt gezeichnet. Mit **detail** erhält man genauere Angaben über die definierten Objekte.

Punkte. Ein Punkt P wird durch **point(P, [x1,x2,x3])** definiert, wobei P den Punkt bezeichnet und $[x1, x2, x3]$ die Koordinaten des Punktes angeben.
> with(geom3d):
> point(P1, [2,0,4]);
> detail(P1);

$$P1$$
name of the object: P1
form of the object: point3d
coordinates of the point: [2,0,4]

Geraden. Eine Gerade kann durch die Angabe zweier Punkte P_1 und P_2 mit dem Befehl **line(g1, [P1,P2])** in der Zweipunkteform spezifiziert werden; g_1 bezeichnet dann die Gerade durch die beiden Punkte P_1 und P_2. Alternativ wird die Punkt-Richtungsform einer Geraden verwendet, wenn neben einem Punkt P_1 der Geraden noch der Richtungsvektor $\vec{v}$ bekannt ist: **line(g2, [P1,v])**.
> point(P2, [2,2,2]);
> line(g1, [P1,P2]);   #Zweipunkteform
> Equation(g1, lambda);

$$P2$$
$$g1$$
$$[2, 2\lambda, 4 - 2\lambda]$$

Mit **Equation** erhält man die Punkt-Richtungsform. Der zweite Parameter legt den Namen des freien Parameters in der Geradengleichung fest. D.h. die Punkt-Richtungsform von g_1 lautet: $\vec{x} = \begin{pmatrix} 2 \\ 0 \\ 4 \end{pmatrix} + \lambda \begin{pmatrix} 0 \\ 2 \\ -2 \end{pmatrix}$.

> point(P3, [3,2,1]): v:=Vector([1,2,-1]):
> line(g2, [P3,v]):   #Punkt-Richtungsform
> Equation(g2, lambda);

$$[3 + \lambda, 2 + 2\lambda, 1 - \lambda]$$

Ebenen. Eine Ebene wird durch den **plane**-Befehl realisiert. Drei Punkte P_1, P_2, P_3 legen durch **plane(E1, [P1,P2,P3])** die Ebene E_1 fest. **plane(E2, [P,g1,g2])** bestimmt die Ebene durch den Punkt P, wenn g_1 und g_2 zwei Geraden der Ebene sind. Schließlich definiert **plane(E3, [P,n])** die Ebene E_3 durch den Punkt P mit dem Normalenvektor $\vec{n}$ in der Hesseschen Normalform. Mit dem **Equation**-Befehl erhält man die Ebenengleichung, wenn der zweite Parameter die Koordinatenachsen bezeichnet.

Beispiel 2.3. Gesucht ist die Ebenengleichung für E_1, die durch die drei Punkte $P_1 = (5, 2, 1)$, $P_2 = (4, 0, -4)$ und $P_3 = (1, 1, 1)$ festgelegt wird:
> point(P1, [5,2,1]): point(P2, [4,0,-4]): point(P3, [1,1,1]):
> plane(E1, [P1,P2,P3]);   #Dreipunkteform
> Equation(E1, [x,y,z]);
> detail(E1);

$$E1$$
$$-8 - 5x + 20y - 7z = 0$$
name of the object: E1
form of the object: plane3d

equation of the plane: $-8 - 5*x + 20*y - 7*z = 0$ □

Beispiel 2.4. Gesucht ist die Ebenengleichung für E_2, die durch den Punkt $P = (1, 0, 0)$ und zwei Richtungsvektoren $v_1 = (-1, 2, 0)$ und $v_2 = (-1, 0, 1)$ festgelegt wird:
> point(P, [1,0,0]): v1:=[-1,2,0]: v2:=[-1,0,1]:
> line(g1, [P,v1]): line(g2, [P,v2]):
> plane(E2, [P, g1,g2]);   #Punkt-Richtungsform
> Equation(E2, [x,y,z]);

$$E2$$
$$-2 + 2x + y + 2z = 0$$ □

Beispiel 2.5. Gesucht ist die Ebenengleichung für E_3, die durch den Punkt $P = (2, -5, 3)$ und dem Normalenvektor $n = (4, 2, 5)$ festgelegt wird:
> point(P, [2,-5,3]): N:=[4,2,5]:
> plane(E3, [P, N]);   #Hessesche Normalform
> Equation(E3, [x,y,z]);

$$E3$$
$$-13 + 4x + 2y + 5z = 0$$ □

▶ **Beziehungen von geometrischen Objekten zueinander**
Zur Bestimmung der Lage von Punkten, Geraden und Ebenen im Raum stehen die Befehle **AreParallel, distance, intersection, FindAngle** zur Verfügung. Sie bestimmen, ob zwei Objekte parallel sind und gegebenenfalls den Abstand dieser Objekte bzw. andernfalls die Schnittmenge und den Schnittwinkel.

Um zu prüfen, ob ein gegebener Punkt auf einer Geraden oder Ebene liegt, genügt es den Abstand des Punktes von der Geraden bzw. der Ebene zu bestimmen. Falls er Null beträgt, liegt der Punkt auf dem Objekt.
> point(Q, [2,-2,6]):   #Definition des Punktes Q

> distance(Q, g1);   #Abstand von Q zur Geraden g1

$$\frac{3}{5}\sqrt{6}\sqrt{5}$$

> distance(P3, E1);   #Abstand von P3 zur Ebene E1

$$0$$

Der Punkt Q liegt nicht auf der Geraden g_1, da der Abstand ungleich Null ist; P_3 liegt aber in der Ebene E_1.

Ebenfalls mit dem **distance**-Befehl kann der Abstand paralleler oder windschiefer Geraden und der Abstand zwischen parallelen Ebenen berechnet werden. Um die Lage zweier Geraden zu bestimmen, überprüft man zunächst, ob sie parallel sind; falls nicht liefert der **distance**-Befehl den Abstand.
> AreParallel(g1,g2);

$$false$$

> distance(g1,g2);

$$0$$

Mit **draw** zeichnet man die geometrischen Objekte dreidimensional. Die einfachste Form des **draw**-Befehls ist **draw({menge von objekten})**. Die unten angegebenen zusätzlichen Optionen bewirken, dass die Koordinatenachsen das Schaubild umrahmen (*axes=boxed*) und die Graphen eine dickere Linienstärke erhalten (*thickness=2*)
> draw({g1,g2}, axes=boxed, thickness=2);

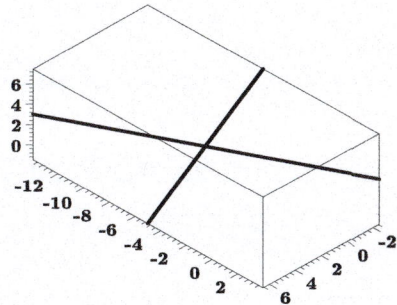

Die Geraden g_1 und g_2 sind nicht parallel und haben den Abstand Null, daher schneiden sie sich, wie man auch dem Schaubild entnehmen kann. Mit **intersection** bestimmt man den Schnittpunkt S, dessen Koordinaten mit **coordinates** ausgegeben werden.
> intersection(S, g1,g2):

2. Vektoren und Vektorrechnung

```
> coordinates(S):
> print("Die Koordinaten des Schnittpunktes lauten ",%);
```

$$\text{Die Koordinaten des Schnittpunktes lauten}, \quad [2,-5,3]$$

Den Schnittwinkel findet man mit **FindAngel**
```
> FindAngle(g1,g2):
> printf("Der Schnittwinkel beträgt %5.4g°\n",evalf(%*180/Pi));
```

$$\text{Der Schnittwinkel beträgt } 71.56°$$

Windschiefe Geraden haben einen von Null verschiedenen Abstand:
```
> point(P4, [3,2,1]): v:=[1,2,-1]: line(g4, [P4,v]):
> point(P5, [4,0,-1]): v:=[-6,-1,0]: line(g5, [P5,v]):
> AreParallel(g4,g5);
```

$$false$$

Zur Darstellung der windschiefen Geraden verwenden wir wieder den **draw**-Befehl. *scaling=unconstrained* bewirkt, dass keine maßstabsgetreue Skalierung der Achsen erfolgt und mit *orientation* wird der Blickwinkel eingestellt.
```
> draw({g4,g5}, axes=boxed, thickness=2, scaling=unconstrained,
                                              orientation=[-169,76]);
```

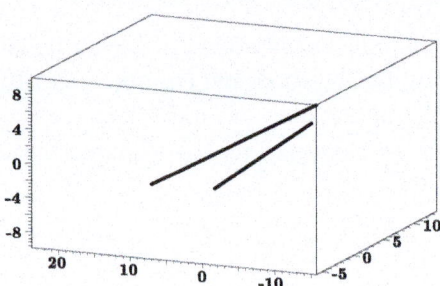

```
> distance(g4,g5):
> printf("Der Abstand der beiden Geraden ist %5.4g\n",evalf(%));
```

$$\text{Der Abstand der beiden Geraden ist } 2.784$$

Um die Lage zweier Ebenen zu bestimmen, prüft man ebenfalls die Parallelität. Sind sie parallel, erhält man mit **distance** den Abstand:
```
> point(P5,[3,6,1]): N1:=NormalVector(E1);
> plane(E3, [P5,N1] ):
> AreParallel(E1,E3);
```

$$N1 := [-5, 20, -7]$$
$$true$$

Aus dem folgenden Schaubild ist die Parallelität der Ebenen gut zu erkennen:
> draw({E1,E3}, axes=boxed, style=patchnogrid, shading=zgreyscale,
                  scaling=unconstrained, orientation=[-163,72]);

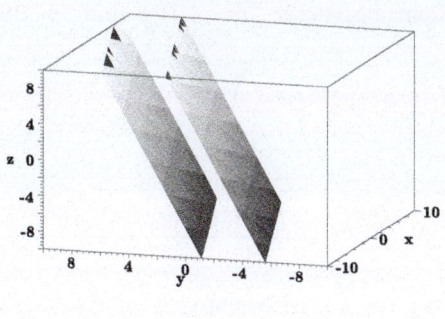

> distance(E1,E3);

$$\frac{15}{79}\sqrt{474}$$

Sind die Ebenen nicht parallel, dann schneiden sie sich in einer Geraden:
> point(P1, [1,0,0]): line(g1, [P, [-1,2,0]]): line(g2, [P, [-1,0,1]]):
> plane(E1, [P1, g1,g2]):
> point(P2, [0,1,0]): line(g3, [P, [1,2,1]]): line(g4, [P, [0,4,0]]):
> plane(E2, [P2, g3,g4]):
> AreParallel(E1,E2);

$$false$$

> draw({E1,E2}, style=patchnogrid, axes=boxed, shading=zgreyscale,
Die Schnittgerade erhält man mit **intersection** und die Geradengleichung mit **Equation**
> intersection(g, E1,E2):
> Equation(g, t);

$$[4t, 2-16t, 4t]$$

Die Darstellung der Schnittgeraden lautet also $\begin{pmatrix} 0 \\ 2 \\ 0 \end{pmatrix} + t \begin{pmatrix} 4 \\ -16 \\ 4 \end{pmatrix}$.

⊚ Die MAPLE-Prozedur geomet

Extras im Web: Auf der Homepage befinden sich MAPLE-Prozeduren zur Darstellung sowohl von Geraden als auch Ebenen. Ebenfalls auf der Homepage befindet sich die Prozedur **geomet**. Sie bestimmt die Lage zweier Objekte (Punkte, Geraden oder Ebenen) zueinander, wenn als Objekte Punkte, Geraden und Ebenen aus dem **geom3d**-Paket erlaubt sind. Der Aufruf erfolgt durch > **geomet(obj1, obj2)**, wenn *obj1* und *obj2* Punkte, Geraden oder Ebenen darstellen.

2. Vektoren und Vektorrechnung

Beispiele 2.6:

① Welche Lage besitzen die Geraden g_1, g_2 zueinander, wenn g_1 durch $P_1 = (1, 2, 0)$ mit Richtungsvektor $\vec{a} = \begin{pmatrix} 2 \\ 0 \\ 5 \end{pmatrix}$ und g_2 durch $P_2 = (6, 0, 13)$ mit Richtungsvektor $\vec{b} = \begin{pmatrix} 1 \\ -2 \\ 3 \end{pmatrix}$ festgelegt wird?

> point(P1, [1,2, 0]): a:= [2,0,5]: line(g1,[P1,a]):
> point(P2, [6,0,13]): b:= [1,-2,3]: line(g2,[P2,b]):
> geomet(g1,g2);

*g1 und g2 schneiden sich im Punkt [5,2,10]
unter dem Schnittwinkel 2.47°*

② Gesucht ist die Lage der Geraden g zur Ebene E, wenn g durch $P_1 = (5, 1, 2)$ mit Richtungsvektor $\vec{a} = \begin{pmatrix} 3 \\ 1 \\ 2 \end{pmatrix}$ und E durch $P_0 = (2, 1, 8)$ mit Normalenvektor $\vec{n} = \begin{pmatrix} -1 \\ 3 \\ 1 \end{pmatrix}$ gegeben ist.

> point(P1, [5,1,2]): a:= [3,1,2]: line(g1,[P1,a]):
> plane(E, [point(P0,[2,1,8]), [-1,3,1]]):
> geomet(g1, E);

*g1 und E schneiden sich im Punkt
$[\frac{37}{2}, \frac{11}{2}, 11]$
unter dem Schnittwinkel 9.274°*   □

MAPLE-Worksheets zu Kapitel 2

 Die folgenden elektronischen Arbeitsblätter stehen für Kapitel 2 mit MAPLE zur Verfügung.

– Darstellung von Vektoren im $\mathbb{R}^2$
– Darstellung von Vektoren im $\mathbb{R}^3$
– Vektorrechnung mit MAPLE
– Graphische Darstellung von Geraden und Ebenen im $\mathbb{R}^3$
– Punkte, Geraden und Ebenen mit MAPLE
– Die Prozedur **geomet**
– Zusammenstellung der MAPLE-Befehle

2.3 Zusammenstellung der MAPLE-Befehle

Grundlegende Befehle zur Vektorrechnung

with(LinearAlgebra)	Linear-Algebra-Paket.
Vector(n, [x1, x2, .., xn])	Definition eines Spaltenvektors.
<x1, x2, .., xn>)	Definition eines Spaltenvektors.
Vector[row](n, [x1, x2, .., xn])	Definition eines Zeilenvektors.
<x1| x2| ..| xn>)	Definition eines Zeilenvektors.
v[i]	i-te Komponente des Vektors v.
[x1, x2, ..., xn]	Definition einer Liste.
convert(winkel, degrees)	Rechnet Winkel ins Gradmaß um.
convert(liste, Vector)	Wandelt Liste in Vektor v um.
VectorAngle(v1, v2)	Berechnet Winkel zwischen den Vektoren v_1 und v_2.
CrossProduct(v1, v2)	Berechnet das Kreuzprodukt $v_1 \times v_2$ der 3-elementigen Vektoren v_1 und v_2.
DotProdukt(v1, v2)	Berechnet das Skalarprodukt der Vektoren v_1 und v_2.
Norm(v, 2)	Berechnet den Betrag des Vektors v.

Grundlegende Befehle zu Geraden und Ebenen

with(geom3d)	3D-Geometrie-Paket.
point(P, [x1,x2,x3])	Definition des Punktes P über seine Koordinaten x_1, x_2, x_3.
line(g, [P1,P2])	Definition der Geraden g über zwei Punkte P_1 und P_2.
line(g, [P1,v])	Definition der Geraden g über einen Punkt P_1 und Richtungsvektor $\vec{v}$.
plane(E, [P1,P2,P3])	Definition der Ebene E über 3 Punkte P_1, P_2, P_3.
plane(E, [P1, g1,g2])	Definition der Ebene E über den Punkt P_1 und zwei Geraden g_1 und g_2.
plane(E, [P1, n])	Definition der Ebene E über den Punkt P_1 und Normalenvektor $\vec{n}$.
draw({obj1,obj2,..})	Graphische Darstellung von geometrischen Objekten.
detail(obj)	Spezifikation des Objektes obj.
Equation(E, [x,y,z])	Ebenengleichung.
Equation(g, t)	Geradengleichung.
AreParallel(obj1,obj2)	Prüft die Parallelität von obj1 und obj2.
intersection(S,obj1,obj2)	Berechnet den Schnitt von obj1 mit obj2.
FindAngle(obj1,obj2)	Schnittwinkel zwischen obj1 und obj2.

2. Vektoren und Vektorrechnung

Bemerkung: Der **draw**-Befehl zum Darstellen der geometrischen Objekte hat dieselben Optionen wie der plot3d-Befehl. Diese Optionen können mit
>?**plot3d[options]**
aufgelistet werden. Häufig benutzte Optionen lauten:

Optionen des draw-Befehls	
grid=[n,m]	Dimension des Berechnungsgitters: $n \times m$.
title=t	Titel des Schaubildes.
labels=[x,y,z]	Spezifiziert die Achsenbeschriftung.
tickmarks=[l,m,n]	Anzahl der Markierungen auf den Achsen.
scaling=<constrained,unconstrained>	Maßstabsgetreue Skalierung der Achsen.
view=zmin..zmax	Der darzustellende z-Bereich.
axes=boxed	Schaubild mit Achsen.
thickness=<0,1,2,3, ...>	Steuerung der Liniendicke.
orientation=[phi, theta]	Blickrichtung der 3d Graphik.
style=patchnogrid	Das Gitter wird unterdrückt.
shading=zgreyscale	Die Farbunterlegung der Objekte ist grau.

3. Matrizen und Determinanten

3.1 Matrizen

Für die Rechenoperationen mit Matrizen wird das **LinearAlgebra**-Paket verwendet. Im Folgenden gehen wir immer davon aus, dass es mit dem Befehl
> with(LinearAlgebra):

geladen ist. Durch
> A:=Matrix([[1,2], [3,4], [5,6]]);

$$A := \begin{bmatrix} 1 & 2 \\ 3 & 4 \\ 5 & 6 \end{bmatrix}$$

wird eine (3x2)-Matrix zeilenweise definiert.

Addition und Subtraktion von Matrizen und die Multiplikation einer Matrix mit einem *Skalaren* werden mit +, -, * gekennzeichnet; die Multiplikation von Matrizen erfolgt durch den **.**-Operator, da "*" für kommutative Multiplikationen reserviert ist. Durch **eval** werden die Rechenoperationen ausgeführt.
> B:=Matrix([[3,5,2], [-1,-1,0]]):
> C:=eval(A.B);

$$C := \begin{bmatrix} 1 & 3 & 2 \\ 5 & 11 & 6 \\ 9 & 19 & 10 \end{bmatrix}$$

> F:=Matrix([[1,0,-2], [-1,1,2], [1,2,-1]]);
> 4*C - 3*F = eval(4*C-3*F);

$$F := \begin{bmatrix} 1 & 0 & -2 \\ -1 & 1 & 2 \\ 1 & 2 & -1 \end{bmatrix}$$

$$4C - 3F = \begin{bmatrix} 1 & 12 & 14 \\ 23 & 41 & 18 \\ 33 & 70 & 43 \end{bmatrix}$$

⚠ **Achtung:** Die Matrix darf nicht mit dem Namen D benannt werden, da D vordefiniert ist und den Differenzialoperator darstellt (siehe Kapitel 7); ebenso darf I nicht als Name verwendet werden, da I für die imaginäre Einheit steht (siehe Kapitel 5)!

Potenzen von Matrizen können mit
> eval(F^4);

$$\begin{bmatrix} 1 & -16 & -8 \\ -4 & 25 & 16 \\ -4 & 8 & 9 \end{bmatrix}$$

gebildet werden. Die Berechnung der transponierten Matrix erfolgt durch
> Transpose(%);

$$\begin{bmatrix} 1 & -4 & -4 \\ -16 & 25 & 8 \\ -8 & 16 & 9 \end{bmatrix}$$

und die Inverse einer Matrix erhält man mit dem **MatrixInverse**-Befehl
> G:=Matrix([[1,0,-2], [-1,1,2], [1,2,-1]]):
> Ginv:=MatrixInverse(G);

$$Ginv := \begin{bmatrix} -5 & -4 & 2 \\ 1 & 1 & 0 \\ -3 & -2 & 1 \end{bmatrix}$$

Dann prüft man noch nach, dass
> Ginv.G = G.Ginv;

$$\begin{bmatrix} 1 & 0 & 0 \\ 0 & 1 & 0 \\ 0 & 0 & 1 \end{bmatrix} = \begin{bmatrix} 1 & 0 & 0 \\ 0 & 1 & 0 \\ 0 & 0 & 1 \end{bmatrix}$$

Einige spezielle Matrizen werden definiert durch

> Array(1..3,1..3,1),   #Einsmatrix
> IdentityMatrix(3),   #Einheitsmatrix I_3
> DiagonalMatrix([1,2,35,6]),   #Diagonalmatrix mit Diagonalelementen
>   #   1, 2, 35, 6
> RandomMatrix(5,3),   #(5x3)-Matrix mit zufällig zwischen
>   # -99..99 gewählten Elementen
> BandMatrix([1,2,-1], 1, 4);   #Bandmatrix mit Haupt- und Nebendiagonalen

$$\begin{bmatrix} 1 & 1 & 1 \\ 1 & 1 & 1 \\ 1 & 1 & 1 \end{bmatrix}, \begin{bmatrix} 1 & 0 & 0 \\ 0 & 1 & 0 \\ 0 & 0 & 1 \end{bmatrix}, \begin{bmatrix} 1 & 0 & 0 & 0 \\ 0 & 2 & 0 & 0 \\ 0 & 0 & 35 & 0 \\ 0 & 0 & 0 & 6 \end{bmatrix}, \begin{bmatrix} -85 & -55 & -37 \\ -35 & 97 & 50 \\ 79 & 56 & 49 \\ 63 & 57 & -59 \\ 45 & -8 & -93 \end{bmatrix},$$

$$\begin{bmatrix} 2 & -1 & 0 & 0 \\ 1 & 2 & -1 & 0 \\ 0 & 1 & 2 & -1 \\ 0 & 0 & 1 & 2 \end{bmatrix}$$

Um eine Matrix
> A:= Matrix([[cos(alpha), -sin(alpha)], [sin(alpha),cos(alpha)]]);

$$A := \begin{bmatrix} \cos(\alpha) & -\sin(\alpha) \\ \sin(\alpha) & \cos(\alpha) \end{bmatrix}$$

darzustellen, genügt nach der Definition von A die Eingabe
> A;

$$\begin{bmatrix} \cos(\alpha) & -\sin(\alpha) \\ \sin(\alpha) & \cos(\alpha) \end{bmatrix}$$

Setzt man $\alpha = 1$, so werden die Matrixelemente von A direkt ausgewertet:
> alpha:=1:
> A;

$$\begin{bmatrix} \cos(1) & -\sin(1) \\ \sin(1) & \cos(1) \end{bmatrix}$$

3.2 Determinanten

Die Berechnung von Determinanten erfolgt mit dem **Determinant**-Befehl
> with (LinearAlgebra):
> A := Matrix([[-1,1,0,-2,0], [0,2,1,1,4], [1,2,4,3,2], [2,1,0,0,1], [0,4,0,4,0]]);

$$A := \begin{bmatrix} -1 & 1 & 0 & 2 & 0 \\ 0 & 2 & 1 & 1 & 4 \\ 1 & 2 & 4 & 3 & 2 \\ 2 & 1 & 0 & 0 & 1 \\ 0 & 4 & 0 & 4 & 0 \end{bmatrix}$$

> Det(A) = Determinant(A);

$$Det(A) = -384$$

3.3 Rangbestimmung

Mit dem MAPLE-Befehl **Rank** bestimmt man den Rang von Matrizen.

Beispiel 3.1 (Mit MAPLE-**Worksheet**). Gegeben ist das LGS $A\vec{x} = \vec{b}_i$ mit der Matrix

$$A = \begin{pmatrix} -3 & 0 & 6 & 0 \\ 1 & 1 & -2 & 5 \\ 1 & 0 & -2 & 0 \\ -2 & -2 & 4 & -10 \end{pmatrix} \text{ und den Vektoren } \vec{b}_1 = \begin{pmatrix} -3 \\ 2 \\ 1 \\ -4 \end{pmatrix}, \vec{b}_2 = \begin{pmatrix} -3 \\ 2 \\ 1 \\ -2 \end{pmatrix}.$$

Welches der beiden LGS ist lösbar?

① > with(LinearAlgebra):
> A := Matrix([[-3,0,6,0], [1,1,-2,5], [1,0,-2,0], [-2,-2,4,-10]]);

$$A := \begin{bmatrix} -3 & 0 & 6 & 0 \\ 1 & 1 & -2 & 5 \\ 1 & 0 & -2 & 0 \\ -2 & -2 & 4 & -10 \end{bmatrix}$$

> b1 := Vector([-3,2,1,-4]);

$$b1 := [-3, 2, 1, -4]$$

Wir vergleichen den Rang von A
> Rank (A);

$$2$$

mit dem Rang der um $\vec{b}$ erweiterten Matrix
> Matrix([A, b1]):
> Rank (%);

$$2$$

Beide Ränge stimmen überein und das LGS ist daher lösbar
> LinearSolve (A, b1);

$$[1 + 2\_t_1,\ 1 - 5\_t_2,\ \_t_1,\ \_t_2]$$

Da Rang $(A) = 2 < 4$, ist das LGS nicht eindeutig lösbar, d.h. die Lösung besitzt freie Parameter $\_t_1$ und $\_t_2$.

② Für
> b2 := Vector([-3,2,1,-2]):

ist $A\vec{x} = \vec{b}_2$ nicht lösbar, da der Rang der erweiterten Matrix $(A|\,b_2)$
> Rang (A, b) = Rank (Matrix ([A, b2]));

$$Rang\,(A, b2) = 3 \qquad \square$$

3.4 Anwendungen

Beispiel 3.2 (Mit MAPLE-Worksheet). Gegeben ist das inhomogene LGS $A\vec{x} = \vec{b}_i$ mit der Matrix $A = \begin{pmatrix} 1 & 2 & 0 \\ 1 & 7 & 4 \\ 3 & 13 & 4 \end{pmatrix}$ und den rechten Seiten $\vec{b}_1 = \begin{pmatrix} -4 \\ 3 \\ 1 \end{pmatrix}$, $\vec{b}_2 = \begin{pmatrix} 1 \\ 8 \\ 8 \end{pmatrix}$, $\vec{b}_3 = \begin{pmatrix} 1 \\ -4 \\ 0 \end{pmatrix}$. Zeigen Sie, dass die LGS eindeutig lösbar sind, indem Sie von A die Determinante bestimmen. Invertieren Sie die Matrix A und berechnen jeweils die Lösung über die inverse Matrix A^{-1}.

Das LGS hat für jeden Vektor $\vec{b}_i$ eine eindeutig bestimmte Lösung, da die Determinante der Matrix A
> A := Matrix([[1,2,0], [1,7,4], [3,13,4]]);
> Det (A) = Determinant (A);

$$Det\,(A) = -8$$

ungleich Null ist. Daher existiert die inverse Matrix A^{-1}
> Ainv := MatrixInverse (A);

$$Ainv := \begin{bmatrix} 3 & 1 & -1 \\ -1 & -\frac{1}{2} & \frac{1}{2} \\ 1 & \frac{7}{8} & -\frac{5}{8} \end{bmatrix}$$

und die eindeutige Lösung des LGS ist gegeben durch $\vec{x} = A^{-1}\vec{b}_i$. Es gilt für die Inhomogenitäten
> b1 := Vector([-4,3,1]):
> x := eval (Ainv . b1);

$$x := [-10,\ 3,\ -2]$$

> b2 := Vector ([1,8,8]):
> x := eval (Ainv . b2);

$$x := [3,\ -1,\ 3]$$

> b3:= Vector([1,-4,0]):
> x := eval (Ainv . b3);

$$x := [-1,\ 1,\ -\frac{5}{2}] \qquad \square$$

Beispiel 3.3 (Mit MAPLE-Worksheet). Gegeben sind die Vektoren

$$\vec{a}_1 = \begin{pmatrix} 4 \\ 3 \\ 2 \\ 1 \end{pmatrix},\ \vec{a}_2 = \begin{pmatrix} 0 \\ 1 \\ 5 \\ 4 \end{pmatrix},\ \vec{a}_3 = \begin{pmatrix} -1 \\ -1 \\ 0 \\ 1 \end{pmatrix},\ \vec{a}_4 = \begin{pmatrix} 3 \\ 5 \\ 0 \\ 1 \end{pmatrix} \text{ und } \vec{b} = \begin{pmatrix} 0 \\ 1 \\ 0 \\ 1 \end{pmatrix}.$$

Zeigen Sie, dass die Vektoren $\vec{a}_1, \vec{a}_2, \vec{a}_3, \vec{a}_4$ eine Basis des $\mathbb{R}^4$ bilden und stellen Sie den Vektor $\vec{b}$ als Linearkombination von $\vec{a}_1, \vec{a}_2, \vec{a}_3, \vec{a}_4$ dar.

Definition der Vektoren
> a1: = Vector ([4, 3, 2, 1]):
> a2: = Vector ([0, 1, 5, 4]):
> a3: = Vector ([-1, -1, 0, 1]):
> a4: = Vector ([3, 5, 0,1]):
> b: = Vector ([0, 1, 0, 1]):

3. Matrizen und Determinanten

Zunächst prüfen wir, dass die vier Vektoren linear unabhängig sind:
> A: = Matrix ([v1, v2, v3, v4]):
> Det (a1,a2,a3,a4) = Determinant(A);

$$\text{Det}\,(a1, a2, a3, a4) = 62$$

Da die Determinante ungleich Null, sind die Vektoren linear unabhängig und bilden eine Basis von $\mathbb{R}^4$. Man beachte: Vor der Berechnung der Determinante müssen die Vektoren ($\vec{a}_1, \vec{a}_2, \vec{a}_3, \vec{a}_4$) mit dem **Matrix**-Befehl spaltenweise zu einer Matrix zusammengefügt werden. Der Vektor $\vec{b}$ lässt sich damit als Linearkombination der Vektoren ($\vec{a}_1, \vec{a}_2, \vec{a}_3, \vec{a}_4$) darstellen:
> LinearSolve (A, b);

$$\left[-\frac{5}{31},\; \frac{2}{31},\; \frac{16}{31},\; \frac{12}{31}\right]$$

$$\Rightarrow \vec{b} = -\frac{5}{31}\vec{a}_1 + \frac{2}{31}\vec{a}_2 + \frac{16}{31}\vec{a}_3 + \frac{12}{31}\vec{a}_4 \qquad \square$$

Anwendungsbeispiel 3.4 (Mit MAPLE-Worksheet).
In CAD-Systemen werden ebene Flächen zumeist durch Geraden- und Kreisstücke zusammengesetzt. Die Erfassung der Geometrie erfolgt meist interaktiv per Mouse-Klick, indem für die Geometrie charakteristische Punkte eingegeben und diese durch Geraden oder Kreissegmente verbunden werden. Ein Geradenstück wird durch zwei Punkte festgelegt; ein Kreissegment durch die Angabe von drei Punkten, falls die Punkte nicht auf einer Geraden liegen.

Wir behandeln im Folgenden die Fragestellung, ob durch drei vorgegebene Punkte (x_1, y_1), (x_2, y_2), (x_3, y_3) ein Kreis gelegt werden kann, und wenn ja, welches die Mittelpunktskoordinaten und der Radius des zugehörigen Kreises sind. Die Kreisgleichung lautet

$$A\left(x^2 + y^2\right) + B\,x + C\,y + D = 0.$$

Da der Kreis durch die gegebenen Punkte gehen soll, muss noch zusätzlich gelten:

$$A\left(x_1^2 + y_1^2\right) + B\,x_1 + C\,y_1 + D = 0$$
$$A\left(x_2^2 + y_2^2\right) + B\,x_2 + C\,y_2 + D = 0$$
$$A\left(x_3^2 + y_3^2\right) + B\,x_3 + C\,y_3 + D = 0.$$

Damit das LGS für die Parameter A, B, C, D nicht eindeutig (und damit nur durch die Nulllösung) lösbar ist, muss die Determinante der Koeffizientenmatrix Null ergeben.

Zahlenbeispiel: Gesucht ist die Kreisgleichung durch die Punkte $(0,0), (1,3)$ und $(2,-1)$. Wir setzen die drei Punkte in die Kreisgleichung ein

$$
\begin{array}{rrrrrrrl}
A\cdot & 0 &+ B\cdot & 0 &+ C\cdot & 0 &+ D &= 0 \\
A\cdot & 10 &+ B\cdot & 1 &+ C\cdot & 3 &+ D &= 0 \\
A\cdot & 5 &+ B\cdot & 2 &+ C\cdot & (-1) &+ D &= 0.
\end{array}
$$

und erhalten zusammen mit der Kreisgleichung die Matrix

$$M = \begin{pmatrix} x^2+y^2 & x & y & 1 \\ 0 & 0 & 0 & 1 \\ 10 & 1 & 3 & 1 \\ 5 & 2 & -1 & 1 \end{pmatrix}.$$

Mit MAPLE erhalten wir
> with (LinearAlgebra):
> M := Matrix ([[x^2+y^2,x,y,-1], [0,0,0,-1], [10,1,3,-1], [5,2,-1,-1]]):
> Determinant (M) = 0;

$$\boxed{7y^2 + 7x^2 - 25x - 15y = 0}$$

D.h.
$$A = 7, \ B = -25, \ C = -15, \ D = 0.$$

Um aus obiger Kreisgleichung die normierte Darstellung eines Kreises

$$(x - x_0)^2 + (y - y_0)^2 = R^2$$

abzulesen, führt man einen Koeffizientenvergleich durch und erhält

$$x_0 = -\frac{1}{2}\frac{B}{A}, \ y_0 = -\frac{1}{2}\frac{C}{A}, \ R^2 = x_0^2 + y_0^2 - \frac{D}{A}$$

Die Punkte liegen also auf dem Kreis, dessen Scheitelgleichung gegeben ist durch

$$\left(x - \frac{25}{14}\right)^2 + \left(y - \frac{15}{14}\right)^2 = \frac{425}{98}.$$

Der Kreis besitzt den Radius $R = \sqrt{\frac{425}{98}}$ und hat den Kreismittelpunkt

$$(x_0, y_0) = \left(\frac{24}{14}, \frac{15}{14}\right). \qquad \square$$

MAPLE-Worksheets zu Kapitel 3

Für Kapitel 3 steht ein MAPLE-Worksheet zur Verfügung, mit dem sowohl das Arbeiten mit Matrizen und Determinanten als auch die Anwendungen bearbeitet werden können.

3.5 Zusammenstellung der MAPLE-Befehle

Sämtliche Befehle des **LinearAlgebra**-Paketes werden durch
>**with(LinearAlgebra);** aufgelistet.

Zusammenstellung der Matrix-Befehle

with(LinearAlgebra)	Linear-Algebra-Paket
Matrix ([[1, 2], [3, 4], [5, 6]])	Definition einer 2 × 3-Matrix
.	Multiplikationsoperator bei Matrizen
eval	Ausführung der Matrizenoperationen
Transpose	Transponieren einer Matrix
MatrixInverse	Inverse einer Matrix
IdentityMatrix(3)	Einheitsmatrix
DiagonalMatrix([a11, ..., ann]),	Diagonalmatrix mit den Elementen $a_{11},..., a_{nn}$
RandomMatrix(m,n)	(m×n)-Matrix mit Zufallselementen
BandMatrix([1,2,-1], 1, 4)	Bandmatrix

Grundlegende Befehle zum Arbeiten mit Matrizen

Matrix*([M1, M2])*	Erzeugt eine neue Matrix, indem M2 rechts zu M1 ergänzt wird.
Determinant*(M)*	Determinante der Matrix M.
DiagonalMatrix*([M1, M2, ..., Mn])*	Erzeugt quadratische Matrix, deren Diagonale aus den quadratischen Matrizen M1 bis Mn besteht. Alle anderen Elemente sind 0.
eval*(expr)*	Auswertung von Matrizenausdrücken mit den Operationen +, -, ., ^.
MatrixInverse*(M)*	Berechnet die zu M inverse Matrix.
LinearSolve*(M, V)*	Berechnet einen Vektor x der die Gleichung M x = V erfüllt.
Rank*(M)*	Berechnet den Rang der Matrix M.

Grundlegende Befehle zur Linearen Algebra

Basis*(V1, ..., Vn)*	Berechnet eine Basis des Vektorraums, der durch die Vektoren V1,..., Vn aufgespannt wird.
RowSpace*(A)*	Berechnet eine Basis des Spaltenraumes von A.
ColumnSpace*(A)*	Berechnet eine Basis des Zeilenraumes von A.

4. Elementare Funktionen

4.1 Definition und Darstellung von Funktionen

> **Definition von Funktionen.**
Der Funktionsbegriff gehört nicht nur zu den wichtigsten Begriffen der Mathematik, sondern auch des MAPLE-Systems. MAPLE kennt viele elementare Funktionen wie z.B.
**exp, ln, log10, log[b], sqrt, abs , min, max, round, trunc, frac, signum,
sin, cos, tan, cot, arcsin, arccos, arctan, arccot,
sinh, cosh, tanh, coth, arcsinh, arccosh, arctanh, arccoth,
n!, binomial(n,m), Heaviside** uva.

Alle Funktionen können mit ?inifcns aufgelistet werden. Es gibt auch mehrere Möglichkeiten, Funktionen selbst zu definieren.

(1.) Der Zuweisungsoperator ->: Durch eine explizite Zuweisungsvorschrift
> f1 := x -> x^2;

$$f1 := x \to x^2$$

ist $f1$ die Quadratfunktion, die an einer beliebigen Stelle x_0 ausgewertet werden kann:
> f1(4);

$$16$$

⚠ **Achtung:** Es ist auch bei MAPLE zu unterscheiden zwischen einer Funktion und einem Ausdruck. Z. B. stellen
> f2:=abs(x);
> f3(x):=x^3;

$$f2 := |x|$$

$$f3(\,x\,) := x^3$$

nur Ausdrücke aber **keine** Funktionen dar. D.h. $f2$ und $f3(x)$ sind per Definition Platzhalter für $|x|$ bzw. x^3. Insbesondere können weder $f2$ noch $f3$ direkt an Zwischenstellen ausgewertet werden:
> f2(x); f3(x);

$$|x|\,(\,x\,)$$

$$x^3$$

Wird zuvor der Variablen x einen Wert zugewiesen, dann beinhalten $f2$ und $f3$ das Ergebnis der Auswertung der entsprechenden Ausdrücke:
> x:=-1.5:

> f2; f3(x);

$$1.5$$

$$f3(-1.5)$$

Alternativ wird mit
> subs(x=3, f3);

$$27$$

$x = 3$ in den Ausdruck $f3$ eingesetzt.

(2.) Der unapply-Befehl: Eine Möglichkeit aus einem Ausdruck eine Funktion zu definieren ist durch den **unapply**-Befehl gegeben. Der Ausdruck
> expr:=1 + tan(t);

$$expr := 1 + \tan(t)$$

wird durch
> f4:=unapply(expr, t);

$$f4 := t \rightarrow 1 + \tan(t)$$

in eine Funktion mit dem Namen $f4$ umgewandelt. Diese Funktion ist dann direkt auswertbar:
> f4(0), f4(Pi/4), f4(Pi/3);

$$1,\ 2,\ 1 + \sqrt{3}$$

(3.) Die Prozedur-Konstruktion: Eine weitere Möglichkeit Funktionen zu definieren ist durch die Prozedur-Konstruktion gegeben. Die Prozedur
> h:=proc( )
>   local x;
>   x:=args[1];
>   x^2+ 2 * sin(x);
>end:

definiert eine Funktion h, die an einer Stelle x_0 ausgewertet werden kann
> h(2);

$$4 + 2\sin(2)$$

und mit Hilfe von **evalf** oder durch die Eingabe h(2.) als float-Wert berechnet wird
> evalf(h(2));

$$5.818594854$$

Zusammengesetzte Funktionen programmiert man über diese MAPLE-Struktur. Z.B. die zusammengesetzte Funktion

$$g: \mathbb{R} \to \mathbb{R} \quad \text{mit} \quad g(x) := \begin{cases} x & \text{für } x < 1 \\ x^2 & \text{für } 1 \leq x < 2 \\ 4 + \sqrt{x-2} & \text{sonst} \end{cases}$$

wird durch die Prozedur
> g:= proc( ) local x;
>   x:=args[1];
>   if x<1. then x
>   elif x<2 then x^2
>   else 4 +sqrt(x-2) ;
>   end if
> end:

definiert und ausgewertet mit g(3.) bzw.
> evalf(g(3));

$$5.$$

(4.) Der piecewise-Befehl: Durch **piecewise** besteht eine einfache Möglichkeit, zusammengesetzte Funktionen oder Ausdrücke mit einem Befehl zu definieren:
piecewise(bed$_1$,f$_1$, bed$_2$,f$_2$, ...,bed$_n$,f$_n$, f$_s$ sonst)
Für die oben spezifizierte Funktion g lautet der **piecewise**-Befehl
> gp := x -> piecewise(x<1,x, x<2,x^2, 4+sqrt(x-2))

$$gp := x \to piecewise(x < 1, x, x < 2, x^2, 4 + \sqrt{x-2})$$

> gp(0.5), gp(3/2), gp(3);

$$0.5, \quad \frac{9}{4}, \quad 5$$

Darstellung von Funktionen mit dem plot-Befehl.
Der Befehl zur graphischen Darstellung von Funktionen ist der **plot**-Befehl:

> **plot**(f, h, v, o) mit den Parametern:
> f - der zu zeichnende Ausdruck,
> h - horizontaler Bereich
> v - vertikaler Bereich (optional)
> o - Optionen (optional)

52   4. Elementare Funktionen

> plot(f1(x), x=-3..3, title='Quadratische Funktion', labels=[x,y]);

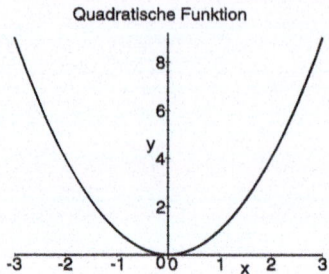

Die vertikale Begrenzung ist wichtig, wenn der Funktionsausdruck wie bei $f4 = 1+\tan(x)$ in der Umgebung eines Punktes über alle Grenzen hinweg anwächst oder abfällt. Dann schränkt man die Skalierung in y-Richtung ein. Ansonsten wäre im Falle der Tangensfunktion der eigentliche Funktionsverlauf nicht zu erkennen.

> plot(expr, t=-Pi..Pi, -20..20);

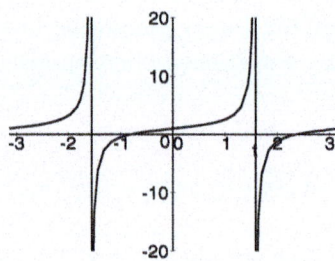

Um das Schaubild größer als den Graphen zu skalieren, kann
> plot([t, expr, t=-Pi/2..Pi/2], -2..2, -20..20):

gewählt werden: Dann variiert t zwischen $-\pi/2$ und $+\pi/2$, die Achsen verlaufen aber zwischen -2 und 2 bzw. -20 und 20. Mehrere Graphen werden mit
> plot([f1(x),f3(x)], x=-2..2);

in ein Schaubild gezeichnet. Um die Graphen zu unterscheiden setzen wir Textmarkierungen und fügen die Einzelgraphen mit **display** zu einem Schaubild zusammen.

Alternativ zum **textplot**-Befehl kann mit der **plot**-Option **legend=[sqr,kubik]** die Legende mit ins Schaubild aufgenommen werden.
> with(plots):
> p1:=plot(f1(x), x=-2..2, color=red, style=point):
> p2:=plot(f3(x), x=-2..2, color=blue):
> t1:=textplot([1.5,f1(1.5),'sqr'], align=below):
> t2:=textplot([-1.5,(-1.5)^3,'kubik'], align={right,below}):
> display([p1,t1, p2,t2]);

4.1 Definition und Darstellung von Funktionen

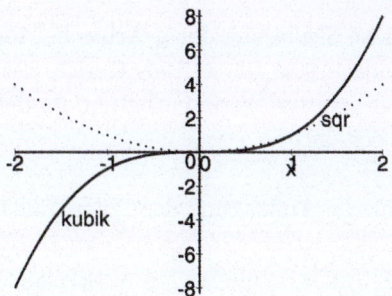

Zusätzlich können beim **plot**-Befehl Optionen gesetzt werden. Sie werden mit **?plot[options]** aufgelistet. Einige wichtige sind:

style=   <point line>: Angabe, wie die Punkte eines Graphen verbunden werden.

color=   <... black blue ... green gray grey ... red ... white yellow>

coords= polar   Darstellung von parametrisierten Kurven in Polarkoordinaten. Der erste Parameter ist der Radius, der zweite der Winkel.

scaling =   <constrained unconstrained> : Maßstabsgetreue Darstellung oder keine.

numpoints=n   Spezifiziert die minimale Anzahl der zu zeichnenden Punkten.

xtickmarks=n   Angabe von Zwischenwerten auf der x-Achse.

ytickmarks=n   Angabe von Zwischenwerten auf der y-Achse.

title='t'   Überschrift; die An- und Abführungszeichen müssen von links oben nach rechts unten gehen!

thickness=n   Linienstärke; n= 1, 2, 3, ... (Standard n=1.)

view=[xmin..xmax, ymin..ymax]
   Minimaler und maximaler Koordinatenbereich.

⊙ Logarithmischen Darstellungen von Funktionen

Die logarithmischen Darstellungen von Funktionen erfolgen durch die Befehle **logplot, loglogplot** und **semilogplot**. Diese Befehle müssen vor dem Aufruf durch **with(plots)** geladen werden.

> with(plots):
> logplot(10 * 4^(-x), x=-2..10, scaling=constrained, axes=normal);

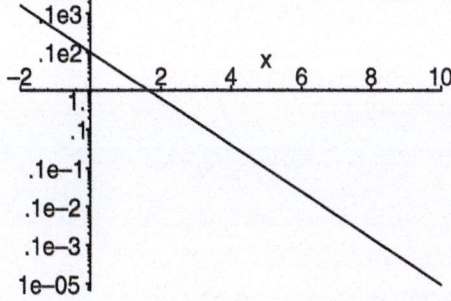

4. Elementare Funktionen

Durch die logarithmische Skalierung der y-Achse bei **logplot** wird eine allgemeine Exponentialfunktion $y = 10 \cdot 4^{-x}$ als Gerade gezeichnet. Dabei dürfen die Funktionswerte nur positive Werte enthalten, da der Logarithmus nur für positive reelle Zahlen definiert ist.

Eine doppel-logarithmische Auftragung der Potenzfunktion $y = 10\, x^{\frac{1}{3}}$ ist gegeben durch
> loglogplot(10 * x^(1/3), x=1..100, scaling=constrained, axes=framed);

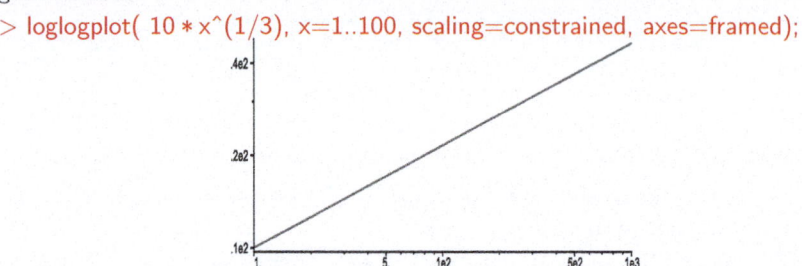

Sowohl der x-Bereich als auch die zugehörigen Funktionswerte dürfen nur positive Werte enthalten, da der Logarithmus nur für positive reelle Zahlen definiert ist. Daher wurde in unserem Beispiel der x-Bereich ab 1 gewählt. Analog darf bei der Verwendung von **semilogplot** der x-Bereich nur positive Werte umfassen. Die vielen anderen **plot**-Befehle sind im **plots**-Package enthalten und werden durch **with(plots);** geladen und aufgelistet.

▷ Einlesen von Messdaten und deren graphische Darstellung

Die Ein- und Ausgabe von Daten ist für die Anwendungen sehr wichtig. Häufig müssen Messwerte, die in einer ASCII-Datei abgespeichert sind, weiterverarbeitet werden. MAPLE besitzt mehrere Befehle zum Einlesen und Ausgeben von Daten auf eine Textdatei; die wichtigsten sind **readdata** und **writedata**: Mit **readdata**(*dateiname, option, n*) wird eine strukturierte Datei im ASCII-Format mit **n** Spalten eingelesen. Die in der Datei enthaltenen Zahlen müssen durch Leerzeichen oder Zeilenumbrüche voneinander getrennt sein. Komma und Strichpunkte sind nicht erlaubt. Als Formatierungsoptionen sind *float* (für Dezimalzahlen) und *integer* (für ganze Zahlen) erlaubt. Fehlt die Angabe von n wird nur die erste Spalte eingelesen. Mit **writedata**(*dateiname, A*) wird die Liste A zeilenweise heraus geschrieben.

(1) Wir erzeugen mit **writedata** im Verzeichnis *temp* eine Textdatei *daten.txt* und schreiben für die Funktion

$$f(x) = 2\, e^{0.5x}$$

die Wertepaare in der Form $(x, f(x))$ zeilenweise in diese Datei.
> f:= x -> 2 * exp(0.5 * x):
> A:= [seq([i/5, f(i/5)], i=1..30)]:

4.1 Definition und Darstellung von Funktionen

```
> writedata( 'c:\\temp\\daten.txt', A):
> close( 'c:\\temp\\daten.txt'):
```

⚠ Der **close**-Befehl muss benutzt werden, wenn in der selben MAPLE-Sitzung die Daten heraus geschrieben und an anderer Stelle wieder eingelesen werden sollen! Ansonsten wird die Datei erst beim Schließen des Worksheets beschrieben.

(2) Mit **readdata** lesen wir die Werte nach einem **restart** aus der Datei *daten.txt* ein und stellen sie graphisch mit dem **plot**-Befehl dar.
```
> restart:
> liste := readdata( 'c:\\temp\\daten.txt', 2):
> plot(liste);
```

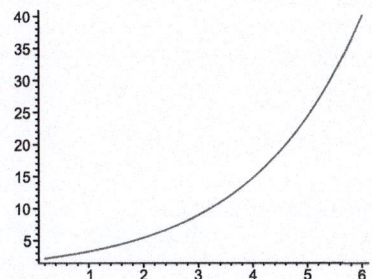

Abb. 4.1. Lineare Skalierung der Achsen

Durch die Anwendung des **logplot**-Befehls werden die Daten bei logarithmischer Skalierung der y-Achse dargestellt. Da der Graph durch die Punkte eine Gerade liefert, kann man rückwirkend auf ein exponentielles Bildungsgesetz schließen.
```
> with(plots,logplot): logplot(liste);
```

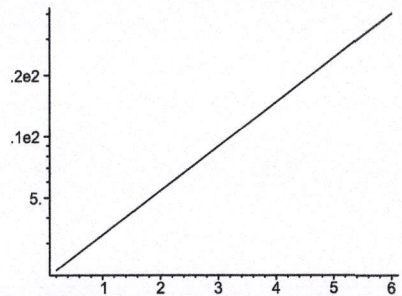

Abb. 4.2. Halblogarithmische Skalierung der Achsen

Hinweis: Auf der Homepage befindet sich ein MAPLE-Worksheet, mit dem man Messdaten aus einer Datei einlesen und diese dann logarithmisch auftragen kann, um die physikalische Gesetzmäßigkeit zu erschließen.

4. Elementare Funktionen

▷ Berechnung der Umkehrfunktion

Gegeben sei die Funktion $f: \mathbb{R}_{\geq 0} \to \mathbb{R}_{\geq 1}$ mit
> f := x -> x^2+1:

Gesucht ist die zugehörige Umkehrfunktion. Dazu lösen wir die Gleichung
> eq := y = f(x);

$$eq := y = x^2 + 1$$

mit dem **solve**-Befehl nach x auf
> sol := solve (eq, x);

$$sol := \sqrt{y-1},\; -\sqrt{y-1}$$

Von den beiden Funktionsausdrücken ist nur der zweite möglich, da wir die Funktion auf den Definitionsbereich $\mathbb{R}_{\geq 0}$ beschränkt haben. Wir nehmen daher sol[1] und vertauschen die Variablen
> subs (x = y, sol[1]): y := %;

$$y := \sqrt{x-1}$$

und erhalten die Umkehrfunktion von f
> finv : = unapply (y, x);

$$finv := x \to \sqrt{x-1}$$

Verknüpfen wir Funktion f und Umkehrfunktion $finv$ mit dem Verknüpfungsoperator @, so ist
> (finv @ f)(x): simplify(%, symbolic);

$$x$$

D.h. die Umkehrfunktion nach der Funktion ausgeführt liefert auf dem zugehörigen Definitionsbereich die identische Abbildung. Die graphische Darstellung der Umkehrfunktion ist mit MAPLE sehr einfach zu realisieren, indem man von den Paaren $(x, f(x))$ zu $(f(x), x)$ übergeht.
> plot({[x,f(x),x=0..3], [f(x),x,x=0..3]});

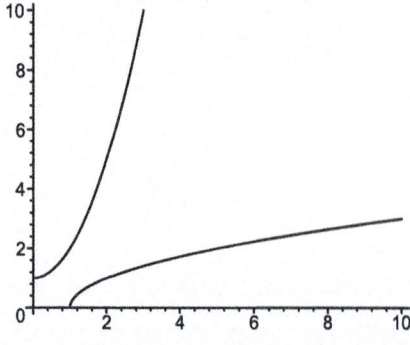

Abb. 4.3. Graph der Funktion $x^2 + 1$ mit Umkehrfunktion

4.2 Polynome

Mit dem **plot**-Befehl lassen sich Polynome in MAPLE einfach graphisch darstellen. Z.B. werden durch
> plot([8∗x^2+20, x^3+4∗x], x=-10..10, color=[blue,red]);

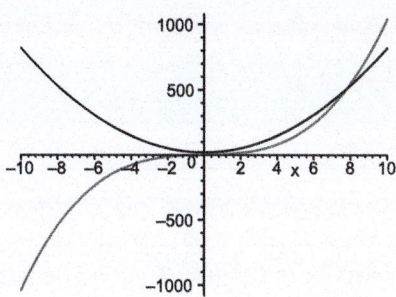

die beiden Polynome $8\,x^2+20$ und $x^3+4\,x$ in den Farben blau und rot in ein Schaubild gezeichnet.

MAPLE bietet eine ganze Reihe von Befehlen zur Manipulation von Polynomen. Zunächst ist ein Polynom definiert durch einen Ausdruck der Form
> p1:= -3∗x + 7∗x^2 - 3∗x^3 + 7∗x^4;

$$p1 := -3\,x + 7\,x^2 - 3\,x^3 + 7\,x^4$$

bzw. in einer ungeordneten Form durch
> p2:= 5∗x^5 + 3∗x + x^2 + 3∗x^2 - 2∗x - 1;

$$p2 := 5\,x^5 + x + 4\,x^2 - 1$$

wobei die Terme nicht automatisch nach Potenzen sortiert werden. Die Addition von zwei Polynomen wird automatisch ausgeführt
> p1 + p2;

$$-2\,x + 11\,x^2 - 3\,x^3 + 7\,x^4 + 5\,x^5 - 1$$

nicht aber die Multiplikation.
> p1 ∗ p2;

$$(-3\,x + 7\,x^2 - 3\,x^3 + 7\,x^4)(5\,x^5 + x + 4\,x^2 - 1)$$

Erst mit dem **expand**-Befehl erzwingt man das Ausmultiplizieren
> expand(%);

$$13\,x^6 - 10\,x^2 - 2\,x^3 + 3\,x + 35\,x^7 + 18\,x^4 - 15\,x^8 - 5\,x^5 + 35\,x^9$$

Das Ergebnis ist dann wiederum in der Regel nicht nach Potenzen geordnet. Dies wird mit dem **sort**-Befehl veranlasst

4. Elementare Funktionen

> sort(%);

$$35\,x^9 - 15\,x^8 + 35\,x^7 + 13\,x^6 - 5\,x^5 + 18\,x^4 - 2\,x^3 - 10\,x^2 + 3\,x$$

Alternativ zum **sort**-Befehl steht **collect** zur Verfügung.
> collect(p2, x);

$$5\,x^5 + x + 4\,x^2 - 1$$

> p3:=z*x + x^2 + 3*x^2 + 3*z^3 +1:
> sort(%, z);

$$3\,z^3 + x\,z + 4\,x^2 + 1$$

⚠ Mit den Befehlen **degree** und **coeff** werden der Grad des Polynoms und die Koeffizienten bestimmt. Beide Befehle werden nur ausgeführt, wenn das Polynom in geordneter Form vorliegt. Gegebenenfalls muss zuvor mit dem **sort**-Befehl das Polynom nach Potenzen geordnet werden.
> degree(p2, x);

$$5$$

> coeff(p2, x^2);

$$4$$

Eines der elementaren Aufgaben bei Polynomen ist die Zerlegung in Linearfaktoren (*Faktorisierung*). Sofern die Koeffizienten des Polynoms gebrochenrationale Zahlen sind, liefert der Befehl **factor** eine solche Zerlegung.
> p4:=p1 * p2:
> factor(p4);

$$x\,(\,7\,x - 3\,)\,(\,x^2 + 1\,)\,(\,x^2 - x + 1\,)\,(\,5\,x^3 + 5\,x^2 - 1\,)$$

Analog dem **solve**-Befehl (vgl. Kap. 1.2) gibt es den **fsolve**-Befehl, der Gleichungen *numerisch* löst. Ist die Gleichung ein Polynom-Ausdruck, so gibt **fsolve** alle reellen Nullstellen eines Polynoms näherungsweise an. Mit der Zusatz-Option **complex**, findet **fsolve** alle reellen und komplexen Nullstellen eines Polynoms (siehe Kap. 5: Fundamentalsatz der Algebra).
> fsolve(p4,x);

$$0,\ 0.3806094577,\ 0.4285714286$$

> fsolve(p4,x,complex);

$$-0.6903047288 - 0.2212518888\,I,\ -0.6903047288 + 0.2212518888\,I,$$
$$-1.*I,\ 0.,\ 1.\,I,\ 0.3806094577,\ 0.4285714286,$$
$$0.5000000000 - 0.8660254038\,I,\ 0.5000000000 + 0.8660254038\,I$$

Horner-Schema

Polynome werden durch das Horner-Schema effizient ausgewertet. MAPLE bietet nicht nur die Möglichkeit ein gegebenes Polynom für das Horner-Schema anzuordnen; wir können auch einen Effizienzvergleich zwischen dem normalen Auswerten eines Polynoms und dem mit dem Horner-Schema durchführen. **cost** aus dem Paket **codegen** zählt die Anzahl der Additionen und Multiplikationen bei der Auswertung eines Ausdrucks

> codegen[cost](p1);

$$3 \; additions + 10 \; multiplications$$

> convert(p1, horner);

$$(-3 + (7 + (7x - 3)x)x)x$$

> codegen[cost](%);

$$3 \; additions + 4 \; multiplications$$

Interpolationspolynom

Die MAPLE-Prozedur **interp**(t, s, x) mit den Parametern
- t: Liste der x-Werte
- s: Liste der y-Werte
- x: Variable des Interpolationspolynoms

liefert einen Ausdruck für das Interpolationspolynom durch die Punkte $(t[i], s[i])$. Die Variable des Interpolationspolynoms ist x.

> t := [0, 2, 5, 7]:
> s:= [-12, 16, 28, -54]:
> p(x) := interp(t, s, x);

$$p(x) := -x^3 + 5x^2 + 8x - 12$$

Die folgende graphische Darstellung zeigt die Wertepaare (als Kreise) zusammen mit dem Interpolationspolynom. Um die Wertepaare mit dem **plot**-Befehl zu zeichnen, müssen sie als Liste der Form [[t[1],s[1]], ..., [t[n],s[n]]] vorliegen. Dazu verwendet man entweder den **zip**- oder den **seq**-Befehl.

> liste := [seq([t[i], s[i]], i=1..nops(t))]:
> p1 := plot(p(x), x=-1..8):
> p2 := plot(liste, style=point, symbol=circle):
> with(plots): display([p1,p2])

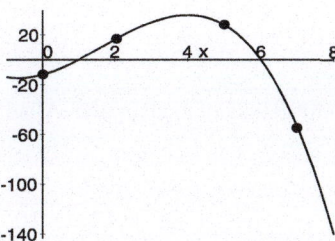

4. Elementare Funktionen

> **Zusammenstellung der MAPLE-Befehle für Polynome:**
>
> | | |
> |---|---|
> | **expand**(p) | Ausmultiplizieren von Produktdarstellung |
> | **sort**(p) | Sortieren nach Potenzen |
> | **collect**(p, x) | " |
> | **degree**(p, x) | Grad des Polynoms |
> | **coeff**(p, x, k) | Koeffizient des Summanden x^k |
> | **factor**(p) | Zerlegt in Linearfaktoren |
> | **fsolve**(p, x) | Bestimmung der Nullstellen |
> | **convert**(p, **horner**) | Auswertung von p mit dem Horner-Schema |
> | **interp**(t, s, x) | Interpolationspolynom durch Paare $(t[i], s[i])$ |
> | **subs** | Ersetzen eines Wertes in Polynomausdruck |
>
> (p: Polynom, x: Variable)

4.3 Gebrochenrationale Funktionen

Mit dem **plot**-Befehl werden gebrochenrationale Funktionen graphisch dargestellt. Es ist in der Regel allerdings zu beachten, dass bei diesem Funktionstyp neben dem x-Bereich auch der y-Bereich spezifiziert werden sollte, damit man das Charakteristische an dem Funktionsgraphen erkennt. Bei automatischer Skalierung dominieren gegebenenfalls die Polstellen das Schaubild.

> plot(1/x, x=-4..4);
> plot(1/x, x=-4..4, -10..10);

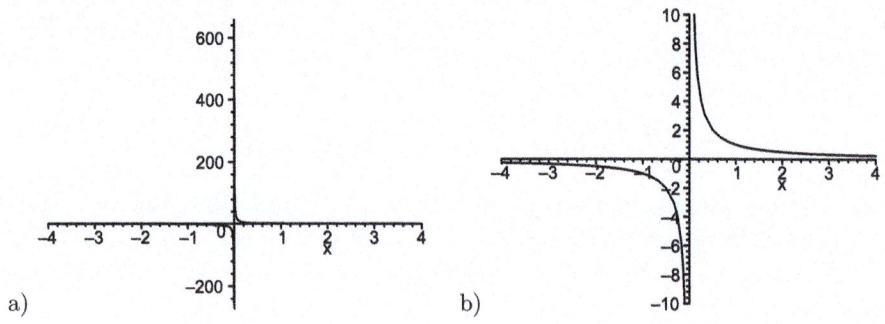

Abb. 4.4. a) ohne b) mit Skalierung der y-Achse

Sind g und h Polynome,

> g:= 2∗x^3 + 2∗x^2 - 32∗x + 40:
> h:=x^3 + 2∗x^2 - 13∗x + 10:

so wird durch $f := g/h$ ein gebrochenrationaler Ausdruck definiert.

> f:=g/h;

$$f := \frac{2\,x^3 + 2\,x^2 - 32\,x + 40}{x^3 + 2\,x^2 - 13\,x + 10}$$

4.3 Gebrochenrationale Funktionen

Der Zähler (**numer**ator) und Nenner (**denom**inator) von f werden mit dem Befehl **numer** und **denom** bestimmt.
> numer(f), denom(f);

$$2\,x^3 + 2\,x^2 - 32\,x + 40, x^3 + 2\,x^2 - 13\,x + 10$$

MAPLE ist nur dann in der Lage, gemeinsame Faktoren zu kürzen, wenn Zähler und Nenner bereits als Produkte vorliegen. Wenn dies wie in obigem Beispiel nicht der Fall ist, steht der **normal**-Befehl zur Verfügung, der zunächst Zähler und Nenner in Linearfaktoren zerlegt und anschließend gemeinsame Faktoren kürzt.
> normal(f);

$$\frac{2\,(x-2)}{x-1}$$

Mit der Prozedur **gcd** (**g**reatest **c**ommon **d**ivisor) wird der größte gemeinsame Teiler von Zähler und Nenner ermittelt.
> ggt:=gcd(numer(f):
> ggt = factor(ggt);

$$x^2 + 3\,x - 10 = (\,x + 5\,)(\,x - 2\,)$$

Bei Polynomfunktionen wird der **expand**-Befehl eingesetzt, um die Multiplikation von Polynomen auszuführen. Dieser Befehl wirkt nur auf Polynome. Wenn wir ihn auf rationale Funktionen anwenden wollen, muss er getrennt für Zähler und Nenner eingesetzt werden. Andernfalls bewirkt er, dass der Term in eine Summe aufgespaltet wird.
> g3:=(x + 1)^3 / (x - 1)^2:
> g3=expand(g3);

$$\frac{(x+1)^3}{(x-1)^2} = \frac{x^3}{(x-1)^2} + \frac{3\,x^2}{(x-1)^2} + \frac{3\,x}{(x-1)^2} + \frac{1}{(x-1)^2}$$

> g3=expand(numer(g3)) / expand(denom(g3));

$$\frac{(x+1)^3}{(x-1)^2} = \frac{x^3 + 3\,x^2 + 3\,x + 1}{x^2 - 2\,x + 1}$$

Den selben Effekt erzielt man, wenn man den **normal**-Befehl mit der Option **expanded** kombiniert:
> g3=normal(g3, expanded);

$$\frac{(x+1)^3}{(x-1)^2} = \frac{x^3 + 3\,x^2 + 3\,x + 1}{x^2 - 2\,x + 1}$$

Asymptotisches Verhalten

Um eine Diskussion für die Funktion g_3 für große x durchzuführen, untersuchen wir mit dem **asympt**-Befehl das Verhalten im Unendlichen. Die Zahl 1 als Option besagt, dass die Entwicklung bis zur Ordnung 1, d.h. bis zu Termen $1/x$, vorgenommen wird.

> as:=asympt(g3, x, 1);

$$as := x + 5 + O\left(\frac{1}{x}\right)$$

Um aus dieser Darstellung ein Polynom zu erhalten, ersetzen wir $O(1/x)$ durch Null

> as:=subs(O(1/x)=0, as);

$$as := x + 5$$

und zeichnen sowohl die Funktion als auch die Asymptote

> plot([g3,as], x=-20..30, y=-50..50);

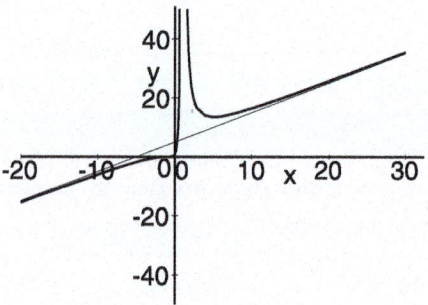

Abb. 4.5. Funktion mit Asymptote

Beispiel 4.1. Gegeben ist die gebrochenrationale Funktion

$$g_4 = \frac{x^5 - 2x^3 - 8x - x^4 + 2x^2 + 8}{x^2 - 5x + 4}.$$

Gesucht sind die Null- und Polstellen sowie das asymptotische Verhalten.

Definition von g_4:

> g4 := (x^5 - 2*x^3 - 8*x - x^4 + 2*x^2 + 8) / (x^2 - 5*x + 4);

$$g4 := \frac{x^5 - 2x^3 - 8x - x^4 + 2x^2 + 8}{x^2 - 5x + 4}$$

Nullstellen des Nenners:

> den := denom(g4):
> factor(den);

$$(x-1)(x-4)$$

4.3 Gebrochenrationale Funktionen

Nullstellen der Zählers:
> num := numer(g4):
> factor(num);

$$(x-1)(x-2)(x+2)(x^2+2)$$

Kürzen gemeinsamer Faktoren
> g4:=normal(g4);

$$g4 := \frac{x^4 - 2x^2 - 8}{x - 4}$$

Damit sind die Polstellen $x = 4$ und die Nullstellen $x = 2, x = -2$.

Im Anschluss daran bestimmen wir mit **asympt** das asymptotische Verhalten für x gegen Unendlich:
> gs:=asympt(g4, x, 1);

$$gs := x^3 + 4x^2 + 14x + 56 + O\left(\frac{1}{x}\right)$$

und konvertieren den Ausdruck in ein Polynom
> as:=subs(O(1/x)=0, gs);

$$as := x^3 + 4x^2 + 14x + 56$$

Mit **plot** werden Funktion und Asymptote graphisch dargestellt.
> plot([g4, as], x=-20..20, y=-1000..1000);

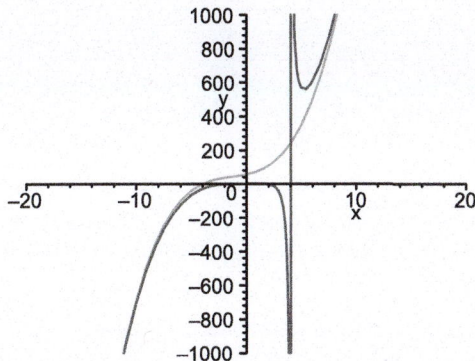

□

Zusammenstellung der MAPLE-Befehle für rationale Funktionen

numer(f)	Zähler
denom(f)	Nenner
gcd(g,h)	größter gemeinsamer Teiler
expand(f)	Aufspaltung in Summen
normal(f)	Zerlegung von Zähler und Nenner in Linearfaktoren und Kürzen
asympt(f, x, 1)	Asymptote von f mit Variablen x

4.4 Potenz- und Wurzelfunktionen

Die Potenz- und Wurzelfunktionen werden im MAPLE mit dem ^-Operator definiert und mit dem **plot**-Befehl graphisch dargestellt.
> plot([x^3, x^(1/3)], x=-3..3, color=[red,green],
>   legend=['x^3 ', 'x^(1/3)']);

zeichnet die Funktionen x^3 in rot und $x^{\frac{1}{3}}$ in grün in ein Schaubild.

Für Potenzen und Wurzeln steht alternativ zum **expand** der **simplify**-Befehl zur Verfügung, den man z.B. zur Auswertung von $\sqrt{x^2}$ benötigt. Allerdings erst mit der Option **symbolic** wird $\sqrt{x^2}$ symbolisch zu x vereinfacht.
> sqrt(x^2) = simplify(sqrt(x^2));

$$\sqrt{x^2} = csgn(x)\ x$$

> sqrt(x^2): %=simplify(%, symbolic);

$$\sqrt{x^2} = x$$

Visualisierung mit MAPLE: Auf der Homepage befinden sich zwei Animationen in denen sowohl die Potenz- als auch Wurzelfunktionen mit wachsendem n gezeigt werden. Man erkennt, dass die Potenzfunktionen mit wachsendem n sehr steil anwachsen, während die Wurzelfunktionen immer flacher werden.

4.5 Exponentialfunktionen

Die Exponentialfunktion $y = e^x$ wird in MAPLE durch
> y:=exp(x)

definiert und mit
> plot(y, x=-5..2);

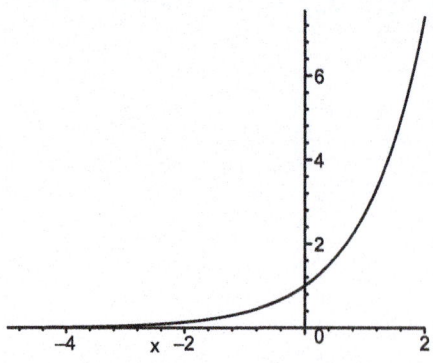

Abb. 4.6. Exponentialfunktion e^x

im Bereich zwischen -5 und 2 graphisch dargestellt.

Um Terme der Form $\exp(x+y)$, $\ln(x \cdot y)$, $\ln(x^n)$ in MAPLE zu entwickeln, steht der **expand**-Befehl zur Verfügung. Alternativ kann der **simplify**-Befehl benutzt werden.
> exp(x+y): %=expand(%);

$$e^{x+y} = e^x\, e^y$$

> ln(x * y): %=simplify(%, symbolic);
> ln(x^m): %=simplify(%, symbolic);

$$\ln(x\, y) = \ln(x) + \ln(y)$$
$$\ln(x^m) = m\, \ln(x)$$

Die Zusammenfassung mehrerer Exponential- bzw. Logarithmusausdrücken erfolgt durch den **combine**-Befehl mit der Option **exp** bzw. **ln**
> exp(x) * exp(y): %=combine(%, exp);
> ln(x)+ln(y): %=combine(%, ln, symbolic);

$$e^x\, e^y = e^{x+y}$$
$$\ln(x) + \ln(y) = \ln(x\, y)$$

> ln(x+1)-2 * ln(y): %=combine(%, ln, symbolic);

$$\ln(x+1) - 2\,\ln(y) = \ln(\frac{x+1}{y^2})$$

4.6 Trigonometrische Funktionen

Die *trigonometrischen* Funktionen werden in MAPLE mit sin, cos, tan und cot bezeichnet, die *Arkusfunktionen* mit arcsin, arccos, arctan und arccot. Die Auswertung der Funktionen lautet daher z.B.
> sin(1), cos(Pi/4), tan(0.5), cot(Pi/4);

$$\sin(1), \frac{\sqrt{2}}{2}, 0.5463024898, 1$$

> arcsin(0.5), arccos(1/2), arctan(10), arccot(-1);

$$0.5235987756, \frac{\pi}{3}, \arctan(10), \frac{3\pi}{4}$$

Die graphische Darstellung der Funktionen erfolgt mit dem **plot**-Befehl.

Um mit MAPLE die trigonometrischen Umformungen durchzuführen, verwendet man die Befehle **expand**, **combine** und **simplify**. Die Additionstheoreme werden mit **expand** realisiert
> cos(x+y): %=expand(%);

$$\cos(x+y) = \cos(x)\,\cos(y) - \sin(x)\,\sin(y)$$

> cos(2 ∗ x): %=expand(%);

$$\cos(2\,x) = 2\,\cos(x)^2 - 1$$

Um Produkte von trigonometrischen Funktionen zu verarbeiten wählt man den **combine**-Befehl mit der Option **trig**

> cos(x) ∗ sin(y): %=combine(%, trig);

$$\cos(x)\,\sin(y) = \frac{1}{2}\sin(x+y) + \frac{1}{2}\sin(-x+y)$$

> sin(x)^2: %=combine(%, trig);

$$\sin(x)^2 = \frac{1}{2} - \frac{1}{2}\cos(2\,x)$$

Ausdrücke der Form $\sin^2(x) + \cos^2(x)$ werden durch den **simplify**-Befehl vereinfacht

> sin(x)^2+cos(x)^2: %=simplify(%);

$$\sin(x)^2 + \cos(x)^2 = 1$$

> tan(x)/(1+tan(x)^2): %=convert(%, sincos): simplify(%);

$$\frac{\tan(x)}{(1+\tan(x)^2)} = \sin(x)\,\cos(x)$$

Auch zur Vereinfachung von Ausdrücken der Form arcsin(sin(x)) benötigt man den **simplify**-Befehl mit der Option **symbolic**

> sin(arcsin(x));

$$x$$

> arcsin(sin(x));

$$\arcsin(\sin(x))$$

> %=simplify(%, symbolic);

$$\arcsin(\sin(x)) = x$$

Visualisierung mit MAPLE: Auf der Homepage befindet sich eine Animation, in der gezeigt wird, wie durch Projektion des rotierenden Punktes P auf die x-Achse bzw. y-Achse jeweils die Sinus- bzw. Kosinusfunktion entstehen. Ausgehend von der Sinus- und Kosinusfunktion können wir analog der geometrischen Interpretation die Tangens- und Kotangensfunktion als Quotient von Sinus und Kosinus bzw. von Kosinus und Sinus definieren. Dabei ist allerdings zu beachten, dass die Nullstellen des jeweiligen Nenners aus dem Definitionsbereich auszuschließen sind.

4.7 Zusammenstellung der Vereinfachungsbefehle

expand		
Potenzfunktion	x^{n+m}	$\to \quad x^m\, x^n$
	$(x\,y)^n$	$\to \quad x^n\, y^n$
	$(x/y)^n$	$\to \quad x^n/y^n$
exp- und ln-Funktion	$\exp(x+y)$	$\to \quad \exp(x)\exp(y)$
	$\ln(x\,y)$	$\to \quad \ln(x)+\ln(y)$
	$\ln(x/y)$	$\to \quad \ln(x)-\ln(y)$
trig. Funktionen	$\cos(x+y)$	$\to \quad \cos(x)\cos(y)-\sin(x)\sin(y)$
	$\cos(2\,x)$	$\to \quad 2\cos(x)^2-1$
	$\cosh(3\,x)$	$\to \quad 4\cosh(x)^3-3\cosh(x)$

combine		
Potenzfunktion	$x^m\, x^n$	$\to \quad x^{n+m}$
	$(x^m)^n$	$\to \quad x^{m\,n}$
	$\sqrt{x+1}\sqrt{x}$	$\to \quad \sqrt{x^2+x}$
exp- und ln-Funktion	$\exp(x)\exp(y)$	$\to \quad \exp(x+y)$
	$\ln(x)+\ln(y)$	$\to \quad \ln(x\,y)$
	$\frac{1}{2}\ln(x)-2\ln(y)$	$\to \quad \ln\frac{\sqrt{x}}{y^2}$
trig. Funktionen	$\cos(x)\cos(y)-\sin(x)\sin(y)$	$\to \quad \cos(x+y)$
	$2\cos(x)^2-1$	$\to \quad \cos(2\,x)$
	$4\cosh(x)^3-3\cosh(x)$	$\to \quad \cosh(3\,x)$

simplify		
Potenzfunktion	$x^m\, x^n$	$\to \quad x^{n+m}$
	$(x/y)^n$	$\to \quad x^n y^{-n}$
	$\sqrt{x^2}$	$\to \quad x$
exp- und ln-Funktion	$\exp(x)\exp(y)$	$\to \quad \exp(x+y)$
	$\ln(x)+\ln(y)$	$\to \quad \ln(x\,y)$
	$\ln(x^n)$	$\to \quad n\ln x$
trig. Funktionen	$\sin(x)^2+\cos(x)^2$	$\to \quad 1$
	$\tan(x)$	$\to \quad \sin(x)/\cos(x)$
	$\arcsin(\sin(x))$	$\to \quad x$

Maple-Worksheets zu Kapitel 4

 Die folgenden elektronischen Arbeitsblätter stehen für Kapitel 4 mit Maple zur Verfügung.

- Grundbegriffe und allgemeine Funktionseigenschaften
- Polynome und Rationale Funktionen
- Potenz- und Wurzelfunktionen
- Exponential- und Logarithmusfunktion
- Trigonometrische Funktionen

5. Komplexe Zahlen

5.1 Darstellung komplexer Zahlen

> Die imaginäre Einheit $i = \sqrt{-1}$ wird in MAPLE mit **I** bezeichnet und komplexe Zahlen werden in der algebraischen Normalform definiert durch
>
> $$c := a + I * b.$$

> c := 5 + 6*I;

$$5 + 6I$$

⚠ **Achtung:** Die Großschreibung von I ist wichtig! Zur Berechnung des Betrags und des Winkels stehen **abs** und **argument** zur Verfügung
> abs(c);
> argument(c);

$$\sqrt{61}, \arctan\left(\frac{6}{5}\right)$$

Der Real- und Imaginärteil einer komplexen Zahl berechnet man durch **Re** bzw. **Im**
> Re(c), Im(c);

$$5, 6$$

⚠ Man beachte: Obwohl Re(c) und Im(c) reelle Größen sind, wird dennoch gelegentlich für kompliziertere Ausdrücke evalc(Re(c)) bzw. evalc(Im(c)) zur Berechnung benötigt!

Die komplex konjugierte Zahl c^* erhält man durch **conjugate**
> conjugate(c);

$$5 - 6I$$

Neben der algebraischen Normalform kennt MAPLE die Darstellung in Polarkoordinaten, welche den Betrag und den Winkel beinhaltet
> polar(5, Pi/4):

Es wird dabei nicht zwischen *trigonometrischer* und *exponentieller* Normalform unterschieden. Die Umwandlung von der algebraischen zur polaren Darstellung erfolgt durch **convert**
> convert(4 - I, polar);

$$polar\ (\sqrt{17},\ -\arctan\left(\frac{1}{4}\right))$$

und die Umkehrung von der polaren zur algebraischen Darstellung durch **evalc** (**eval**uate **c**omplex):

5. Komplexe Zahlen

```
> evalc(polar (5, Pi/4));
```

$$\frac{5}{2}\sqrt{2} + \frac{5}{2}I\sqrt{2}$$

Die exponentielle Schreibweise lautet

```
> z := 5 * exp (4 * I);
```

$$z := 5\,e^{4I}$$

Mit **evalc** bzw. **evalf** erfolgt die Umwandlung in die algebraische Normalform

```
> evalc(z); evalf(z);
```

$$5\cos(4) + 5I\sin(4)$$
$$-3.268218104 - 3.784012476\,I$$

Sowohl **convert** (-, polar) als auch **argument** liefern den richtigen Winkel $0 \leq \varphi \leq 2\pi$ im Bogenmaß. Mit

```
> convert(argument(c), degrees); evalf(%);
```

$$180\frac{\arctan\left(\frac{6}{5}\right)\,degrees}{\pi}$$
$$50.19442889\,degrees$$

folgt die Darstellung des Winkels in Grad und der Befehl

```
> convert(% , radians); evalf(%);
```

$$0.2788579383\pi$$
$$0.8760580505$$

konvertiert einen Winkel vom Grad- ins Bogenmaß.

In MAPLE können komplexe Zahlen in der komplexen Zahlenebene durch den Befehl **complexplot** graphisch dargestellt werden. Dieser Befehl befindet sich im **plots**-Package.

```
> liste := [1+2 * I, 3-4 * I, -5-I, -4+3 * I];
> with(plots):
> complexplot(liste, style=point);
```

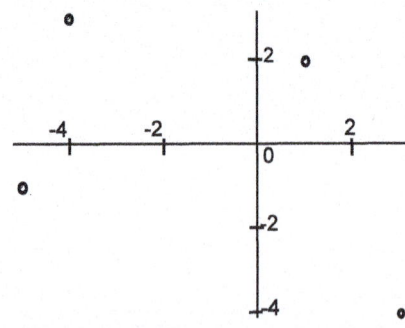

Abb. 5.1. Komplexe Zahlen in der komplexen Zahlenebene

5.2 Komplexes Rechnen

Für die komplexen Rechenoperationen Addition, Subtraktion, Multiplikation und Division werden dieselben Operatorsymbole wie im Reellen verwendet:

$$+ \quad - \quad * \quad / \ .$$

Mit **evalc** (**eval**uate **c**omplex) wird eine komplexe Rechnung ausgeführt und das Ergebnis wieder in der algebraischen Normalform dargestellt.
> evalc ((9 - 2 * I) * (4 + I));
> evalc ((1 + 4 * I) / (2 + 3 * I));

$$38 + I$$
$$\tfrac{14}{13} + \tfrac{5}{13}I$$

> abs (%);

$$\tfrac{1}{13}\sqrt{221}$$

> Potenzen

Potenzen werden ebenfalls durch **evalc** berechnet:
> evalc ((1 + 3 * I)^5);

$$316 - 12\,I$$

Dabei muss die komplexe Zahl nicht in der algebraischen Normalform vorliegen
> evalc ((4 * exp(I * Pi/4))^3);

$$-32\sqrt{2} + 32\,I\sqrt{2}$$

> Wurzeln

Die n-**ten Wurzeln** ($n \in \mathbb{N}$) einer komplexen Zahl lassen sich indirekt mit dem **solve**-Befehl berechnen, indem man z.B. die komplexe Zahlen $z = (1 + 3i)^{\frac{1}{4}}$ interpretiert als Lösungen der Gleichung $z^4 = 1 + 3i$:
> solve (z^4 = 1 + 3 * I , z);

$$(1 + 3I)^{\frac{1}{4}},\ I(1 + 3I)^{\frac{1}{4}},\ -(1 + 3I)^{\frac{1}{4}},\ -I(1 + 3I)^{\frac{1}{4}}$$

Um die Terme $(1 + 3I)^{\frac{1}{4}}$ auszuwerten, muss explizit auf die float-Option zurückgegriffen werden. Zur Verkürzung der Ausdrücke setzen wir zuvor
> Digits := 4:
> map (evalf,{% %});

$$\{1.269 + 0.4097I,\ -0.4097 + 1.269I,\ -1.269 - 0.4097I,\ 0.4097 - 1.269I\}$$

Geben wir statt der komplexen Zahl $1 + 3I$ die Zahl $1. + 3I$ ein, liefert MAPLE als Ergebnis sofort die letzte Zeile in der float-Darstellung.

⊗ Fundamentalsatz der Algebra

Sind die **Nullstellen eines Polynoms** in geschlossener Form darstellbar, so findet MAPLE sie mit dem **solve**-Befehl.

> p(z) := z^5 - 5*z^4 + 5*z^3 - 25*z^2 + 4*z - 20:
> factor (p(z));

$$(z-5)\,(z^2+4)\,(z^2+1)$$

Mit der Option **I** faktorisiert **factor** über den komplexen Zahlen
> factor (p(z), I);

$$(z-I)\,(z+I)\,(z-2*I)\,(z+2*I)\,(z-5)$$

> solve (p(z)=0, z);

$$5,\,I,\,-I,\,2I,\,-2I$$

Da die Nullstellen eines Polynoms vom Grade n in der Regel nicht geschlossen darstellbar sind, müssen sie numerisch berechnet werden.

> Durch die Option **complex** berechnet der **fsolve**-Befehl **alle** n Nullstellen eines Polynoms:

> solve (z^8 + 4*z - 1 = 0, z);

$$\texttt{RootOf}\,(\_z^8 + 4\_z - 1)$$

> fsolve (z^8 + 4*z - 1 = 0, z);

$$-1.251\,,\,0.2500$$

> fsolve (z^8 + 4*z - 1 = 0, z, complex);

$$-1.251,\,-0.7931 - 0.9557I,\,-0.7931 + 0.9557I,\,0.2353 - 1.193I,$$
$$0.2353 + 1.193I,\,0.2500,\,1.058 - 0.5315I,\,1.058 + 0.5315I$$

Visualisierung mit MAPLE: Auf der Homepage befinden sich Worksheets, um komplexe Zahlen und die komplexen Rechenoperationen graphisch darzustellen bzw. in Form von Animationen zu visualisieren: Die Prozeduren **Dar** und **Kon** stellen eine komplexe Zahl bzw. die komplex konjugierte Zahl in der komplexen Zahlenebene dar. Die Addition und Subtraktion wird durch die Prozeduren **Add** und **Sub** realisiert, die beide Animationen liefern. Zunächst werden nur die beiden komplexen Zahlen dargestellt; anschließend in einer Animation über das entsprechende Parallelogramm die Summe bzw. die Differenz der Zahlen. Die Multiplikation und die Division werden durch die Prozeduren **Mul** und **Div** visualisiert. Die Prozedur **Pot** berechnet die Potenz und **Root** alle n.-ten Wurzeln und stellt diese in der komplexen Ebene als Animation dar.

5.3 Anwendungen

5.3.1 Beschreibung harmonischer Schwingungen

Allgemein lässt sich eine harmonische Schwingung $y(t)$ im Komplexen schreiben als

$$\hat{y}(t) = A\left(\cos(\omega t + \varphi_0) + i\sin(\omega t + \varphi_0)\right)$$
$$= A\,e^{i(\omega t + \varphi_0)} = A\,e^{i\varphi_0}\,e^{i\omega t}.$$

Also ist die komplexe Darstellung einer harmonischen Schwingung (sowohl Sinus- wie auch Kosinusschwingung)

$$\hat{y}(t) = A\,e^{i\varphi_0}\,e^{i\omega t}$$

mit der *komplexen Amplitude* $A\,e^{i\varphi_0}$ und dem reinen Zeitanteil $e^{i\omega t}$.

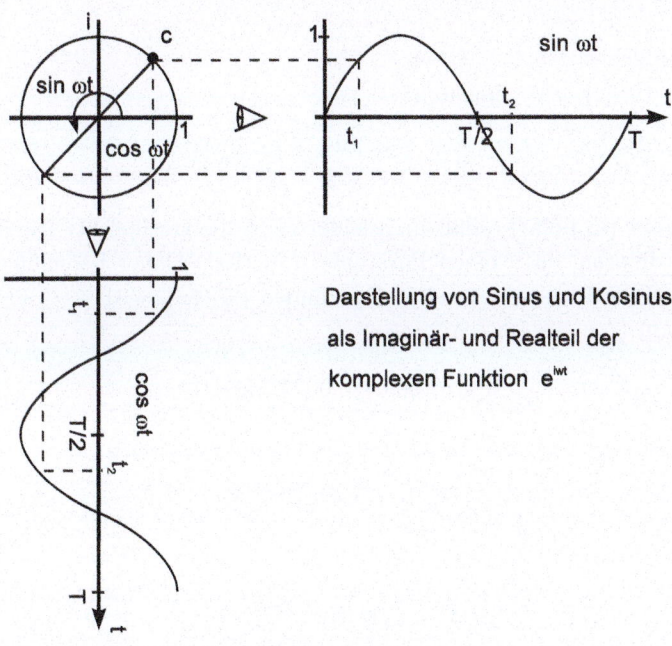

Abb. 5.2. Projektionen von $e^{i\omega t}$.

 Visualisierung mit MAPLE: Auf der Homepage befindet sich die Prozedur **projektion**, welche die Projektionen von

$$e^{i\omega t} = \cos(\omega t) + i\,\sin(\omega t)$$

auf die x- bzw. y-Achse zeichnet. Der im Einheitskreis laufenden Zeiger $e^{i\omega t}$ wird zusammen mit seinem Real- und Imaginärteil animiert dargestellt, indem die Variable t von 0 bis $\frac{2\pi}{T}$ variiert:

5.3.2 Superposition gleichfrequenter Schwingungen

Im Folgenden werden wir die Überlagerung (*Superposition*) zweier **gleichfrequenter** harmonischer Schwingungen im Komplexen berechnen.

Beispiel 5.1 (Mit MAPLE-Worksheet). Gesucht ist die Überlagerung der beiden Wechselspannungen

$$u_1(t) = 4\sin(2t) \text{ und } u_2(t) = 3\cos\left(2t - \frac{\pi}{6}\right).$$

Bevor man diese beiden harmonischen Funktionen überlagert, stellt man z.B. $u_2(t)$ als Sinusfunktion dar:

$$u_2(t) = 3\cos\left(2t - \frac{\pi}{6}\right) = 3\sin\left(2t - \frac{\pi}{6} + \frac{\pi}{2}\right) = 3\sin\left(2t + \frac{\pi}{3}\right).$$

Wir definieren u_dc als komplexe Schwingung
> u_dc := 4 * exp(I * 2 * t) + 3 * exp(I * (2 * t + Pi/3));

$$u\_dc := 4e^{(2It)} + 3e^{I\left(2t + \frac{1}{3}\pi\right)}$$

und vereinfachen
> simplify (u_dc): u := simplify (%);

$$u := e^{2It}\left(\frac{11}{2} + \frac{3}{2}I\sqrt{3}\right)$$

Mit **convert** (u, polar) erhält man leider nicht die gewünschte Darstellung in Polarkoordinaten, da u einen Parameter t besitzt. Daher berechnen wir den Betrag und die Phase des zweiten Operanden $\left(\frac{11}{2} + \frac{3}{2}I\sqrt{3}\right)$
> c := evalf (convert(op(2, u), polar));

$$c := polar(6.0827, 0.4413)$$

Damit lautet die Darstellung von c in der Exponentialform

$$c = 6.0827 \, e^{I\,0.4413}$$

und das komplexe Endergebnis ist

$$\hat{u}(t) = 6.0827 \, e^{I\,(2t + 0.4413)}.$$

Der Übergang ins Reelle erfolgt dann über den Imaginärteil

$$u(t) = 6.0827 \sin(2t + 0.4413).$$

Ist das Ziel, die gesamte Rechnung mit MAPLE durchzuführen, muss ein modifizierter Weg eingeschlagen werden: Die Rechnung erfolgt bis zum Schluss in einer exakten Darstellung und erst vom Endergebnis wird die float-Darstellung gewählt. Wir gehen von

```
> restart:
> u := exp(2*I*t)*(11/2 + 3/2*I*sqrt(3)):
```

aus. Definieren wir c_1 als den zweiten Operanden von u
```
> c1 := op(2, u):
```

und setzen explizit für die komplexe Überlagerung
```
> u_c := op(1, u) * abs(c1) * exp(I * argument(c1));
```

$$u\_c := e^{2\,I\,t}\sqrt{37}e^{I\,arctan(\frac{3}{11}\sqrt{3})}$$

ist nach der Vereinfachung
```
> u_c := simplify(u_c);
```

$$u\_c := \sqrt{37}e^{I\,(2t+\,arctan(\frac{3}{11}\sqrt{3}))}$$

die reelle Überlagerung durch den Imaginärteil von u_c gegeben:
```
> evalc (Im(u_c));
```

$$\sqrt{37}\,sin(2t + arctan(\frac{3}{11}\sqrt{3}))$$

Die float-Darstellung folgt nun mit
```
> u := evalf (%);
```

$$u := 6.0827\,sin(2t + 0.4413)$$

Die graphische Darstellung der beiden Einzelschwingungen und der Überlagerung erfolgt mit dem **plot**-Befehl:
```
> u_1 := 4*sin(2*t):  u_2 := 3*sin(2*t + Pi/3):
> p1 := plot ({u_1, u_2}, t = 0..10, color = red):
> p2 := plot (u, t = 0..10, thickness = 2, color = black):
> with (plots): display ({p1, p2});
```

In Abb. 5.3 ist die Überlagerung der beiden Schwingungen graphisch dargestellt:

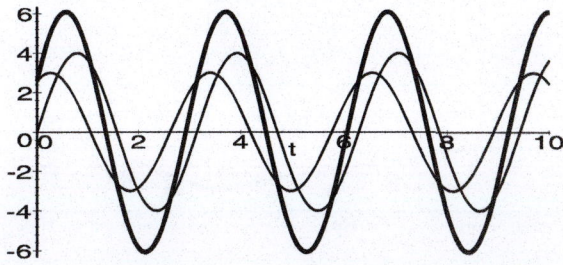

Abb. 5.3. Überlagerung zweier gleichfrequenter Schwingungen   □

5.3.3 Visualisierung des Fundamentalsatzes der Algebra

Die Normalparabel $p_1(x) = x^2$ hat bei $x = 0$ eine doppelte Nullstelle. Geht man zu der Parabel $p_2(x) = x^2 + 1$ über, so verschiebt man die Normalparabel um den Wert 1 entlang der positiven y-Achse. Somit besitzt p_2 (im Reellen) keine Nullstelle. Jedoch gibt es zwei komplexe Nullstellen: $x_{1/2} = \pm i$.

Der Fundamentalsatz der Algebra verallgemeinert diesen Zusammenhang: Jedes Polynom vom Grade n besitzt im Komplexen n Nullstellen. Im Folgenden gehen wir der Frage nach, wo sich diese Nullstellen befinden.

Generell hat eine Funktion f im Reellen eine Nullstelle $x_0 \in \mathbb{R}$, wenn $f(x_0) = 0$. Für eine komplexe Nullstelle z_0 gilt ebenfalls $f(z_0) = 0$ bzw. damit auch $|f(z_0)| = 0$. Wir können im Komplexen die Nullstellen einer Funktion f als die Nullstellen von $|f|$ interpretieren. Dies liefert uns eine graphische Möglichkeit, die Funktion bezüglich ihrer komplexen Nullstellen zu analysieren:

Wir definieren die Funktion p_1 und stellen diese in Form einer Animation graphisch dar, indem die Funktion über dem der Realteil x für festen Imaginärteil y dargestellt wird. Die Animation erfolgt über den Parameter y:

```
> with(plots):
> f := x->x^2+1;
> animate(abs(f(x+I*y)), x=-4..4, y=-4..4, frames=21);
```

Alternativ zur Visualisierung über eine Animation wählen wir eine dreidimensionale Darstellung des Betrags, indem die x-Achse dem Realteil und die y-Achse dem Imaginärteil von $z = x + i\,y$ entspricht und auf der z-Achse $|f|$ abgetragen wird

```
> plot3d(abs(f(x+I*y)), x=-3..4, y=-4..4,
         axes=boxed, style=patchnogrid, view=-0...5, labels=[Re, Im, abs],
         grid=[71,71], orientation=[-48,80], transparency=0.4):
```

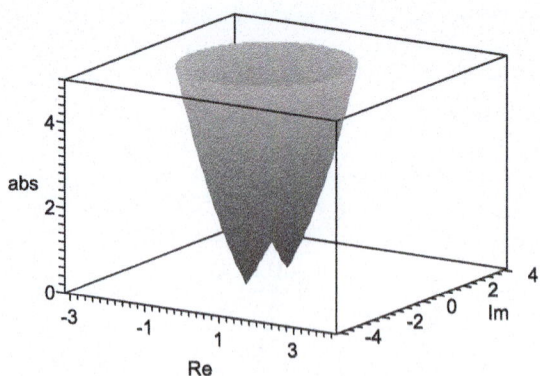

Man identifiziert in der Graphik die Nullstellen von f als die Punkte, die in der (x, y)-Ebene liegen, d.h. den z-Wert Null besitzen. Diese graphische Darstellungsform kann auf Polynome beliebigen Grades angewendet werden.

5.4 Beschreibung von RCL-Filterschaltungen

Dieser Abschnitt ist ein Paradebeispiel wie analytische Methoden umgesetzt werden, um bei komplizierten Sachverhalten mit MAPLE einfach angewendet zu werden bzw. die Ergebnisse erst durch die graphischen Möglichkeiten gut interpretierbar werden. Ohne ein algebraisches System wäre der Rechenaufwand zur Berechnung der folgenden Filterschaltungen sehr zeitaufwändig und extrem mühsam.

Wir charakterisieren die in Tabelle 5.1 angegebenen bzw. ähnlich strukturierten Filterschaltungen, die in einer Kette angeordnet sind, indem wir die komplexe Übertragungsfunktion

$$H(\omega) = \frac{\hat{U}_n(t)}{\hat{U}_0(t)} = \frac{\hat{U}_n\, e^{i\omega t}}{\hat{U}_0\, e^{i\omega t}} = \frac{\hat{U}_n}{\hat{U}_0}$$

bestimmen. $H(\omega)$ gibt das Verhältnis der Amplituden von Ausgangs- zu Eingangsspannung als Funktion von ω an. Wir stellen einen Algorithmus auf, der nur auf die Struktur einer Kette eingeht, ohne dass die Einzelelemente spezifiziert werden müssen. Eine allgemeine Kette hat den Aufbau:

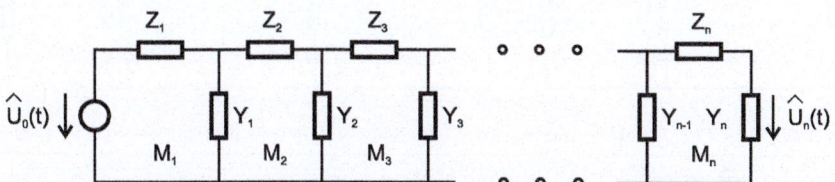

Abb. 5.4. Allgemeine lineare Kette

Dabei ist $\hat{U}_0(t)$ die komplexe Eingangsspannung $\hat{U}_0(t) = \hat{U}_0\, e^{i\omega t}$ und die Ausgangsspannung $\hat{U}_n(t) = \hat{U}_n\, e^{i\omega t}$. Wir bezeichnen die Elemente Z_i als **Längsimpedanzen** und die Elemente Y_i als **Parallel-** oder **Querimpedanzen**. Die Maschen sind mit M_1 bis M_n nummeriert. Die Spannungen, die an den Querimpedanzen Y_i abfallen, sind $\hat{U}_i(t) = \hat{U}_i\, e^{i\omega t}$.

Tabelle 5.1: Schaltungselemente für Filterketten:

Tiefpässe:

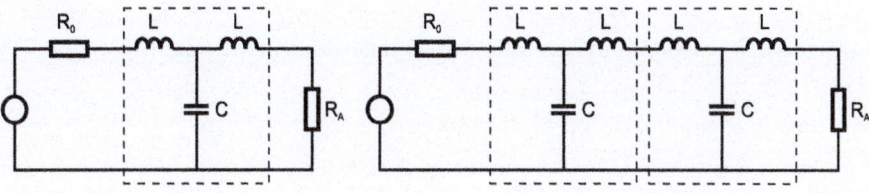

Hochpässe:

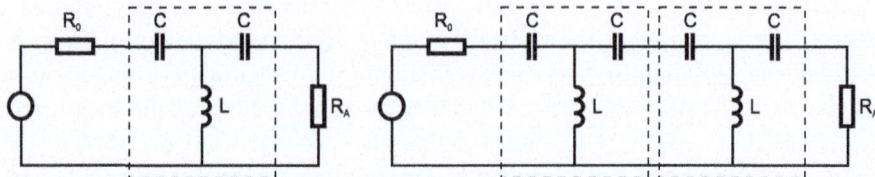

Bandpässe:

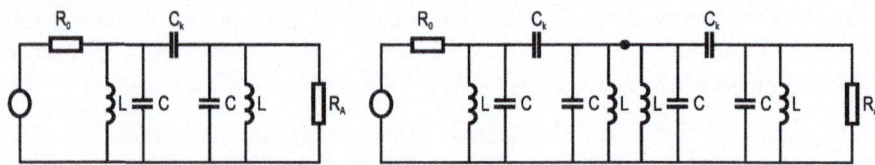

Bandsperren:

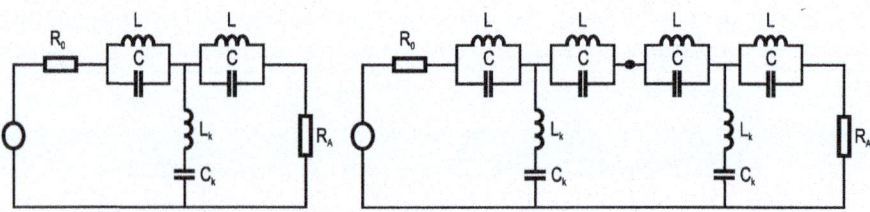

5.4.1 Übertragungsfunktion für lineare Ketten

Zur Berechnung der Übertragungsfunktion von Kettenschaltungen wenden wir die folgende Methodik an:

(1) Beginnend bei Masche M_n wird für alle Maschen M_i der komplexe Ersatzwiderstand $Y_{p,i-1}$ berechnet ($i = n, \ldots, 2$). Somit wird in jedem Schritt die Kette um ein Glied verkürzt.

(2) Am Ende des Reduzierungsprozesses aus Schritt (2) verbleibt nur noch eine Masche mit der Spannungsquelle $\hat{U}_0$, der Längsimpedanz Z_1 und der Querimpedanz $Y_{p,1}$. Es kann nun das Spannungsverhältnis $\frac{\hat{U}_1}{\hat{U}_0}$ berechnet werden.

(3) Beginnend bei Masche M_1 wird das Verhältnis von jeweils zwei aufeinanderfolgenden Spannungen $\frac{\hat{U}_{i+1}}{\hat{U}_i}$ gebildet ($i = 1, \ldots, n-1$).

(4) Durch Rückwärtsauflösen aller Spannungsverhältnisse folgt $\frac{\hat{U}_n}{\hat{U}_0}$.

Um die Formeln systematisch zu entwickeln, beginnen wir mit einer Kette bestehend aus einem Glied, dann mit zwei Gliedern. Anschließend werden wir die Methodik auf eine Kette mit n Gliedern übertragen.

1. Kette aus einem Glied (Spannungsteiler)

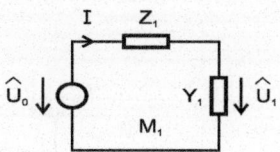

Z_1 = Längsimpedanz
Y_1 = Querimpedanz

Nach dem Maschensatz gilt für Masche M_1:

$$\hat{U}_0 = Z_1 I + \hat{U}_1 = Z_1 I + Y_1 I.$$

Für das Verhältnis von Ausgangs- zu Eingangsspannung gilt

$$\boxed{\frac{\hat{U}_1}{\hat{U}_0} = \frac{Y_1 I}{Z_1 I + Y_1 I} = \frac{Y_1}{Z_1 + Y_1}}$$

2. Kette aus zwei Gliedern

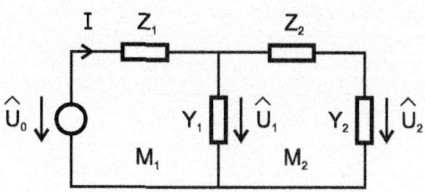

Z_1, Z_2 = Längsimpedanzen
Y_1, Y_2 = Querimpedanzen

Wir betrachten zunächst die zweite Masche und berechnen das Spannungsverhältnis $\frac{\hat{U}_2}{\hat{U}_1}$ mit dem zugehörigen Ersatzwiderstand Y_{p1}. Nach dem Maschensatz gilt für Masche M_2:

$$\hat{U}_1 = I_2 \cdot Z_2 + \hat{U}_2 = Z_2 I_2 + Y_2 I_2$$

$$\Rightarrow \boxed{\frac{\hat{U}_2}{\hat{U}_1} = \frac{Y_2 I_2}{Z_2 I_2 + Y_2 I_2} = \frac{Y_2}{Z_2 + Y_2}}$$

Diese Masche ($Y_1 \parallel Z_2 + Y_2$) wird durch den Ersatzwiderstand Y_{p1} ersetzt. Z_2 und Y_2 liegen in Reihe und sind parallel zu Y_1. Somit addieren sich die Leitwerte

$$\frac{1}{Y_{p1}} = \frac{1}{Y_1} + \frac{1}{Z_2 + Y_2}$$

und für den Ersatzwiderstand folgt

$$\boxed{Y_{p1} = \frac{Y_1 (Z_2 + Y_2)}{Y_1 + Z_2 + Y_2}}.$$

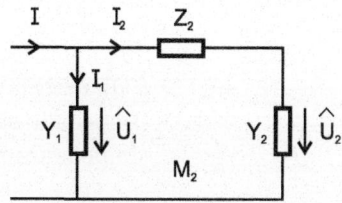

5. Komplexe Zahlen

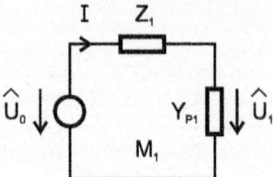

Für das auf eine Masche M_1 reduzierte Problem gilt nach (1) für das Spannungsverhältnis

$$\boxed{\frac{\hat{U}_1}{\hat{U}_0} = \frac{Y_{p1}}{Z_1 + Y_{p1}}.}$$

Der komplette **Algorithmus** für eine zweigliedrige Kette lautet damit

> Z_1, Z_2 : Längsimpedanzen
> Y_1, Y_2 : Querimpedanzen
> $Y_{p1} = Y_1 (Y_2 + Z_2) / (Y_1 + Y_2 + Z_2)$
> $U_1 = U_0 \cdot Y_{p1}/(Z_1 + Y_{p1})$
> $U_2 = U_1 \cdot Y_2/(Z_2 + Y_2)$

Ersetzt man die Längs- und Querimpedanzen durch die zugehörigen komplexen Widerstände, so ist

$$H(\omega) = \frac{U_2}{U_0}.$$

3. Kette aus n Gliedern: Gegeben sei die allgemeine Kette aus Abb. 5.4 bestehend aus n Gliedern. In Verallgemeinerung der Fälle (1) und (2) lautet der **Algorithmus** zur Berechnung der Übertragungsfunktion:

> $Z_1, Z_2, \ldots, Z_n$: Längsimpedanzen
> $Y_1, Y_2, \ldots, Y_n$: Querimpedanzen
> $Y_{p,n-1} = Y_{n-1} \cdot (Y_n + Z_n)/(Y_{n-1} + Y_n + Z_n)$
> $Y_{p,i} = Y_i \cdot (Y_{p,i+1} + Z_{i+1})/(Y_i + Y_{p,i+1} + Z_{i+1})$ $\qquad i = n-2, \ldots, 1$
> $U_0 \qquad$ Eingangsspannung
> $U_i = U_{i-1} \cdot Y_{p,i}/(Y_{p,i} + Z_i) \qquad i = 1, \ldots, n-1$
> $U_n = U_{n-1} \cdot Y_n/(Y_n + Z_n)$

Bei dem obigen Formalismus sind die einzelnen Elemente bzw. Kettenglieder nicht spezifiziert. Für die Impedanzen setzt man dann je nach Schaltung

$\qquad R_\Omega \qquad$ (Ohmscher Widerstand)
$\qquad i\omega L \qquad$ (Impedanz einer Spule mit Induktivität L)
$\qquad \frac{1}{i\omega C} \qquad$ (Impedanz eines Kondensators mit Kapazität C).

5.4.2 Die MAPLE-Prozedur kette

Mit der MAPLE-Prozedur **kette** wird mit obigem Algorithmus auf einfache Weise die Übertragungsfunktion einer n-gliedrigen linearen Kette berechnet.

```
> kette := proc(U0,Z,Y,n)
> local i,Yp,U; global H;
>
># Ersetzen der Maschen durch Ersatzwiderstände
> Yp[n] := Y[n];
> for i from n-1 by -1 to 1
> do Yp[i] := Y[i] * (Yp[i+1] + Z[i+1]) / (Y[i] + Yp[i+1] + Z[i+1])
> end do:
>
># Rückwärtsauflösen der Spannungen
> U[0] := U0:
> for i from 1 to n
> do U[i] := U[i-1] * Yp[i] / (Yp[i] + Z[i])
> end do:
>
> H:=simplify((U[n]/U0));
> end:
```

Der Aufruf erfolgt mit **kette**(U0, Z, Y, n), wenn U0 die Amplitude der Eingangsspannung, $Z[i]$ die Längs- und $Y[i]$ die Querimpedanzen sind. n gibt die Anzahl der Kettenglieder an. Das Ergebnis der Prozedur ist die komplexe Übertragungsfunktion H, deren Betrag und Phase anschließend graphisch dargestellt werden können.

Anwendungsbeispiel 5.2 (Hochpass, mit MAPLE-Worksheet).

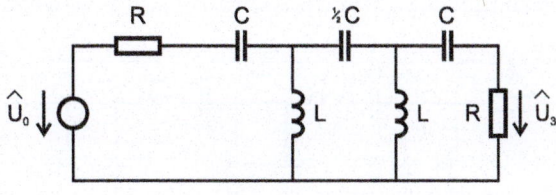

Abb. 5.5. Hochpass

Gegeben sei der in Abb. 5.5 gezeigte Hochpass. Zur Bestimmung der Übertragungsfunktion definieren wir die Längsimpedanzen

> Z[1] := R+1/(I*w*C):   Z[2] := 1/(I*w*C/2):   Z[3] := 1/(I*w*C):

und die Querimpedanzen

82   5. Komplexe Zahlen

> Y[1] := I*w*L: Y[2] := I*w*L: Y[3] := R:

Als Eingangsspannung wählen wir $U_0 = 1$. Da der Hochpass aus 3 Gliedern besteht, ist n=3 und der Aufruf der Prozedur **kette** lautet
> U0 := 1:
> kette(U0,Z,Y,3);

$$\frac{1}{2} w^5 L^2 C^3 R I / (w^5 L^2 C^3 R I + 2 w^4 L^2 C^2 - 4 I w^3 L C^2 R \\ - 3 w^2 L C + R^2 w^4 C^3 L - R^2 w^2 C^2 + 2 I R w C + 1)$$

Die Übertragungsfunktion ist eine komplexe, gebrochenrationale Funktion in ω mit dem höchsten auftretenden Exponent 5: Die Kette enthält 5 unabhängige Energiespeicher. Zur Darstellung von H betrachten wir den Betrag und die Phase für die Parameter
> R:=1000: C:=5.28e-9: L:=3.128e-3:
> plot(abs(H),w=0..400000,thickness=2);
> plot(argument(H),w=0..400000,thickness=2);

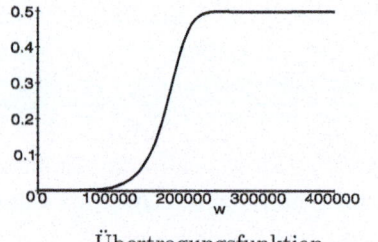
Übertragungsfunktion

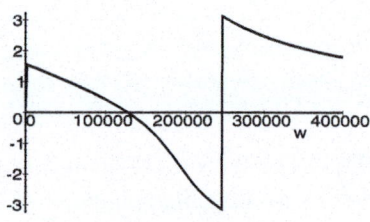
Phasendiagramm

Man erkennt, dass tiefe Frequenzen gesperrt werden ($H \approx 0$) und hohe Frequenzen passieren können ($H \approx \frac{1}{2}$). Die Grenzfrequenz bei halber Maximalamplitude liegt bei $\omega_g = 175000\ \frac{1}{s}$. □

Anwendungsbeispiel 5.3 (Bandpass, mit Maple-Worksheet).

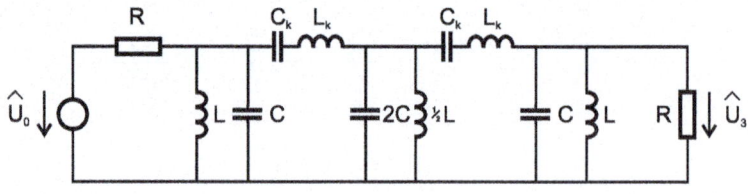

Abb. 5.6. Bandpass

Gegeben ist der Bandpass aus Abb. 5.6. Bei der Berechnung der Längs- und Querimpedanzen muss beachtet werden, dass zum einen die Längsimpedanzen L_k und C_k in Reihe liegen und daher durch $i\omega L_k + 1/(i\omega C_k)$ zu ersetzen sind;

5.4 Beschreibung von RCL-Filterschaltungen

zum anderen die Querimpedanzen L und C parallel geschaltet sind und damit der Kehrwert aus der Summe der Leitwerte genommen werden muss.

```
> Z[1] := R:
> Z[2] := I*w*Lk + 1/(I*w*Ck):
> Z[3] := I*w*Lk + 1/(I*w*Ck):
> Y[1] := 1/( I*w*C + 1/(I*w*L) ):
> Y[2] := 1/( I*w*2*C + 1/(I*w*L/2) ):
> Y[3] := 1/( I*w*C+1/(I*w*L)+1/R):
> kette(1,Z,Y,3):
```

Diese Filterschaltung hat 10 unabhängige Energiespeicher. Die Übertragungsfunktion ist damit eine gebrochenrationale Funktion mit höchstem auftretenden Exponenten 10. Wir verzichten auf eine explizite Angabe dieser Funktion, stellen sie aber für die spezifizierten Parameter graphisch dar.

```
> R:=100: C:=2.32e-7: L:=3.62e-3: Ck:=C: Lk:=L:
> plot(abs(H),w=0..100000,thickness=2);
> plot(argument(H),w=0..100000,thickness=2);
```

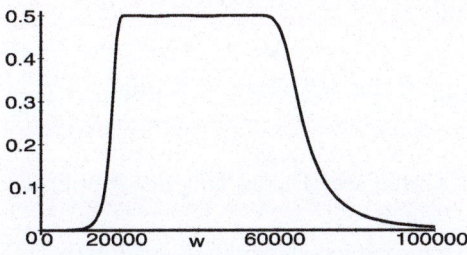

Abb. 5.7. Übertragungsfunktion

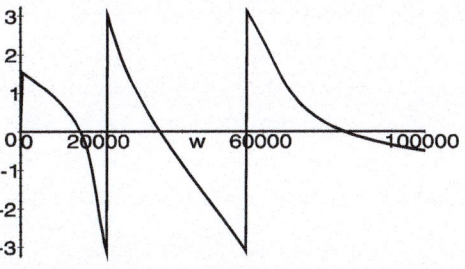

Abb. 5.8. Phasendiagramm

Bei dem Bandpass werden Frequenzen nur innerhalb eines *Frequenzbandes* übertragen; außerhalb werden sie gesperrt. In obigem Fall entnimmt man aus dem Betrag der Übertragungsfunktion, dass die untere Grenzfrequenz $\omega_u = 18000 \frac{1}{s}$ und die obere Grenzfrequenz $\omega_o = 66000 \frac{1}{s}$ beträgt. □

5.5 Zusammenstellung der MAPLE-Befehle

MAPLE-Befehle zu den komplexen Zahlen

$a + b * I$ oder $a + I * b$	Darstellung einer komplexen Zahl c
evalc(c)	Auswertung im Komplexen
simplify(c)	Vereinfachung
Re(c)	Realteil
Im(c)	Imaginärteil
abs(c)	Betrag der komplexen Zahl c
argument(c)	Winkel der komplexen Zahl c
arctan(Im(c),Re(c))	"
conjugate(c)	komplex konjugierte Zahl
polar(betrag, winkel)	Polardarstellung einer komplexen Zahl c
evalc ( )	Umwandlung von polar in algebraisch
convert (, polar)	Umwandlung von algebraisch in polar
fsolve (p(z) = 0, z, complex)	**fsolve** berechnet im Komplexen alle Nullstellen des Polynoms $p(z)$.

MAPLE-Befehle zu den Anwendungen der komplexen Zahlen

$A * \exp(I * w * t)$	Definition von $A\,e^{iwt}$
plot(abs($H(w)$), w=0..5)	Graphische Darstellung der Amplitude von $H(w)$
plot(argument($H(w)$), w=0..5)	Graphische Darstellung der Phase von $H(w)$
animate(abs(f(x+I * y)), x=a..b,	y=c..d, frames=40) Animation des Betrags von f
plot3d(abs(f(x+I*y)), x=a..b,	y=c..d, frames=40) 3D Darstellung des Betrags von f

MAPLE-Worksheets zu Kapitel 5

 Die folgenden elektronischen Arbeitsblätter stehen für Kapitel 5 mit MAPLE zur Verfügung.

— Darstellung komplexer Zahlen mit MAPLE
— Komplexes Rechnen mit MAPLE
— Visualisierung der komplexen Rechenoperationen
— Überlagerung von Schwingungen
— RCL-Wechselstromkreise mit MAPLE
— Übertragungsverhalten von Filterschaltungen

6. Folgen und Grenzwerte

6.1 Ermittlung von Grenzwerten

Der Grenzwert einer Zahlenfolge a_n berechnet man in MAPLE mit dem Befehl

> limit(a(n), n=infinity);

```
> a := n -> 1+1/2^n:
> Limit (a(n), n = infinity) = limit (a(n), n = infinity);
```

$$\lim_{h \to 0} 1 + \frac{1}{2^n} = 1$$

Wir stellen den Grenzwert zusammen mit einer ε-Umgebung als Funktionsschaubild für die Folge $(1 + \frac{1}{n})^n$ graphisch dar.

```
> a := n -> (1 + 1/n)^n:
> folge := [seq([n, a(n)], n = 1..100)]:
> p1 := plot (folge, style=point):
> n := 'n';   eps := 5 * 10 ^(-2):
> Grenzwert := limit (a(n), n=infinity);
```

$$Grenzwert := e$$

```
> p2 := plot ([Grenzwert-eps,Grenzwert,Grenzwert+eps], x = 0..100, 2..3):
> with (plots):   display ([p1, p2]);
```

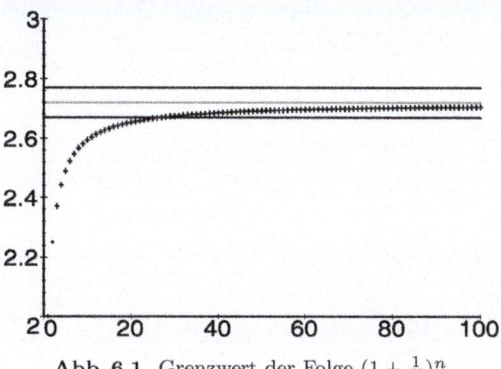

Abb. 6.1. Grenzwert der Folge $(1 + \frac{1}{n})^n$

Visualisierung mit MAPLE: Auf der Homepage befindet sich ein MAPLE-Worksheet, bei dem man selbst Folgen spezifizieren kann und diese Folgen dann - sofern sie einen Grenzwert besitzen - in Form einer Animation dargestellt werden.

6. Folgen und Grenzwerte

Beispiel 6.1 (Babylonisches Wurzelziehen, mit Maple-Worksheet):
Die *rekursiv* definierte Folge

$$a_0 = a \quad , \quad a_{n+1} = \frac{1}{2}\left(a_n + \frac{a}{a_n}\right)$$

ist für jedes $a > 0$ eine monoton fallende Folge, die gegen $\sqrt{a}$ konvergiert.

> z:=2: #Aus dieser Zahl wird die Wurzel gezogen
> n:=5: #Anzahl der Iterationen
>
> a:=z:
> for i from 1 to n
> do
>   a:=1./2*(a+z/a);
>   print('Näherung für ',sqrt(z) = a);
> end do:

$$\text{Näherung für}, \sqrt{2} = 1.500000000$$
$$\text{Näherung für}, \sqrt{2} = 1.416666666$$
$$\text{Näherung für}, \sqrt{2} = 1.414215686$$
$$\text{Näherung für}, \sqrt{2} = 1.414213562$$
$$\text{Näherung für}, \sqrt{2} = 1.414213562$$

□

6.2 Graphische Darstellung von Funktionsfolgen

In Maple kann man Funktionsfolgen anschaulich darstellen, indem sowohl die Folge $(x_n)_n$ als auch die Funktionsfolge $(f(x_n))_n$ in ein Schaubild gezeichnet werden. Zur graphischen Darstellung wählen $f(x) = x^2$ und als Folge $x_n = 2 - \frac{1}{n^2} \xrightarrow{n \to \infty} 2$. Gesucht ist der Funktionsgrenzwert $\lim_{n \to \infty} f(x_n)$:

> f := x - > x^2:
> x := n - > 2 - 1/n^2:
> tabelle := n -> [[x(n), 0],   [x(n), f(x(n))],   [0, f(x(n))]]:
> p1 := plot ([seq(tabelle(i), i = 1..10)], color = blue):
> p2 := plot ([x, f(x), x = 0..2.1], x = 0..2.5, thickness = 2):
> with (plots):   display ([p1, p2]);

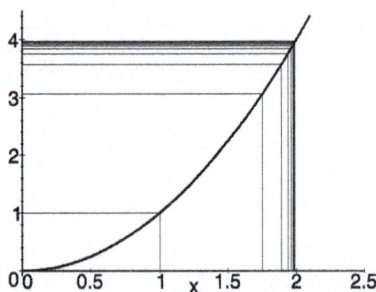

Abb. 6.2. Linksseitiger Funktionsgrenzwert bei $x_0 = 2$

6.3 Berechnung von Funktionsgrenzwerten

Mit MAPLE lassen sich rechts- und linksseitige Grenzwerte ebenfalls mit dem **limit**-Befehl berechnen, wenn man zusätzlich die Option *left* oder *right* setzt:

Beispiel 6.2. $\lim_{x \to 0} \dfrac{\sin(x)}{x}$.

> f(x) := sin(x)/x:
> limit (f(x), x = 0, right);

$$1$$

> Limit (f(x), x = 0) = limit (f(x), x = 0);

$$\lim_{x \to 0} \frac{\sin x}{x} = 1 \qquad \square$$

Beispiel 6.3. $\lim_{x \to 0} \dfrac{e^x - 1}{x}$.

> f(x) := (exp(x) - 1)/x:
> Limit (f(x), x = 0) = limit (f(x), x = 0);

$$\lim_{x \to 0} \frac{e^x - 1}{x} = 1 \qquad \square$$

6.4 Bisektionsverfahren

Grundlage für eine einfache numerische Methode zur Bestimmung von Nullstellen einer Funktion bildet der anschauliche Satz: Jede stetige Funktion, die auf einem Intervall $[a, b]$ einen Vorzeichenwechsel hat, besitzt in diesem Intervall eine Nullstelle (siehe Abb. 6.3):

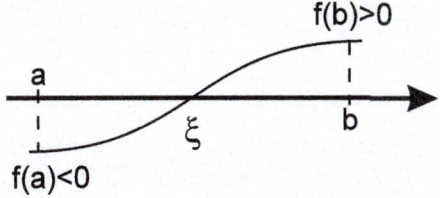

Abb. 6.3. Intervallhalbierungs-Methode

Die Idee des numerischen Algorithmus besteht darin, dass man zu gegebenem Intervall $[a, b]$ die Intervallmitte m bestimmt und die Funktionswerte

$$f(a), f(m), f(b)$$

miteinander vergleicht: Man ersetzt den Intervallrand durch m, dessen Funktionswert dasselbe Vorzeichen wie $f(m)$ besitzt. Anschließend wiederholt man die Vorgehensweise auf dem halbierten Intervall usw. Da man ständig die Intervalllänge halbiert, nennt man das Verfahren auch Intervallhalbierungs-Methode.

Umsetzung mit MAPLE. Bei der Realisierung der Intervallhalbierungs-Methode mit MAPLE wird der Algorithmus direkt übernommen.
```
> bise := proc()
> local iter, x1, x2, x3, f1, f2, f3, delta, f, func, x;
>
> func := args[1]:   x := op(1, args[2]);
> f := unapply (func, x):
> x1 := op(1, op(2, args[2]));
> x2 := op(2, op(2, args[2]));
> f1 := f(x1):   f2 := f(x2):
>
> iter := 0:   delta := 1e-4:
> while x2 - x1 > delta
> do  iter := iter + 1:
>       x3 := (x2 + x1)/2.: f3 := f(x3):
>       if (evalf (f3 * f2) <= 0) then x1 := x3:   f1 := f3:
>       else      x2 := x3:   f2 := f3:
>       fi;
> lprint ('[', x1, ',', x2, ']'):
> end do;
> print ('Die Nullstelle liegt nach ', iter; 'Iterationen bei xi = ', x3);
> end:
```

Der Aufruf der Prozedur **bise** erfolgt wie der **plot**-Aufruf für einen Ausdruck.
> bise (x^3 - sqrt(x^2 + 1), x = 1..2);

$$\begin{array}{[}[& 1. & , & 1.500000000 &] \\ [& 1. & , & 1.250000000 &] \\ [& 1.125000000 & , & 1.250000000 &] \\ [& 1.125000000 & , & 1.187500000 &] \\ [& 1.125000000 & , & 1.156250000 &] \\ [& 1.140625000 & , & 1.156250000 &] \\ [& 1.148437500 & , & 1.156250000 &] \\ [& 1.148437500 & , & 1.152343750 &] \\ [& 1.150390625 & , & 1.152343750 &] \\ [& 1.150390625 & , & 1.151367188 &] \\ [& 1.150878907 & , & 1.151367188 &] \\ [& 1.150878907 & , & 1.151123048 &] \\ [& 1.150878907 & , & 1.151000978 &] \end{array}$$

Die Nullstelle liegt nach, 13, *Iterationen bei xi =*, 1.150939943

Visualisierung mit MAPLE: Auf der Homepage befindet sich eine erweiterte MAPLE-Prozedur, **bise_ext**, die den Konvergenzprozess in Form einer Animation visualisiert. Darüber hinaus gibt es auf der Homepage ein eigenes Kapitel über das numerische Lösen von Gleichungen.

6.5 Zusammenstellung der MAPLE-Befehle

Grenzwertbildung mit MAPLE

a := n-> 1/n	Definition der Folge $a_n = \frac{1}{n}$.
limit(a(n), n=infinity)	Berechnung des Grenzwertes $\lim_{n\to\infty} a_n$.
Limit(a(n), n=infinity)	Symbolische Darstellung des Grenzwertes.
limit(f(x), x=x0)	Berechnung des Grenzwertes $\lim_{x\to x_0} f(x)$.
Limit(f(x), x=x0)	Symbolische Darstellung des Grenzwertes.

MAPLE-Worksheets zu Kapitel 6

Die folgenden elektronischen Arbeitsblätter stehen für Kapitel 6 mit MAPLE zur Verfügung.

- Zahlenfolgen
- Babylonisches Wurzelziehen
- Funktionsfolgen
- Bisektionsmethode

7. Differenziation

7.1 Definition der Ableitung

Die Ableitung einer Funktion f im Punkt x_0 ist über einen Grenzübergang definiert, bei dem die Sekante in die Tangente und damit die Sekantensteigung in die Tangentensteigung übergeht:

> **Definition: (Ableitung einer Funktion).** *Eine Funktion* $f : \mathbb{D} \to \mathbb{R}$ *heißt im Punkte* $x_0 \in \mathbb{D}$ **differenzierbar***, falls der Grenzwert*
> $$f'(x_0) := \lim_{\triangle x \to 0} \frac{f(x_0 + \triangle x) - f(x_0)}{\triangle x} := \lim_{x \to x_0} \frac{f(x) - f(x_0)}{x - x_0}$$
> *existiert. Man bezeichnet ihn als erste* **Ableitung** *der Funktion* f *im Punkte* x_0.

Im Folgenden stellen wir diesen Grenzübergang (Sekante geht über in die Tangente) durch eine Animation am Beispiel der Funktion $f(x) = x^2$ im Punkt $x_0 = 1$ graphisch dar:

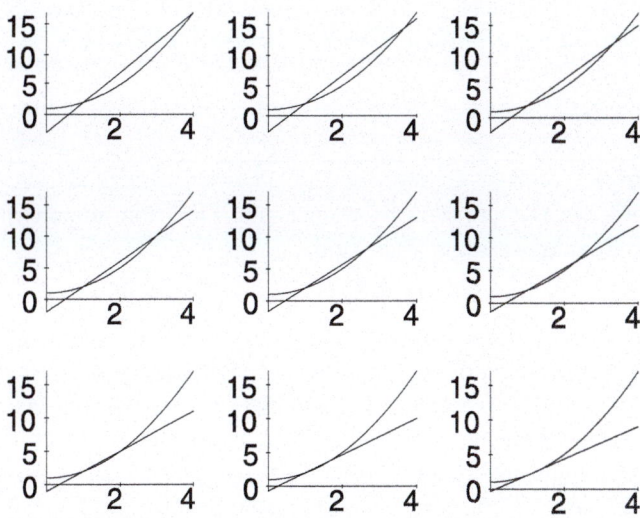

```
> f := x -> x^2:   x0 := 1:
> Sekante := (f(x0 + dx) - f(x0))/dx * (x-x0) + f(x0):
> N := 10:
> for i from 1 to N
> do
>     dx := 3/i:
>     p[i] := plot ([f(x), Sekante], x = 0..4):
> end do:
> with (plots):   display ([seq(p[n], n = 0..N)], insequence=true);
```

Visualisierung mit MAPLE: In der MAPLE-Animation erkennt man, dass der Punkt Q auf der Kurve von f entlang zum Punkt P wandert. Dabei nähert sich die Sekante der Tangente an und die Sekantensteigung geht in die Tangentensteigung über.

7.2 Differenzieren

MAPLE bietet zwei Möglichkeiten zur Differenziation:

> **diff**(*ausdruck*, *var*) differenziert einen Ausdruck nach der Variablen var.

> **D**(*funktion*) differenziert eine Funktion.

(1) Die Ableitung eines *Ausdrucks* geschieht durch den **diff**-Befehl.
> Diff(x^2 + ln(x) + 4, x) = diff(x^2 + ln(x) + 4, x);

$$\frac{d}{dx}\left(x^2 + \ln(x) + 4\right) = 2x + \frac{1}{x}$$

(2) Die Ableitung einer *Funktion* erfolgt mit dem **D**-Operator.
> f := x -> exp(x) + 4 * x^2:
> D(f);

$$x \rightarrow e^x + 8x$$

Das Ergebnis des **D**-Operators ist wieder eine Funktion, die anschließend an einer Stelle x_0 ausgewertet werden kann:
> D(f)(0);

$$1$$

⚠ Es ist wichtig zwischen **diff** und **D** zu unterscheiden: **diff** differenziert einen Ausdruck und liefert als Ergebnis einen Ausdruck; **D** differenziert eine Funktion und liefert als Ergebnis eine Funktion! Man beachte, dass gilt

(1) $\boxed{\text{D}(f)(x) = \text{diff}(f(x), x)}$ (2) $\boxed{\text{unapply}(\text{diff}(f(x), x), x) = \text{D}(f)}$

▶ Höhere Ableitungen

Höhere Ableitungen werden in MAPLE durch den Wiederholungsoperator $ oder @ gebildet:
> diff(x^2 + ln(x) + 4, x$ 2);

$$2 - \frac{1}{x^2}$$

bzw.
> (D@@2)(f);

$$x \to e^x + 8$$

gebildet. Bei Großschreibung des **Diff**-Befehls (inerte-Form) wird die Ableitung nur symbolisch dargestellt.

7.3 Logarithmische Differenziation

Definiert man
> y:=x^cos(x);

$$y := x^{\cos(x)}$$

differenziert der **diff**-Befehl diesen Ausdruck
> diff(y, x);

$$x^{\cos(x)} \left(-\sin(x) \ln(x) + \frac{\cos(x)}{x} \right)$$

MAPLE wendet die logarithmische Differenziation also automatisch an. Man kann sie aber auch schrittweise durchführen lassen:
> eq:= y=x^cos(x);

$$eq := y = x^{\cos(x)}$$

Wir logarithmieren die Gleichung. Mit **ln(eq)** ist dies leider nicht möglich, da MAPLE dann nicht den Logarithmus der linken und rechten Seite der Gleichung berechnet
> ln(eq);

Error, invalid input: ln expects its 1st argument, x, to be of type algebraic, but received $y = x\hat{\;}\cos(x)$

Stattdessen wenden wir den **map**-Operator auf die Gleichung an
> lneq:=map(ln,eq);

$$lneq := \ln(y) = \ln(x^{\cos(x)})$$

⚠ Bevor nun differenziert wird, ersetzen wir y durch $y(x)$, da sonst die Ableitung von $ln(y)$ nach x Null ergibt
> diff(%, x);

$$0 = -\sin(x) \ln(x) + \frac{\cos(x)}{x}$$

Richtig muss es lauten
> subs(y=y(x), lneq);

$$\ln(\mathrm{y}(x)) = \ln(x^{\cos(x)})$$

```
> deq:=diff(%, x);
```

$$deq := \frac{\frac{d}{dx}\mathrm{y}(x)}{\mathrm{y}(x)} = -\sin(x)\ln(x) + \frac{\cos(x)}{x}$$

Obige Gleichung wird mit dem **isolate**-Befehl nach $y'(x)$ aufgelöst
```
> isolate(deq, diff(y(x),x));
```

$$\frac{d}{dx}\mathrm{y}(x) = \left(-\sin(x)\ln(x) + \frac{\cos(x)}{x}\right)\mathrm{y}(x)$$

7.4 Implizite Differenziation

Definiert man die Gleichung
```
> eq:= exp(y) - exp(2 * x) = x * y;
```

$$eq := \mathrm{e}^{y} - \mathrm{e}^{(2x)} = x\,y$$

muss vor dem Differenzieren y durch $y(x)$ ersetzt werden, da sonst die linke Seite der Gleichung differenziert Null ergibt.
```
> subs(y=y(x), eq):
> deq:=diff(%, x);
```

$$deq := \left(\frac{d}{dx}\mathrm{y}(x)\right)\mathrm{e}^{\mathrm{y}(x)} - 2\,\mathrm{e}^{(2x)} = \mathrm{y}(x) + x\left(\frac{d}{dx}\mathrm{y}(x)\right)$$

Die resultierende Gleichung nach y' aufgelöst gibt
```
> Diff(y(x), x) = solve(deq, diff(y(x),x));
```

$$\frac{d}{dx}\mathrm{y}(x) = \frac{2\,\mathrm{e}^{(2x)} + \mathrm{y}(x)}{\mathrm{e}^{\mathrm{y}(x)} - x}$$

7.5 L'Hospitalsche Regeln

Die Regeln von l'Hospital werden bei MAPLE automatisch durch den **limit**-Befehl berücksichtigt:
```
> Limit (sin(x)/x, x = 0) = limit (sin(x)/x, x = 0);
```

$$\lim_{x \to 0} \frac{\sin(x)}{x} = 1$$

Auch die Fälle $0 \cdot \infty$, $\infty - \infty$, 1^{∞} werden teilweise umgeformt und nach den Regeln von l'Hospital berechnet
```
> Limit ((1 + t * 1/x)^x, x = infinity) = limit ((1 + t * 1/x)^x, x = infinity);
```

$$\lim_{x \to \infty} \left(1 + \frac{t}{x}\right)^{x} = e^{t}$$

7.6 Newton-Verfahren

Das *Newton-Verfahren* ist ein schnelles numerisches Verfahren, um Nullstellen von Funktionen $f(x) = 0$ näherungsweise zu bestimmen.

Das Verfahren: Das Newton-Verfahren ist ein iteratives Verfahren: Ausgehend von einer Anfangsschätzung x_0 für die Nullstelle berechnen wir dazu in diesem Punkt x_0 die Tangente an f und bestimmen den Schnittpunkt der Tangente mit der x-Achse. Dieser Wert sei x_1. x_1 liegt in der Regel näher an der Nullstelle als x_0. Nun berechnet man in x_1 die Tangente der Funktion und bestimmt den Achsenschnittpunkt x_2. Durch Fortführung des Verfahrens nähert man sich der Nullstelle an (siehe Abb. 7.1).

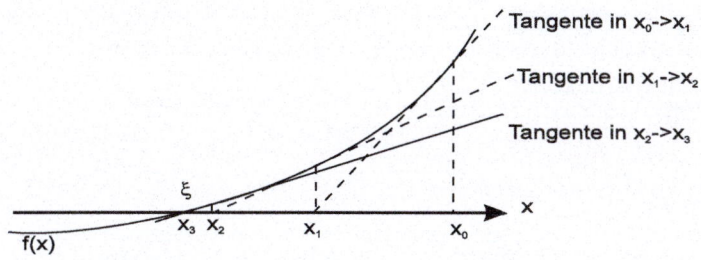

Abb. 7.1. Geometrische Interpretation des Newton-Verfahrens

Aufstellen der Formeln: Die Tangentengleichung in x_0 hat die Form

$$y = f(x_0) + f'(x_0)(x - x_0)$$

und der Schnittpunkt x_1 mit der x-Achse ist definiert durch $y = 0$:

$$0 = f(x_0) + f'(x_0)(x_1 - x_0).$$

Damit ist

$$\boxed{x_1 = x_0 - \frac{f(x_0)}{f'(x_0)}.}$$

Durch Iteration erhält man das folgende Verfahren:

Algorithmus (Newton-Verfahren)

(1) **Initialisierung:** Wähle Startwert x_0; $\delta := 10^{-5}$.

(2) **Iteration:** $x_{n+1} = x_n - \dfrac{f(x_n)}{f'(x_n)}$ $n = 0, 1, 2, 3, \ldots$

(3) **Abbruchbedingung:**

- Falls $|x_{n+1} - x_n| < \delta$, dann $\xi = x_{n+1}$. Stop.
- Falls $|x_{n+1} - x_n| \geq \delta$, dann weiter mit (2).

7. Differenziation

Falls man eine schlechte Schätzung für den Startwert hat, sollte man sich zunächst mit dem Bisektionsverfahren (→ 6.4) eine bessere Startnäherung verschaffen und anschließend das Newton-Verfahren verwenden. Oftmals kann man durch Zeichnen des Funktionsgraphen einen guten Startwert x_0 finden.

Realisierung des Newton-Verfahrens mit MAPLE: Der Algorithmus des Newton-Verfahrens wird direkt in die Prozedur **newton** übernommen. Der Aufruf der Prozedur **newton** erfolgt durch Angabe des Funktionsausdrucks und des Startwertes x_0. Durch Verwendung des **D**-Operators in der MAPLE-Prozedur **newton** wird die Ableitung dieser Funktion explizit bestimmt.

```
> newton := proc ()
> local iter, x0, xna, xnn, delta, func, f, x;
>
> func := args[1];   x := op(1, args[2]);   x0 := op(2, args[2]);
> f := unapply (func, x):
> iter := 0:   delta := 1e-9:
> xna := evalf (x0):
> xnn := xna - f(xna)/D(f)(xna):
>
> while abs(xna - xnn) > delta
> do iter := iter + 1:
>    print (iter, xna, f(xna));
>    xna := xnn:
>    xnn := xna - f(xna)/D(f)(xna):
> end do;
>
> print ('Die Nullstelle liegt nach ', iter,'Iterationen bei xi = ',xnn);
> end:
```

Beispiel 7.1 (Mit MAPLE-**Worksheet).** Gesucht ist eine von Null verschiedene Lösung der Gleichung

$$1 - \frac{1}{5}x = e^{-x}.$$

Um das Newton-Verfahren anwenden zu können, setzen wir

$$f(x) = 1 - \frac{1}{5}x - e^{-x}$$

und bestimmen eine Nullstelle von $f(x)$: Der Aufruf der Prozedur **newton** für das Problem erfolgt dann durch Angabe des Funktionsausdrucks $1 - \frac{1}{5}x - e^{-x}$ und des Startwertes $x_0 = 2$:

```
> y := 1 - 1/5 * x - exp(-x):
> newton (y, x = 2.);
```

n	x_n	$f(x_n)$
0	2	0.4646
1	9.1857	$-.8372$
2	4.9973	$-.00622$
3	4.9651	$-0.3 \cdot 10^{-5}$

Nach 3 Iterationen erhält man für die Lösung der Gleichung $z = 4.9651$ mit einer Genauigkeit von 4 Dezimalstellen. □

Extras im Web: Auf der Homepage zum Buch befindet sich eine erweiterte MAPLE-Prozedur, **newton_ext**, die den Konvergenzprozess in Form einer Animation visualisiert. Die Beschreibung weiterer Verfahren befinden sich auf der Homepage im Kapitel über das Lösen von **nichtlinearen Gleichungen**.

Quadratwurzeln

Beispiel 7.2 (Berechnung von Wurzeln). Gesucht ist die Quadratwurzel $\sqrt{a}$ einer positiven Zahl a. Wir interpretieren $\sqrt{a}$ als die einzige positive Nullstelle der Funktion

$$f(x) = x^2 - a.$$

Zur numerischen Berechnung von $\sqrt{3}$ wenden wir das Newton-Verfahren auf diese Funktion an:

n	0	1	2	3	4	5
x_n	3.00000	2.00000	1.75000	1.73214	1.73205	1.73205

Die angegebene Methode ist eine der besten zur Berechnung von Quadratwurzeln. Die meisten Computerprogramme beruhen darauf. □

Berechnung von k-ten Wurzeln

Bemerkung: Das Newton-Verfahren ist nicht nur auf die Berechnung von Quadratwurzeln beschränkt, sondern kann auch zur Berechnung von k-ten Wurzeln herangezogen werden. Denn $\sqrt[k]{a}$ ist die positive Nullstelle von $f(x) = x^k - a$. Mit $f'(x) = k\,x^{k-1}$ lautet die Newton-Folge

$$x_{n+1} = \frac{1}{k}\left[(k-1)\,x_n - \frac{a}{x_n^{k-1}}\right] \qquad n = 0, 1, 2, 3, \ldots.$$

7.7 Anwendungsbeispiel: Magnetfeld von Leiterschleifen

Das durch eine stromdurchflossene Leiterschleife erzeugte Magnetfeld ist auf der Achse der Leiterschleife gegeben über die Formel

$$B(z) = \frac{\mu_0 \, I \, R^2}{2 \left(R^2 + z^2\right)^{\frac{3}{2}}} \, ,$$

wenn $R \, (= 0.1 m)$ der Radius der Leiterschleife, $I \, (= 1 A)$ der Strom und $\mu_0 \, (= 4\pi \cdot 10^{-7} \, H/m)$ die Permeabilität von Vakuum. Die Effekte der Stromzuleitung werden vernachlässigt.

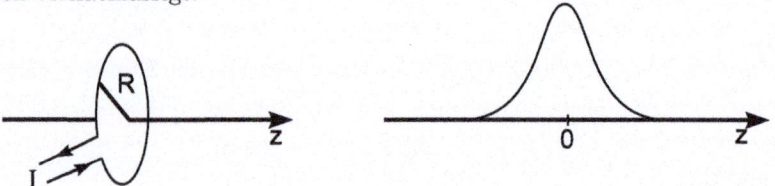

Abb. 7.2. (a) Stromdurchflossene Leiterschleife und (b) Magnetfeld auf der Achse

Das Magnetfeld von zwei stromdurchflossenen Leiterschleifen ist die Überlagerung der Einzelmagnetfelder. Gesucht ist der Abstand d der Leiterschleifen, so dass das Magnetfeld zwischen den Einzelschleifen möglichst homogen (= gleichförmig) wird.

Um uns einen Überblick über das Magnetfeld für verschiedene Abstände d zu verschaffen, berechnen wir das Gesamtmagnetfeld

$$B = \frac{1}{2}\mu_0 \, I \, R^2 \left(\frac{1}{\left(R^2 + (z - \tfrac{1}{2}d)^2\right)^{3/2}} + \frac{1}{\left(R^2 + (z + \tfrac{1}{2}d)^2\right)^{3/2}} \right)$$

auf der Achse, wenn die erste Leiterschleife bei $z = \frac{d}{2}$ und die zweite bei $z = -\frac{d}{2}$ liegt. Das Ergebnis stellen wir als Animation dar.

```
> B:=d->mu * s/2 * R^2 * (1/(R^2
                +(z-d/2)^2)^(3/2) + 1/(R^2 +(z+d/2)^2)^(3/2)):
> mu:=4 * Pi * 1e-7: s:=1.: R:=0.1:
```

⚠ **Achtung:** Man beachte, dass der Strom nicht mit dem Variablenname I definiert werden darf, da $I = \sqrt{-1}$ als Systemvariable vordefiniert ist!

Wir variieren den Abstand d der Spulen von $d = \frac{2}{5}R$ bis $d = 2R$ in *ndivi* Schritten und zeichnen für jeden der Abstände das Magnetfeld auf der Achse:
```
> p:=d -> plot(B(d),z=-0.2..0.2);
```

$$p := d \to \text{plot}(\, \text{B}(d), z = -.2...2\,)$$

```
> ndivi:=8:
> dr:=2 * (R - R/5) / ndivi:
```

7.7 Anwendungsbeispiel: Magnetfeld von Leiterschleifen

> A:=seq(2 * R/5+(i-1) * dr, i=1..ndivi);

$$A := 0.04000000000, 0.0600000000, 0.0800000000, 0.1000000000,$$
$$0.1200000000, 0.1400000000, 0.1600000000, 0.1800000000$$

Die Animation ergibt sich aus
> with(plots):
> display([seq(p(i), i=A)], insequence=true, axes=framed, thickness=2);

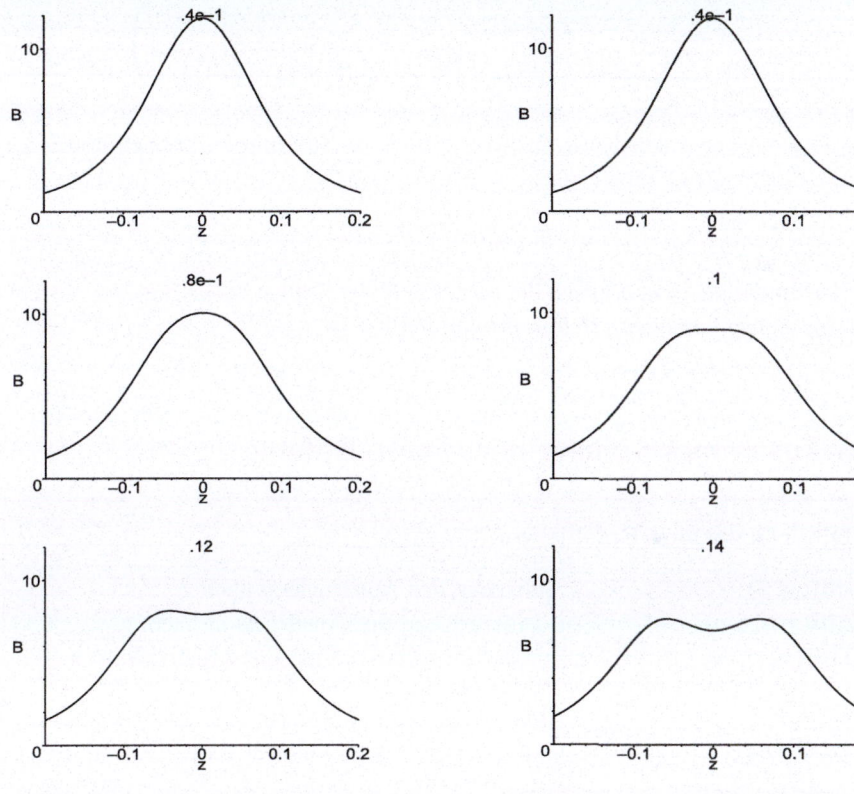

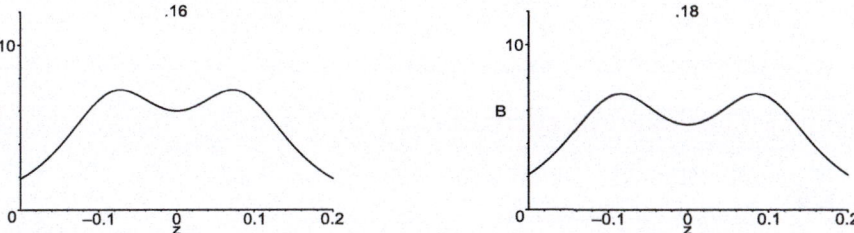

Das zugehörige MAPLE-Worksheet erzeugt die obigen Bilder als Animation, bei der der Abstand d zwischen 0.04 und 0.18 variiert. Es zeigt sich, dass bei $d = 0.1$ das Magnetfeld relativ homogen verläuft. Zur Skalierung wurde das Magnetfeld in $10^{-6}\,[T]$ angegeben.

Die mathematische Bedingung für die Homogenität des Magnetfeldes bei $z = 0$ ist, dass $B''(z = 0) = 0$.

> mu:='mu': s:='s': R:='R':
> diff(B(d), z$2);

$$\frac{1}{2}\mu i R^2 \left(\frac{15}{4} \frac{(2z-d)^2}{\left(R^2 + (z - \frac{1}{2}d)^2\right)^{7/2}} - 3 \frac{1}{\left(R^2 + (z - \frac{1}{2}d)^2\right)^{5/2}} \right.$$
$$\left. + \frac{15}{4} \frac{(2z+d)^2}{\left(R^2 + (z + \frac{1}{2}d)^2\right)^{7/2}} - 3 \frac{1}{\left(R^2 + (z + \frac{1}{2}d)^2\right)^{5/2}} \right)$$

Wir setzen obigen Ausdruck für $B(d)$ bei $z = 0$ Null und lösen nach d auf
> d_homo:= solve (subs(z=0,%) = 0, d);

$$d\_homo := R, -R$$

Ist der Spulenabstand d gleich dem Radius R der Spulen, so ist das Magnetfeld auf der Achse homogen (*Helmholtz-Spulen*)!

7.8 Zusammenstellung der MAPLE-Befehle

Differenziations-Befehle von MAPLE

diff(y, x)	Ableitung des Ausdrucks y nach x.
diff(y, x $ n)	n-te Ableitung des Ausdrucks y nach x.
Diff(y, x)	Symbolische Darstellung der Ableitung.
D(f)	Ableitung der Funktion f.
(**D@@n**)(f)	n-te Ableitung der Funktion f.

MAPLE-Worksheets zu Kapitel 7

 Die folgenden elektronischen Arbeitsblätter stehen für Kapitel 7 mit MAPLE zur Verfügung.

— Zum Ableitungsbegriff
— Differenzieren mit MAPLE
— Kurvendiskussion mit MAPLE
— Helmholtz-Spulen mit MAPLE
— Newton-Verfahren mit MAPLE

8. Integralrechnung

8.1 Das bestimmte Integral

Um die Fläche unterhalb einer Kurve $f(x)$ mit der x-Achse im Bereich zwischen $x = a \ldots b$ zu bestimmen, wird zunächst die Kurve durch eine stückweise konstante Funktion (Treppenfunktion) angenähert (siehe Abb. 8.1). Man summiert alle Rechteckflächen auf und erhält so eine Näherung für die Fläche unterhalb der Kurve. Man erhöht die Anzahl der Unterteilungen und erhält eine immer feinere Annäherung der Funktion durch die Treppenfunktionen bzw. Annäherung der Fläche unter der Kurve durch die Summe der Rechteckflächen. Genauer erhält man die folgende Definition für das bestimmte Integral:

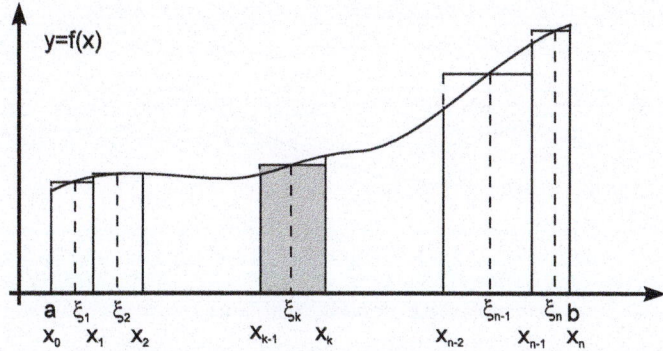

Abb. 8.1. Riemannsche Zwischensumme

Definition: (Bestimmtes Integral; Riemann-Integral)
Gegeben ist eine stetige Funktion $f : [a, b] \to \mathbb{R}$ mit $y = f(x)$.

(1) Z_n sei eine Unterteilung des Intervalls $a \leq x \leq b$ in n Teilintervalle

$$a = x_0 < x_1 < x_2 < \ldots < x_{n-1} < x_n = b$$

der Längen $\Delta x_k = x_k - x_{k-1}$. Es sei $\xi_k \in [x_{k-1}, x_k]$ ein beliebiger Zwischenwert aus dem Intervall. Dann heißt

$$S_n = \sum_{k=1}^{n} \Delta x_k \, f(\xi_k)$$

die Riemannsche Zwischensumme bezüglich der Zerlegung Z_n.

(2) Unter dem bestimmten Integral (Riemann-Integral) der stetigen Funktion f in den Grenzen von $x = a$ bis $x = b$ wird der Grenzwert der Riemannschen Zwischensumme S_n für $n \to \infty$ verstanden:

$$\int_a^b f(x) \, dx := \lim_{n \to \infty} \sum_{k=1}^{n} \Delta x_k \, f(\xi_k).$$

Illustrativer als die präzise mathematische Definition ist die anschauliche Interpretation. MAPLE liefert im **student**-Package die Möglichkeit, den Übergang von der Zwischensumme zum Integral durchzuführen, indem die Anzahl der Unterteilungen des Intervalls $[a, b]$ immer größer gewählt wird. Mit **leftbox** werden die Rechtecke $\Delta x \cdot f(\xi_i)$ unter dem Graphen der Funktion f graphisch dargestellt, indem als Zwischenwert ξ_i jeweils die linke Intervallgrenze genommen wird. **leftsum** rechnet die zugehörige Zwischensumme aus. Dies sei am Beispiel des Integrals $\int_0^1 (x^2 + 1)\, dx$ demonstriert:

> with (student):
> f := x^2 + 1:
> N := 10:
> leftbox (f, x = 0..1, 10);   # Graphische Darstellung
> leftsum (f, x = 0..1, 10) = value (leftsum (f, x = 0..1, 10));

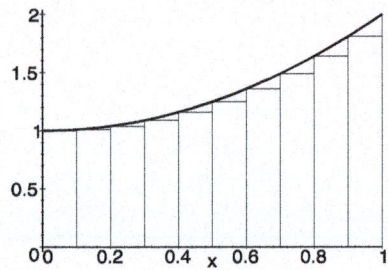

$$\frac{1}{10} \left(\sum_{i=1}^{9} \left(\frac{1}{100} i^2 + 1 \right) \right) = \frac{257}{200}$$

Visualisierung: Die im zugehörigen MAPLE-Worksheet vorhandene Animation suggeriert den Übergang von der Zwischensumme zum bestimmten Integral. Dargestellt sind die Werte am Beispiel des Integrals $\int_0^1 (x^2 + 1)\, dx$ für die Unterteilungen $N = 50$ (links) und $N = 100$ (rechts).

> ind := seg (10 * k, k = 1..10):
> p := i -> leftbox (f, x = 0..1, i, color = black):
> with (plots):
> display ([seq (p(n), n = ind)], insequence = true);

Als Werte für die Zwischensummen erhält man

n	10	20	40	60	80	100
S_n	1.285	1.308	1.320	1.325	1.327	1.328

und mit

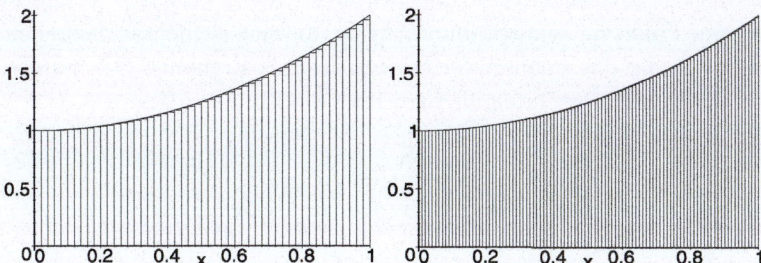

```
> limit (value (leftsum(f, x = 0..1, n)), n = infinity);
```

$$\frac{4}{3}$$

berechnet man das bestimmte Integral

$$\int_0^1 \left(x^2+1\right)\,dx = \lim_{n\to\infty}\sum_{i=0}^{n}\left(\Delta x_i\right)f\left(x_i\right)=\frac{4}{3}.$$

Analog dem **leftbox**- und **leftsum**-Befehl gibt es den **rightbox**- und **rightsum**-Befehl zur Berechnung der Rechtssumme. Dann wird ξ_i als die rechte Intervallgrenze gewählt.

8.2 Integration

Integrale werden bei MAPLE mit dem **int**-Befehl berechnet:

> **int**(*ausdruck*, *var*) integriert einen Ausdruck: $\int f(x)\,dx$.

> **int**(*ausdruck*, *var*=a..b) berechnet das bestimmte Integral $\int_a^b f(x)\,dx$.

```
> f(x) := exp(x):
> Int (f(x), x = 0..5) = int (f(x), x = 0..5);
```

$$\int_0^5 e^x\,dx = e^5 - 1$$

Bei Großschreibung von **Int** (inerte Form) wird der Term nur dargestellt und bei Kleinschreibung soweit möglich berechnet. Eine Stammfunktion erhält man mit MAPLE, indem die Integrationsgrenzen nicht spezifiziert werden.
```
> int (sin(x), x);
```

$$-\cos(x)$$

⚠ **Achtung:** Auf die Integrationskonstante wird bei MAPLE verzichtet.

Besitzt eine Funktion keine Stammfunktion, die sich elementar darstellen lässt, so liefert MAPLE das unausgewertete Integral als Ergebnis. Den numerischen Wert eines *bestimmten* Integrals berechnet man mit **evalf**:
> Integral := Int (tan(x)/x, x = 0..1);

$$Integral := \int_0^1 \frac{\tan(x)}{x}\, dx$$

> evalf (Integral);

$$1.149151231$$

Bei der Berechnung über **evalf** dürfen weder der Integrand noch die Integrationsgrenzen Parameter enthalten!

⚠ Die inerte Formulierung über **Int** ist bei der numerischen Rechnung schneller, da dann nicht versucht wird, das bestimmte Integral zuerst über eine Stammfunktion zu bestimmen.

8.3 Partielle Integration

Für die folgenden Beispiele berechnet MAPLE mit dem **int**-Befehl direkt eine Stammfunktion. Um jedoch explizit die einzelnen Schritte bei der partiellen Integration nachvollziehen zu können, wählen wir die inerte Form des **int**-Befehls und **intparts (integral, u)** für die partielle Integration. Dabei ist **integral** ein Ausdruck der Form **Int (u(x) ∗ v(x), x)** und **u(x)** der Faktor, der im verbleibenden Integral differenziert werden soll. **intparts** ist im **student-Package** enthalten.

Beispiele 8.1

① Gesucht ist $\int x^2 \sin x\, dx$.
> with (student):
> f := x^2 ∗ sin(x):
> intparts (Int(f, x), x^2);

$$-x^2 \cos(x) - \int -2x \cos(x)\, dx \qquad (*)$$

Nochmalige partielle Integration des zweiten Operanden liefert
> intparts (op(2, %), x);

$$2x \sin(x) + \int -2 \sin(x)\, dx$$

> value (%);

$$2x \sin(x) + 2 \cos(x)$$

Das Gesamtergebnis ist der erste Operand von Zeile (∗) plus dem letzten Ergebnis
> op (1, % % %) + %;

$$-x^2 \cos(x) + 2\cos(x) + 2x \sin(x)$$

② Gesucht ist $\int e^{ax} \sin(bx)\, dx$.

> with (student):
> q := Int (exp(a ∗ x) ∗ sin(b ∗ x), x):
> q1 := intparts (q, sin (b ∗ x));

$$q1 := \frac{\sin(bx)\, e^{ax}}{a} - \int \frac{\cos(bx)\, b\, e^{ax}}{a}\, dx$$

Nochmalige partielle Integration liefert
> q2 := intparts (q1, cos(b ∗ x));

$$q2 := \frac{\sin(bx)\, e^{ax}}{a} - \frac{\cos(bx)\, b\, e^{ax}}{a^2} + \int -\frac{\sin(bx)\, b^2\, e^{ax}}{a^2}\, dx$$

Im Term $q2$ kommt ein Vielfaches des ursprünglichen Integrals q vor. Daher formulieren wir eine Gleichung $q2 = q$ und lösen diese Gleichung nach dem unbestimmten Integral q auf. MAPLE vereinfacht das Integral aber nicht weiter, so dass man explizit mit **simplify** dafür sorgen muss, dass die Faktoren $-\frac{b^2}{a^2}$ aus dem Integral vorgezogen werden
> eq :=   q = q2:
> eq1 := simplify (eq);

$$eq1 := \int e^{ax} \sin(bx)\, dx = \frac{\sin(bx)\, e^{ax}}{a} - \frac{\cos(bx)\, e^{ax} b}{a^2} - \frac{b^2}{a^2} \int \sin(bx)\, e^{ax}\, dx$$

Wir lösen Gleichung $eq1$ mit dem **isolate**-Befehl nach q auf
> isolate (eq1, q);

$$\int e^{ax} \sin(bx)\, dx = \frac{e^{ax} \sin(bx)\, a - \cos(bx)\, b\, e^{ax}}{a^2 + b^2}$$

und klammern e^{ax} mit dem **factor**-Befehl aus, um das Endergebnis zu erhalten
> factor (%);

$$\int e^{ax} \sin(bx)\, dx = \frac{e^{ax} (\sin(bx)\, a - \cos(bx)\, b)}{a^2 + b^2} \qquad \square$$

8.4 Substitutionsmethode

Das **student**-Package von MAPLE unterstützt das schrittweise Durchführen der Substitutionsregel durch den Befehl **changevar(y = f(x), integral, y)**. Dabei gibt das erste Argument die Substitution wieder, **integral** ist ein Ausdruck der Form **Int(g(f(x)), x)** und **y** lautet die neue Variable.

Beispiel 8.2. $\int \sin x \, e^{\cos x} \, dx$ wird mit der Substitution $y = \cos x$ berechnet:
> with (student):
> f := sin(x) * exp(cos(x)):
> changevar (y = cos(x), Int(f, x), y);

$$\int -e^y \, dy$$

Das Auswerten des Integrals erfolgt durch **value**
> value (%);

$$-e^y$$

und die Rücksubstitution durch
> changevar (y = cos(x), %, x);

$$-e^{\cos(x)} \qquad \square$$

Beispiel 8.3. Gesucht ist $\int_1^2 \frac{\ln(t)}{t} \, dt$ mit der Substitution $y = \ln(t)$

> with (student):
> integral:= Int(ln(t)/t, t=1..2):
> changevar (y = ln(t), integral, y):
> % = value (%);

$$\int_0^{\ln(2)} y \, dy = \frac{1}{2} \ln(2)^2 \qquad \square$$

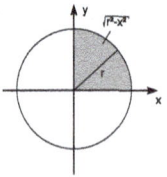

Beispiel 8.4. Berechnung des Flächeninhalts eines Viertelkreises mit Radius r: Gesucht ist $\int_0^r \sqrt{r^2 - x^2} \, dx$. Wir führen die Substitution $\boxed{x = r \sin(y)}$ durch:

> with (student):
> f := sqrt (r^2 - x^2):
> integral:= Int(f, x=0..r):

```
> changevar (x = r * sin(y), integral, y);
```
$$\int_0^{\frac{1}{2}\pi} \sqrt{r^2 - r^2 \sin(y)^2}\, r \cos(y)\, dy$$

Damit MAPLE den Integralausdruck vor der Berechnung weitestgehend vereinfacht, muss man explizit annehmen, dass der Parameter $r > 0$ ist:
```
> assume(r>0);
> simplify(%);
```
$$r^{\sim 2} \int_0^{\frac{1}{2}\pi} \cos(y)^2\, dy$$

```
> value( % );
```
$$\frac{r^{\sim 2}\pi}{4}$$

Das Anfügen von ~ beim Parameter r im MAPLE-Output zeigt an, dass obiger Ausdruck durch eine Annahme in r berechnet wurde. Alternativ kann man auch mit dem **simplify**-Befehl und der Option **symbolic** arbeiten. □

8.5 Partialbruchzerlegung

MAPLE bietet eine einfache Befehlskombination zur Zerlegung rationaler Funktionen in Partialbrüche. Dazu konvertiert man die rationale Funktion bezüglich der Variablen x in Partialbrüche (**parfrac**):
```
> f := (x^6 - 2*x^5 + x^4 + 4*x + 1) / (x^4 - 2*x^3 + 2*x - 1):
> convert (f, parfrac, x);
```
$$x^2 + 1 - \frac{1}{8}\frac{1}{x+1} + \frac{5}{2}\frac{1}{(x-1)^3} + \frac{3}{4}\frac{1}{(x-1)^2} + \frac{1}{8}\frac{1}{x-1}$$

Anschließende Integration liefert das Ergebnis
```
> int ( % , x);
```
$$\frac{1}{3}x^3 + x - \frac{1}{8}\ln(x+1) - \frac{5}{4}\frac{1}{(x-1)^2} - \frac{3}{4}\frac{1}{x-1} + \frac{1}{8}\ln(x-1)$$

Bemerkung: Nach dem Zusatz zum Fundamentalsatz der Algebra hat ein reelles Polynom genau n Nullstellen, die entweder reell oder paarweise komplex konjugiert auftreten. Für **komplexe Nullstellen** gelten die Partialbrüche:

(1) Hat das reelle Polynom $q(x)$ in $x_0 = a + ib$ eine komplexe Nullstelle, so ist auch $\bar{x}_0 = a - ib$ eine Nullstelle und das Produkt
$$(x - x_0)(x - \bar{x}_0) = (x - a)^2 + b^2$$

reell unzerlegbar. Alle derartigen einfachen komplexen Nullstellen sind im Ansatz neben den übrigen Nullstellen zu berücksichtigen durch

$$f(x) = \ldots + \frac{Cx+D}{(x-a)^2 + b^2} + \ldots$$

(2) Liegen die komplexen Nullstellen k-fach vor, so muss der Ansatz modifiziert werden

$$f(x) = \ldots + \frac{C_1 x + D_1}{(x-a)^2 + b^2} + \frac{C_2 x + D_2}{\left[(x-a)^2 + b^2\right]^2} + \ldots + \frac{C_k x + D_k}{\left[(x-a)^2 + b^2\right]^k} + \ldots$$

Beispiele 8.5 (Mit MAPLE-Worksheet).

① $\int \frac{2x^3 + x^2 + 2x + 2}{x^4 + 2x^2 + 1} dx =?$

Die Nullstellen des Nenners $q(x)$ sind
> fsolve (x^4 + 2*x^2 + 1 = 0, x, complex);

$$-1.000000000\,I, -1.000000000\,I, 1.\,I, 1.\,I$$

Der Befehl **fsolve** zusammen mit der Option **complex** liefert alle, auch die komplexen Nullstellen des Polynoms $q(x)$. $x = I$ und $x = -I$ sind jeweils doppelte Nullstellen. Die Zerlegung in Partialbrüche lautet
> convert ((2*x^3 + x^2 + 2*x + 2) / (x^4 + 2*x^2 + 1), parfrac, x);

$$\frac{2x+1}{x^2+1} + \frac{1}{(x^2+1)^2}$$

und die anschließende Integration
> int (% , x);

$$\ln(x^2+1) + \frac{3}{2} \arctan(x) + \frac{x}{2(x^2+1)}$$

② $\int \frac{x^3 + 2x^2 - 1}{x^4 - 2x^3 + 2x^2 - 2x + 1} dx =?$

> f := x -> x^3 + 2*x^2 - 1) / (x^4 - 2*x^3 + 2*x^2 - 2*x + 1):
> convert (f(x), parfrac, x);

$$\frac{1-3x}{2(x^2+1)} + \frac{5}{2(x-1)} + \frac{1}{(x-1)^2}$$

Die Nullstellen des Nenners sind also 1 (doppelt) und $\pm I$.
> int (% , x);

$$-\frac{3}{4} \ln(x^2+1) + \frac{1}{2} \arctan(x) + \frac{5}{2} \ln(x-1) - \frac{1}{x-1} \qquad \square$$

8.6 Uneigentliche Integrale

Man unterscheidet drei Formen von uneigentlichen Integralen:
1. Das Integrationsintervall ist unbeschränkt.
2. Der Integrand ist unbeschränkt.
3. Sowohl das Integrationsintervall als auch der Integrand sind unbeschränkt.

Fall 1 kann mit MAPLE einfach behandelt werden, da als Integrationsgrenze ∞ zugelassen ist:
> int(1/x^2, x=1..infinity);

$$1$$

> int(1/x, x=1..infinity);

$$\infty$$

Die Fälle 2 und 3 sind etwas schwieriger und können zu keinem Ergebnis führen.
> int(1/x, x=-1..1);

$$\int_{-1}^{1} \frac{1}{x}\, dx = undefined$$

> Int(1/sqrt(1-x), x=0..1)=int(1/sqrt(1-x), x=0..1);

$$\int_{0}^{1} \frac{1}{\sqrt{1-x}}\, dx = 2$$

8.7 Anwendungen

8.7.1 Mittelungseigenschaft

Eine wichtige Eigenschaft des Integrals ist, dass das Integrieren einen glättenden Prozess darstellt, denn

$$\frac{1}{(b-a)} \int_{a}^{b} f(x)\, dx$$

ist der Mittelwert über die Funktionswerte im Intervall $[a, b]$. Diese Eigenschaft nutzt man bei der Interpretation von Messergebnissen aus, da diese in der Regel durch einen Rauschanteil verfälscht sind.

Beispiel 8.6 (Mit MAPLE). Wir betrachten die Funktion

$$f := x^2 \left(1 + \frac{1}{20} \sin(200\, x)\right) + \frac{1}{20} \cos(50\, x),$$

die im Mittel einer x^2-Funktion entspricht, aber mit einem hochfrequenten Rauschen überlagert ist.
> f:=x^2*(1+sin(200*x)/20) +cos(50*x)/20;

8. Integralrechnung

```
> plot(f,x=0..2,thickness=2);
```

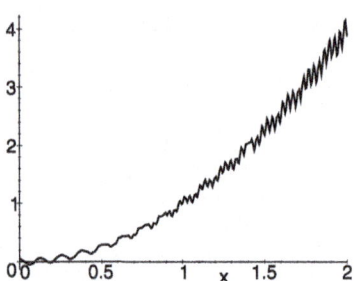

Abb. 8.2. Ungeglättete Funktion

Durch lineare Mittelwertbildung mit geeigneter Intervall-Länge $h = 0.1$ erhält man einen glatten Kurvenverlauf

```
> h:=0.1: i:=0:
> for xi from 0 by h to 2
> do i:=i+1:
>    xu:=xi:  xo:=xi+h:
>    plist[i]:=[ (xu+xo)/2, 1/h * int(f, x=xu..xo) ]:
> end do:
> plot([seq(plist[k], k=1..i)], x=0..2, thickness=2);
```

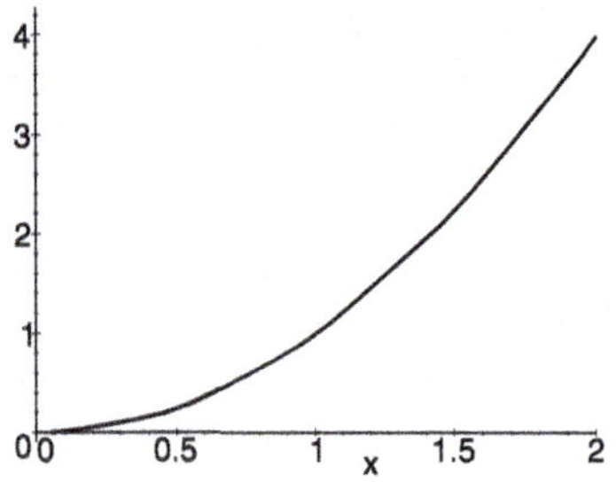

Abb. 8.3. Geglättete Funktion

Ist h zu klein gewählt, so erhält man nach wie vor Oszillationen (z.B. für $h = 0.05$); ist h zu groß, so wird die resultierende Funktion kantig (z.B. für $h = 0.5$). Das geeignete h orientiert sich an den auftretenden Störfrequenzen. Im obigen Fall ist die kleinste Frequenz $\omega = 50 = 2\pi/T$. Die zugehörige Periodendauer ist $T = 2\pi/50 = 0.125$. Das geeignete h liegt also bei etwa 0.1. In der Regel sind die Störfrequenzen aber nicht bekannt. Um sie aus dem Signal zu rekonstruieren, müssen Methoden der Fourier-Analysis angewendet werden. □

8.7.2 Bogenlänge

Satz: Sei f eine auf dem Intervall $[a, b]$ stetig differenzierbare Funktion. Dann gilt für die **Bogenlänge** S des Funktionsgraphen von $y = f(x)$ zwischen $x = a$ und $x = b$

$$S = \int_a^b \sqrt{1 + (f'(x))^2}\, dx = \int_a^b \sqrt{1 + (y')^2}\, dx.$$

8.7 Anwendungen

Beispiel 8.7 (Mit MAPLE-Worksheet). Bestimmung der Bogenlänge eines Viertelkreises: Aus $x^2 + y^2 = 1$ folgt $y = f(x) = \sqrt{1-x^2}$. Wir erhalten:

```
> f := sqrt(1 - x^2):
> fs := diff (f, x):
> bogen := int (sqrt(1 + fs^2), x = 0..1);
```

$$bogen := \frac{1}{2}\pi$$

□

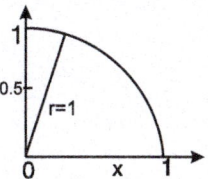

Abb. 8.4. Viertelkreis

⊙ Prozedur zur Berechnung der Bogenlänge mit MAPLE

Die Berechnung der Bogenlänge einer Funktion $y = f(x)$ wird mit MAPLE durch die Prozedur **bogen** automatisiert. Der Aufruf der Prozedur erfolgt wie der **plot**-Befehl ohne Optionen.

```
> bogen := proc( )
>       #Prozedur zum Berechnen der Bogenlänge einer Funktion y=f(x).
>       #Aufruf wie der plot-Befehl für Ausdrücke.
> local a, b, xarg, y, bogenlaenge, df, vals;
> y:= args[1];
> xarg:=op(1,args[2]); a:=op(1,op(2,args[2])); b:=op(2,op(2,args[2]));
> df:=diff(y, xarg):
> bogenlaenge:=Int(sqrt(1+df^2),xarg=a..b);
> vals:=simplify(value(bogenlaenge));
> print('Die Bogenlänge B der Funktion ist ', bogenlaenge = vals);
> print(B=evalf(vals));
> plot(y, xarg=a..b, thickness=2);
> end:
```

Beispiel 8.8 (Mit MAPLE-Worksheet). Bestimmung der Bogenlänge von $y = x^2$ im Bereich von $x = 0$ bis $x = 2$. Mit der Prozedur **bogen** erhalten wir

```
> bogen(x^2,x=0..2);
```

Die Bogenlänge B der Funktion ist,

$$\int_0^2 \sqrt{1+4x^2}\,dx = \sqrt{17} + \frac{1}{4}\ln(4+\sqrt{17})$$

$$B = 4.646783762$$

□

Bemerkung: Bei der Prozedur wird der Befehl **args** verwendet, um die aktuellen Argumente beim Aufruf zu erfassen. Wenn die Prozedur z.B. durch

```
> bogen(f(x), x=x0..x1):
```

aufgerufen wird, dann ist **args**[1] der Funktionsausdruck $f(x)$ und **args**[2] der Ausdruck $x = x0..x1$, der aus zwei Operanden besteht, nämlich x und $x0..x1$. Daher ist **op**(1,**args**[2]) die Variable x und **op**(2,**args**[2]) entspricht $x0..x1$.

8.7.3 Krümmung

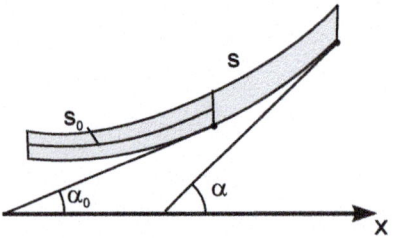

Abb. 8.5. Krümmung einer Kurve

Die *Krümmung* κ einer Kurve ist ein Maß dafür, wie sich der Steigungswinkel α im Verhältnis zur Bogenlänge S ändert:

$$\kappa = \frac{f''(x)}{\left(1 + (f'(x))^2\right)^{\frac{3}{2}}}$$

Beispiel 8.9 (Mit MAPLE-Worksheet). Berechnung der Krümmung eines Kreises mit Radius R:

```
> y := sqrt(R^2 - x^2):
> diff (y, x $2) / (1 + diff (y, x)^2)^(3/2):
> simplify ( % );
```

$$-\frac{1}{\sqrt{R^2 - x^2}} \frac{1}{\sqrt{\frac{R^2}{R^2 - x^2}}}$$

Zum Vereinfachen des Terms, wählen wir nochmals den **simplify**-Befehl nun mit der Option **symbolic**:

```
> kappa := simplify ( % , symbolic);
```

$$\kappa := -\frac{1}{R}$$

□

8.7.4 Volumen und Mantelflächen von Rotationskörpern

Ein Körper, der durch Drehung einer ebenen Fläche um eine Achse entsteht, wird *Rotationskörper* genannt. Wir betrachten hier Rotationskörper, die durch Drehung der Fläche zwischen einem Funktionsgraphen $y = f(x)$ und der x-Achse oder y-Achse entstehen. Für Volumen und Mantelfläche der Rotationskörper gelten die folgenden Formeln:

Rotation um x-Achse	Rotation um y-Achse
$V_x = \int_a^b \pi f^2(x)\,dx$	$V_y = \int_a^b 2\pi\, x\, f(x)\,dx$
$M_x = \int_a^b 2\pi f(x) \sqrt{1 + f'^2(x)}\,dx$	$M_y = \int_a^b 2\pi\, x \sqrt{1 + f'^2(x)}\,dx$

Hinweis: Auf der Homepage befinden sich die Prozeduren **xrotate** und **yrotate**. Sie berechnen das Volumen und die Mantelfläche eines Rotationskörpers, der um die x- bzw. y-Achse rotiert.

Es erfolgt die graphische Darstellung sowohl der Funktion als auch des Rotationskörpers. Es werden bei der Berechnung des Volumens und der Mantelfläche für $y = f(x)$ die oben angegebenen Formeln verwendet. Man beachte, dass die Formeln nur Gültigkeit besitzen, wenn der Graph der Funktion $y = f(x)$ die Rotationsachse nicht schneidet. Ansonsten muss y durch den Betrag von y ersetzt werden.

Der Aufruf der Prozeduren erfolgt wie der **plot**-Befehl ohne Optionen.

```
> xrotate := proc( )
>      # Prozedur zum Berechnen des Volumens und der Mantelfläche
>      # eines Rotationskörpers, der um die x-Achse rotiert.
>
> local a, b, xarg, function, t, volume, surface, valv, vals, p1, p2;
>
> function:= args[1];
> xarg:=op(1,args[2]); a:=op(1,op(2,args[2])); b:=op(2,op(2,args[2]));
>
> volume:=Pi * Int(function^2,xarg=a..b); valv:=value(volume);
> surface:= 2 * Pi * Int(function * sqrt(1+(diff(function,xarg))^2),xarg=a..b);
> vals:=simplify(value(surface));
>
> print('Die Mantelfläche M des Rotationskörpers ist ', surface = vals);
> print(M=evalf(vals));
> print('Das Volumen V des Rotationskörpers ist ', volume = valv);
> print( V=evalf(valv));
>
> p1:=plot(function,xarg=a..b,thickness=2):
> p2:=plot3d([xarg,function * cos(t),function * sin(t)], xarg=a..b,t=0..2 * Pi,
>                              orientation=[-74,83], axes=normal):
> print(p1); print(p2);
> end:
```

Beispiele 8.10 (Mit MAPLE-Worksheet):

① Gesucht ist das Volumen V_x und die Mantelfläche M_x des Körpers, der durch Rotation der Funktion $y = x^2$ an der x-Achse im Intervall $[0, 2]$ entsteht.
```
> xrotate(x^2,x=0..2);
```

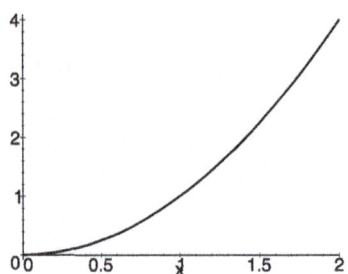
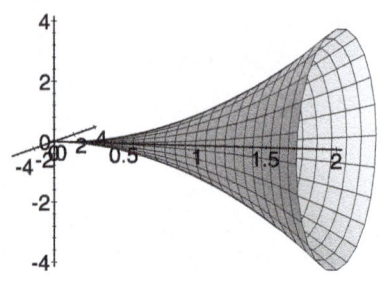

Die Mantelfläche M des Rotationskörpers ist,
$$2\pi \int_0^2 x^2 \sqrt{1+4x^2}\, dx = 2\pi \left(\tfrac{33}{16}\sqrt{17} + \tfrac{1}{64}\ln(-4+\sqrt{17})\right)$$

Das Volumen V des Rotationskörpers ist, $\pi \int_0^2 x^4\, dx = \dfrac{32}{5}\pi$

② Gesucht ist das Volumen und die Mantelfläche des Körpers, der durch Rotation der Funktion $y = x^2$ an der y-Achse im Intervall $[0,2]$ entsteht.
> yrotate(x^2,x=0..2);

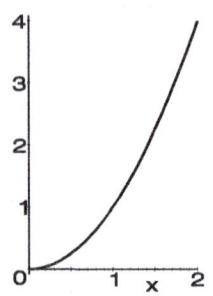
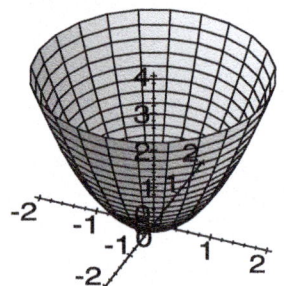

Die Mantelfläche M des Rotationskörpers ist,
$$2\pi \int_0^2 x\sqrt{1+4x^2}\, dx = 2\pi \left(\tfrac{17}{12}\sqrt{17} - \tfrac{1}{12}\right)$$

Das Volumen V des Rotationskörpers ist, $2\pi \int_0^2 x^3\, dx = 8\pi$

Bei den Prozeduren wurde der Befehl **args** verwendet, um die aktuellen Argumente beim Aufruf der Prozedur zu erfassen.
> rotate(f(x), x=x0..x1):
Dabei sind dann **args**[1] der Funktionsausdruck $f(x)$ und **args**[2] der Ausdruck $x = x0..x1$, der aus zwei Operanden besteht, nämlich x als erster und $x0..x1$ als zweiter. Daher ist **op**(1,**args**[2]) die Variable x, und **op**(2,**args**[2]) entspricht $x0..x1$. Die Rotation um die x-Achse erfolgt, indem man von den Paaren $(x, f(x))$ übergeht zu $(x, f(x)\cdot\cos(t), f(x)\cdot\sin(t))$; dabei ist x zunächst fest und t variiert zwischen $[0, 2\pi]$. Die Rotation um die y-Achse erfolgt durch den Übergang von $(x, f(x))$ zu $(x\cdot\cos(t), x\cdot\sin(t), f(x))$; dann ist die dritte Koordinate fest und die beiden ersten beschreiben die Rotation um diese dritte Koordinate. □

8.8 Zusammenstellung der MAPLE-Befehle

Integrations-Befehle von MAPLE	
int(*y, x=a..b*)	Berechnung des bestimmten Integrals $\int_a^b y\,dx$.
int(*y, x*)	Berechnung einer Stammfunktion von $\int y\,dx$.
int(*y, x=a..infinity*)	Berechnung des uneigentlichen Integrals $\int_a^\infty y\,dx$.
Int(*y, x*)	Inerte Form des **int**-Befehls: Das Integral wird symbolisch dargestellt.
evalf(**Int**(*y, x=a..b*))	Numerische Berechnung des bestimmten Integrals.
value(**Int**(*y, x=a..b*))	Auswertung der inerten Form eines Integrals.
with(**student**)	**student**-Paket; die folgenden Befehle sind in diesem Paket enthalten.
intparts(*integral, u*)	Partielle Integration des Integrals *integral = Int (u(x)·(x), x)*, wenn u(x) der Faktor, der im verbleibenden Integral differenziert wird.
changevar(*y=f(x), integral, y*)	Integralsubstitution, wenn *integral* die inerte Form eines Integrals darstellt und y = f(x) die Substitutionsvorschrift. y ist die neue Integrationsvariable.
convert(*f, parfrac, x*)	Partialbruchzerlegung der gebrochenrationalen Funktion f.

MAPLE-Worksheets zu Kapitel 8

 Die folgenden elektronischen Arbeitsblätter stehen für Kapitel 8 mit MAPLE zur Verfügung.

− Visualisierung des Integralbegriffs
− Integration mit MAPLE
− Integrationsmethoden mit MAPLE
− Uneigentliche Integrale mit MAPLE
− Anwendungen mit MAPLE: Bogenlänge und Krümmung
− Anwendungen mit MAPLE: Mittelungseigenschaft
− Anwendungen mit MAPLE: Rotationskörper

9. Zahlen-, Potenz- und Taylor-Reihen

9.1 Zahlenreihen

Reihen: *Ist* $(a_k)_{k\in\mathbb{N}}$ *eine Zahlenfolge, dann heißt*

$$S_n = a_1 + a_2 + a_3 + \ldots + a_n = \sum_{k=1}^{n} a_k$$

Partialsumme *und die Folge der Partialsummen* $(S_n)_{n\in\mathbb{N}}$ **unendliche Reihe** *(kurz:* **Reihe***):*

$$(S_n)_{n\in\mathbb{N}} = \left(\sum_{k=1}^{n} a_k\right)_{n\in\mathbb{N}} = (a_1 + a_2 + \ldots + a_n)_{n\in\mathbb{N}}.$$

In MAPLE sind sehr umfangreiche Algorithmen implementiert, die in der Lage sind, Partial*summen* algebraisch zu berechnen.

> Sum (1 / (i * (i+1)), i = 1..n) = sum (1 / (i * (i+1)), i = 1..n);
> limit (rhs(%), n = infinity);

$$\sum_{i=1}^{n} \frac{1}{i\,(i+1)} = -\frac{1}{n+1} + 1$$

$$1$$

> Sum (1 / i^2, i = 1..n) = sum (1 / i^2, i = 1..n);
> limit (rhs(%), n = infinity);

$$\sum_{i=1}^{n} \frac{1}{i^2} = -\psi(1, n+1) + \frac{\pi^2}{6}$$

$$\frac{\pi^2}{6}$$

Hierbei kommen zumeist spezielle Funktionen vor. Mit > ?Psi kann z.B. für obige Funktion über die MAPLE-Hilfe mehr Information erhalten werden.

Man kann sich bei einfachen *Reihen* auch den Grenzwert der Reihe berechnen lassen, indem man als obere Grenze beim **sum**-Befehl *infinity* angibt:
> Sum ((-1) ^i / i, i = 1..infinity) = sum ((-1) ^i / i, i = 1.. infinity);

$$\sum_{i=1}^{\infty} \frac{(-1)^i}{i} = -\ln(2)$$

Wenn die Reihe, wie im Falle der harmonischen Reihe, bestimmt divergiert, dann erhält man

> Sum (1 / i, i = 1..infinity) = sum (1 / i, i = 1.. infinity);

$$\sum_{i=1}^{\infty} \frac{1}{i} = \infty$$

⚠ **Achtung:** Eine numerische Berechnung einer Reihe reicht nicht aus, um die Konvergenz zu prüfen, bzw. im Falle der Konvergenz den Summenwert zu bestimmen!: Die harmonische Reihe $\sum_{n=1}^{\infty} \frac{1}{n}$ ist numerisch **immer** konvergent. Dieser Trugschluss rührt daher, dass numerisch nur mit einer endlichen Genauigkeit gerechnet wird. Daher ist ab einem gewissen N

$$\sum_{i=1}^{N} \frac{1}{i} + \frac{1}{N+1} = \sum_{i=1}^{N} \frac{1}{i} \qquad \text{(numerisch!)},$$

da dann $\frac{1}{N+1}$ nicht mehr zum Summenwert beiträgt. Ab diesem N ändert die Summe numerisch ihren Wert nicht mehr. Um diesen Effekt zu verdeutlichen, berechnen wir mit MAPLE die harmonische Reihe mit einer Rechengenauigkeit von 5 Stellen.

> Digits := 5:
> summe := 0.:
> for i from 1 to N
> do   summe := summe + 1. / i   end do:
> summe;

Man erhält die folgenden Ergebnisse in Abhängigkeit von N

N	10	100	1000	10000	15000	20000	30000
$summe$	2.9290	5.1873	7.4847	9.7509	10.000	10.000	10.000

Etwa ab $N = 15000$ ändert sich der Summenwert nicht mehr, obwohl die Reihe divergiert! Ändert man die Reihenfolge der Summation, kann nahezu jeder Wert größer 10 als Summenwert erhalten werden.

Verwendet man statt der direkten Aufsummierung den **sum**-Befehl, bekommt man selbst für große N den richtigen Wert der Partialsumme, da die Partialsumme als Funktionsausdruck vorliegt.

> Sum (1 / n, n = 1..N) = sum (1 / n, n = 1..N);

$$\sum_{n=1}^{N} \frac{1}{n} = \psi(N+1) + .5772156649$$

Hierbei ist ψ eine spezielle Funktion, über die man mit >?Psi nähere Information erhält. Für $N \to \infty$ geht ψ sehr langsam gegen Unendlich.

9.2 Quotientenkriterium

> **Quotientenkriterium:** Für eine Reihe $\sum_{n=1}^{\infty} a_n$ gilt:
>
> Ist $\lim_{n\to\infty} \left|\frac{a_{n+1}}{a_n}\right| < 1 \Rightarrow \sum_{n=1}^{\infty} a_n$ konvergent.
>
> Ist $\lim_{n\to\infty} \left|\frac{a_{n+1}}{a_n}\right| > 1 \Rightarrow \sum_{n=1}^{\infty} a_n$ divergent.
>
> Für $\lim_{n\to\infty} \left|\frac{a_{n+1}}{a_n}\right| = 1$ ist keine Aussage über die Konvergenz möglich.

Die folgende MAPLE-Prozedur wendet auf eine gegebene Reihe mit Reihengliedern $a(n)$ das Quotientenkriterium an und prüft, ob die Reihe konvergiert oder divergiert. Der Aufruf der Prozedur **quot_krit** erfolgt durch die Übergabe des Reihenglieds a, das als diskrete Funktion definiert sein muss.

```
> quot_krit (a)
> local   quot, val, n;
>
> quot := Limit (abs(a(n+1)/a(n)), n = infinity);
> val := limit(simplify(abs( a(n+1)/a(n) )), n=infinity);
>
> if val < 1 then
>     print ('Die Reihe konvergiert nach dem Quotientenkriterium, da ');
>     print (quot = val, ' < 1');
> elif val > 1 then
>     print ('Die Reihe divergiert nach dem Quotientenkriterium, da ');
>     print (quot = val, ' > 1');
> else
>     print ('Die Konvergenz ist mit dem QK nicht entscheidbar, da ');
>     print (quot = val);
> end if;
> end:
```

Beispiele 9.1:
```
> a := n -> 1 / 2^n;
> quot_krit (a);
```

$$a := n \to \frac{1}{2^n}$$

Die Reihe konvergiert nach dem Quotientenkriterium, da

$$\lim_{n \to \infty} \left| \frac{2^n}{2^{n+1}} \right| = \frac{1}{2}, < 1$$

```
> b := n -> n! / 2^n;
> quot_krit (b);
```

$$b := n \to \frac{n!}{2^n}$$

Die Reihe divergiert nach dem Quotientenkriterium, da

$$\lim_{n \to \infty} \left| \frac{(n+1)!\, 2^n}{2^{n+1}\, n!} \right| = \infty, > 1 \qquad \square$$

9.3 Konvergenzbetrachtungen bei Potenzreihen

Konvergenzradius: Der Konvergenzradius ρ einer Potenzreihe

$$\sum_{n=0}^{\infty} a_n x^n == a_0 + a_1 x + a_2 x^2 + \ldots + a_n x^n + \ldots$$

ist gegeben durch

$$\rho = \lim_{n \to \infty} \left| \frac{a_n}{a_{n+1}} \right|.$$

(1) Die Reihe konvergiert für alle x mit $|x| < \rho$.

(2) Die Reihe divergiert für alle x mit $|x| > \rho$.

(3) Für $|x| = \rho$ ist keine allgemeine Aussage möglich.

(1) Der **Konvergenzradius** wird in MAPLE mit der unten angegebenen Prozedur **konv_radius** bestimmt. Der Aufruf erfolgt durch **konv_radius**(a), wenn die Koeffizienten a der Potenzreihe als diskrete Funktion vorliegen:

```
> konv_radius := proc (a)
>       # Bestimmung des Konvergenzradius einer Potenzreihe
> local   radius, val, n;
>
> radius := Limit (abs(a(n)/a(n+1)), n = infinity);
> val := limit(simplify(abs(a(n)/a(n+1))), n=infinity);
> print ('Der Konvergenzradius der Potenzreihe',
>       Sum (a(n) * x^n, n = 1..infinity), 'ist');
> print (radius = val);
> end:
```

Der Aufruf der Prozedur erfolgt durch die Angabe des allgemeinen Koeffizienten der Reihe in Form einer Funktion in n:
> b := n -> n^n / n!:
> konv_radius (b);

$$\text{Der Konvergenzradius der Potenzreihe,} \sum_{n=1}^{\infty} \frac{n^n x^n}{n!}, \text{ist}$$

$$\lim_{n \to \infty} \left| \frac{n^n \, (n+1)!}{n! \, (n+1)^{n+1}} \right| = e^{-1}$$

(2) Der **Konvergenzbereich** einer Potenzreihe kann graphisch ermittelt werden, indem man die Potenzreihe mit wachsender Ordnung in Form einer Animation darstellt. Dies soll am Beispiel der beiden Reihen

$$\sum_{i=1}^{\infty} \frac{1}{4^i} x^i \quad \text{und} \quad \sum_{i=1}^{\infty} (-1)^i \frac{1}{i} (x-1)^i$$

demonstriert werden. Dargestellt wird in der Animation jeweils nur die Partialsumme bis $n = 25$ bzw. $n = 26$.
> p:= n-> plot(sum(1/4^i * x^i, i=1..n), x=-6..6):
> with(plots):
> display([seq(p(k),k=1..25)], insequence=true, view=-3..10);

> p:= n-> plot(sum((-1)^i * (x-1)^i / i, i=1..n), x=-1..3.5):
> display([seq(p(k),k=1..26)], insequence=true, view=-3..10);

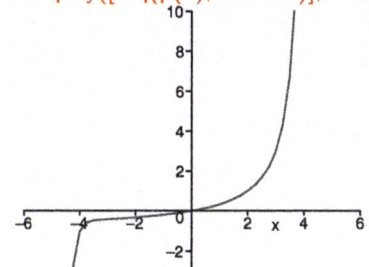

Partialsumme $\sum_{i=1}^{25} \frac{1}{4^i} x^i$

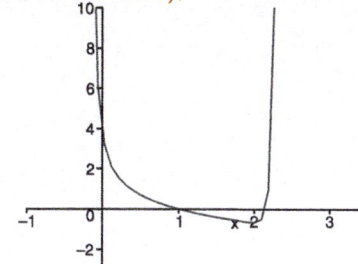

Partialsumme $\sum_{i=1}^{26} (-1)^i \frac{1}{i} (x-1)^i$

Man erkennt in der Animation, dass sich im Innern des Konvergenzbereichs die Reihen stabilisieren, außerhalb gehen sie gegen Unendlich. Bei der ersten Reihe entnimmt man den Konvergenzbereich zwischen -4 und 4, während er bei der zweiten Reihe von 0 bis 2 geht. Noch deutlicher kann man das Konvergenzverhalten ablesen, wenn man im **plot**-Befehl den x-Bereich einschränkt: mit $x = -4..4$ für die erste bzw. $x = 0..2$ für die zweite Potenzreihe.

9.4 Potenzreihen

In MAPLE existiert eigens für die Potenzreihen ein **powseries**-Package, mit dem die verschiedenen Rechenoperationen durchgeführt werden können. Mit
> with (powseries);

$$[compose, evalpow, inverse, \ldots, powdiff, \ldots, powint, \ldots]$$

erhält man alle Befehle des Package. Die oben angegebenen Befehle sind selbstklärend. Es ist zu beachten, dass nur endlich viele Summationsglieder dargestellt werden. Wir definieren zwei Potenzreihen

$$f(x) := \sum_{n=0}^{\infty} \frac{1}{n!} x^n, \qquad g(x) := \sum_{n=1}^{\infty} \frac{(-1)^{n+1}}{n} x^n$$

durch **powcreate**
> powcreate (f(n) = 1 / n!);
> powcreate (g(n) = (-1)^(n+1) / n, g(0) = 0);

Bei der Definition der Potenzreihe f werden alle Koeffizienten durch die Angabe des Bildungsgesetzes $f(n)$ spezifiziert. Das Bildungsgesetz der Koeffizienten von g gilt erst ab $n = 1$, daher setzt man den Koeffizienten für $n = 0$ Null: $g(0) = 0$. Man beachte bei der Verwendung von **powcreate**, dass dabei $f(n)$ den allgemeinen Koeffizienten a_n darstellt und nicht den Funktionswert an der Stelle n.

Mit dem Befehl **tpsform** (truncated power series form) werden die ersten Glieder der Potenzreihe explizit angegeben
> f_series := tpsform (f, x, 5);
> g_series := tpsform (g, x, 5);

$$f\_series := 1 + x + \frac{1}{2} x^2 + \frac{1}{6} x^3 + \frac{1}{24} x^4 + O\left(x^5\right)$$

$$g\_series := x - \frac{1}{2} x^2 + \frac{1}{3} x^3 - \frac{1}{4} x^4 + O\left(x^5\right)$$

und bei der Option 5 alle Glieder der Ordnung ≥ 5 symbolisch durch $O\left(x^5\right)$ dargestellt.

Für die Addition zweier Potenzreihen wird der **powadd**-Befehl verwendet
> s := powadd (g, f):   tpsform (s, x, 5);

$$1 + 2x + \frac{1}{2} x^3 - \frac{5}{24} x^4 + O\left(x^5\right)$$

Die Multiplikation zweier Potenzreihen erfolgt mit

```
> m := multiply (f, g):   tpsform (m, x, 10);
```

$$x + \frac{1}{2}x^2 + \frac{1}{3}x^3 + \frac{3}{40}x^5 - \frac{7}{144}x^6 + \frac{23}{504}x^7 - \frac{29}{720}x^8 + \frac{629}{17280}x^9 + O\left(x^{10}\right)$$

Die inverse Potenzreihe wird mit **inverse** gebildet

```
> i := inverse(f):   tpsform (i, x, 5);
```

$$1 - x + \frac{1}{2}x^2 - \frac{1}{6}x^3 + \frac{1}{24}x^4 + O\left(x^5\right)$$

Differenziation und Integration von Potenzreihen berechnet man durch

```
> d := powdiff(f):   tpsform (d, x, 5);
```

$$1 + x + \frac{1}{2}x^2 + \frac{1}{6}x^3 + \frac{1}{24}x^4 + O\left(x^5\right)$$

```
> integr := powint(f):   tpsform (integr, x, 5);
```

$$x + \frac{1}{2}x^2 + \frac{1}{6}x^3 + \frac{1}{24}x^4 + O\left(x^5\right)$$

9.5 Visualisierung der Konvergenz der Taylor-Reihen

Satz von Taylor. Für eine in $x_0 \in \mathbb{D}$ $(m+1)$-mal stetig differenzierbare Funktion f gilt die **Taylorsche Formel**

$$f(x) = f(x_0) + f'(x_0)(x - x_0) + \ldots + \frac{1}{m!}f^{(m)}(x_0)(x - x_0)^m + R_m(x)$$

mit dem Restglied

$$R_m(x) = \frac{1}{(m+1)!}f^{(m+1)}(\xi)(x - x_0)^{m+1} \qquad (x \in \mathbb{D})$$

und ξ einem nicht näher bekannten Wert, der zwischen x und x_0 liegt.

Visualisierung mit MAPLE. Zur Veranschaulichung der Konvergenz der Taylor-Polynome p_n an die Funktion f wählen wir eine Animation für die Funktion $f(x) = \sqrt{6 - (x - 2.5)^2}$ am Entwicklungspunkt $x_0 = 1$. Dazu bestimmen wir die ersten 10 Taylor-Polynome.

```
> f := x -> sqrt(6 - (x - 2.5)^2) ;   x0 := 1:
> plotf := plot (f(x), x = 0..2.5, y = 0..3, thickness = 2, color = black):
```

$$f := x \to \sqrt{6 - (x - 2.5)^2}$$

124 9. Zahlen-, Potenz- und Taylor-Reihen

```
> N := 10:
> for n from 0 to N
> do  a[n] := (D@@n)(f)(x0) / n!:
>     p[n] := sum (a[i] * (x - x0)^i, i = 0..n):
>     ttl := convert(n, string):
>     plotp := plot (p[n], x = 0..2.5, y = 0..3, color = red, title=ttl):
>     plotg[n] := display ([plotp, plotf]):
> end do:
> with (plots):
> display ([seq(plotg[i], i = 0..N)], insequence = true, view=[0..2.5,0..3]);
```

Man erkennt deutlich, dass mit wachsendem Grad des Taylor-Polynoms der Bereich sich vergrößert, in dem Funktion und Taylor-Polynom graphisch übereinstimmen. Das letzte Schaubild zeigt die Funktion zusammen mit dem Taylor-Polynom $p_{10}(x)$. Im Bereich $0.5 \leq x \leq 1.7$ lässt sich graphisch kein Unterschied zwischen der Funktion f und p_{10} feststellen.

9.6 Taylor-Reihen

> **Berechnung der Taylor-Polynome mit MAPLE**

Eine Möglichkeit, Taylor-Polynome direkt mit MAPLE zu berechnen, bietet der **taylor**-Befehl:

```
> taylor (exp(x), x = 0, 8);
```

$$1 + x + \frac{1}{2}x^2 + \frac{1}{6}x^3 + \frac{1}{24}x^4 + \frac{1}{120}x^5 + \frac{1}{720}x^6 + \frac{1}{5040}x^7 + O\left(x^8\right)$$

Es findet eine Entwicklung der Exponentialfunktion am Entwicklungspunkt $x = 0$ bis zur Ordnung < 8 statt. Wird die Ordnung nicht spezifiziert, wird standardmäßig 6 gewählt. Der Term $O\left(x^8\right)$ bedeutet, dass alle Summanden in der Taylor-Entwicklung mit Exponenten ≥ 8 vernachlässigt werden. Damit aus obigem Ausdruck eine auswertbare Funktion entsteht, muss er erst in ein Polynom konvertiert werden.

> p[7] := convert (%, polynom):

$$p_7 := 1 + x + \frac{1}{2} x^2 + \frac{1}{6} x^3 + \frac{1}{24} x^4 + \frac{1}{120} x^5 + \frac{1}{720} x^6 + \frac{1}{5040} x^7$$

Neben dem **taylor**-Befehl kennt MAPLE noch den **series**-Befehl
> series (x + 1/x, x = 1, 6);

$$2 + (x-1)^2 - (x-1)^3 + (x-1)^4 - (x-1)^5 + O\left((x-1)^6\right)$$

der ebenfalls eine Reihendarstellung berechnet. Teilweise entwickelt der **series**-Befehl die Funktion aber nicht in eine Potenzreihe, sondern z.B.
> series (x^x, x = 0, 4);

$$1 + \ln(x) + \frac{1}{2} \ln(x)^2 x^2 + \frac{1}{6} \ln(x)^3 x^3 + O\left(x^4\right)$$

Eine konvergente Potenzreihenentwicklung dieser Funktion an der Stelle $x_0 = 0$ existiert nämlich nicht!

⊙ Visualisierung der Konvergenz mit der Prozedur taylor_poly

In Verallgemeinerung der Vorgehensweise aus Abschnitt 9.5 erhält man die Prozedur **taylor_poly**. Diese Prozedur stellt die Funktion f zusammen mit den Taylor-Polynomen in steigender Ordnung als Animation graphisch dar. Der Aufruf erfolgt durch **taylor_poly** (y, var = x0, ordnung, xmin..xmax, ymin..ymax).

```
> taylor_poly := proc()
>     # Berechnung und Darstellung von Taylor-Polynomen.
>     # Der Aufruf erfolgt wie der des taylor-Befehls mit den
>     # zusätzlichen Argumenten des x- und y-Bereiches
> local   func, f, x, x0, N, n, i, a, p, plotp, plotg, plotf,
>         xmin, xmax, ymin, ymax;
>
> func := args[1]:   N := args[3]:
> x := op(1, args[2]):   x0 := op(2, args[2]):
> xmin := op(1,args[4]):   xmax := op(2, args[4]):
> ymin := op(1,args[5]):   ymax := op(2, args[5]):
> f := unapply (func, x):
>
```

```
> plotf := plot (f(x), x = xmin..xmax, y = ymin..ymax, color = black):
> for n from 0 to N
> do   a[n] := (D@@n)(f)(x0):
>      p[n] := sum ('a[i] / i! * (x - x0) ^i', i = 0..n):
>      ttl := convert(n, string):
>      plotp := plot (p[n], x = xmin..xmax, y = ymin..ymax, title=ttl):
>      plotg[n] := display ([plotp, plotf]):
> end do:
> plots[display] ([seq(plotg[i], i = 0..N)], insequence = true,
>                                            view=[xmin..xmax,ymin..ymax]);
> end:
```

Für die Sinusfunktion erhalten wir als letztes Bild der Animation
```
> taylor_poly (sin(x), x = 0, 10, -10..10, -2..2);
```

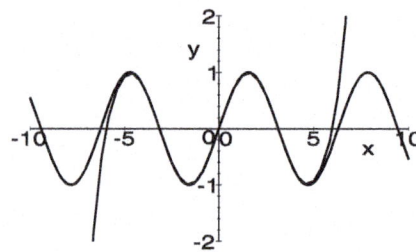

9.7 Anwendungsbeispiel: Scheinwerferregelung

Bei der Einstellung von Scheinwerfern bei Fahrt muss die Höhe des Abblendlichts über eine Entfernung von $10\,m$ um eine vorgegebene Höhe $H_{opt} = 0.1\,m$ abnehmen. Aus dieser Vorgabe ergibt sich für die Hell-Dunkel-Grenze eine Zielneigung der Scheinwerfer durch

$$\beta_{ab} = \arctan \frac{H_{opt}}{10} \approx 0.009999 \,\hat{=}\, 0.5729° \ .$$

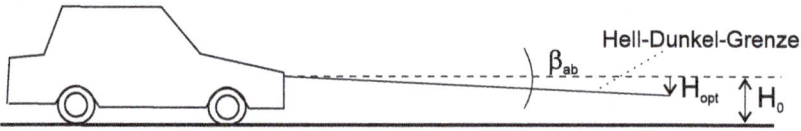

Abb. 9.1. Grundeinstellung der Scheinwerfer

Da der aktuelle Neigungswinkel β der Scheinwerfer nicht direkt ermittelbar ist, wird er optisch über Abstandssensoren durch die Messung zweier Distanzen d_1 und d_2 bestimmt. Bei einer angenommenen Anbauhöhe der Scheinwerfer

9.7 Anwendungsbeispiel: Scheinwerferregelung

von $H_0 = 0.65\,m$ und baubedingt vorgegebene Neigungswinkeln der beiden Messstrahlen $\alpha_1 = 0.20337 \,\hat{=}\, 11.65°$ und $\alpha_2 = 0.09791 \,\hat{=}\, 5.61°$ ergeben sich die beiden durch die Sensoren gemessenen Distanzen d_1 und d_2 in Abhängigkeit des aktuellen Scheinwerferwinkels β durch

$$d_1 = \frac{H_0}{\sin(\alpha_1 + \beta)}\,, \quad d_2 = \frac{H_0}{\sin(\alpha_2 + \beta)}\,.$$

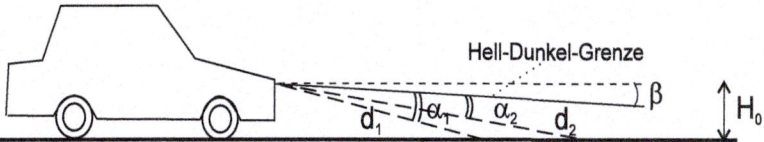

Abb. 9.2. Geometrische Anordnung der beiden Messstrahlen

Um die Einstellung der Scheinwerfer eines Fahrzeugtyps unabhängig von der speziellen Anbauhöhe H_0 zu ermitteln, geht man zum Quotienten

$$\frac{d_1}{d_2} = \frac{\sin(\alpha_2 + \beta)}{\sin(\alpha_1 + \beta)} = q(\beta)$$

über. Damit ergibt sich bei einem ruhenden Fahrzeug mit dem Ablenkwinkel β_{ab} zwischen der Hell-Dunkel-Grenze und der Horizontalen der Wert des Quotienten zu $q_0 = q(\beta_{ab}) = 0.5086$.

Um vom Quotienten der beiden Distanzwerte auf den aktuellen Neigungswinkel β der Scheinwerfer schließen zu können, wird eine Näherungsformel von $q(\beta)$ gesucht, die sich nach β auflösen lässt ($\rightarrow$ Taylor-Polynom 2. Ordnung). Wir definieren daher die Gleichung eq, deren rechte Seite wir in ein Taylor-Polynom der Ordnung 2 entwickeln.
> eq := d1/d2 = sin(alpha2+beta)/sin(alpha1+beta);

$$eq := \frac{d1}{d2} = \frac{\sin(\alpha 2 + \beta)}{\sin(\alpha 1 + \beta)} \qquad (*)$$

Wir gehen von den Parameterwerten
> beta[ab] := .0099996;
> alpha1 := .20337:
> alpha2 := .097913:

$$\beta_{ab} := 0.0099996$$

aus und bestimmen zunächst den Quotienten q_0 für den Winkel β_{ab} zwischen der Horizontalen und der Hell-Dunkel-Grenze beim ruhenden Fahrzeug
> q0:=evalf(subs(beta=beta[ab], rhs(eq)));

$$q0 := 0.5086238522$$

Um den Quotienten nach β aufzulösen, entwickeln wir die rechte Seite der Gleichung *eq* bis zur Ordnung 2,
> approx := taylor(rhs(eq), beta=beta[ab], 3);

$$approx := 0.5086238522 + 2.347500693\,(\beta - 0.0099996)$$
$$- 10.83456844\,(\beta - 0.0099996)^2 + O((\beta - 0.0099996)^3)$$

konvertieren die Näherungsformel in ein Polynom
> approx := convert(approx, polynom);

$$approx := 0.4851497843 + 2.347500693\,\beta - 10.83456844\,(\beta - 0.0099996)^2$$

und lösen die Gleichung (∗) für eine beliebige linke Seite $q = \frac{d_1}{d_2}$ mit der Näherung für die rechte Seite $\frac{\sin(\alpha 2+\beta)}{\sin(\alpha 1+\beta)} \sim approx$ nach β auf
> beta1:=solve(q=approx, beta);

$\beta 1 :=$
$0.11833343 + 0.36918867\,10^{-12}\,\sqrt{0.43052561\,10^{24} - 0.67716052\,10^{24}\,q},$
$0.11833343 - 0.36918867\,10^{-12}\,\sqrt{0.43052561\,10^{24} - 0.67716052\,10^{24}\,q}$

Von den beiden gefundenen Lösungen kommt nur diejenige in Frage, welche für die Größe q_0 den richtigen Ablenkwinkel β_{ab} liefert.
> evalf(subs(q=q0, beta1[1])),
> evalf(subs(q=q0, beta1[2]));

$$0.2266672694, \quad 0.0099996000$$

Damit ist die zweite Lösung $\beta 1[2]$ die gesuchte Funktion in der Variablen q.

Wir zeichnen mit dem **plot**-Befehl die Näherungsfunktion gestrichelt und die ursprüngliche, implizit gegebene Funktion mit dem **implicitplot**-Befehl
> with(plots):
> p1 := plot(beta1[2], q=0.3..0.65, color=red, linestyle=4, thickness=3):
> p2 := implicitplot(q = sin(alpha2+beta)/sin(alpha1+beta),
        q=0.3..0.65, beta=-0.06..0.12, color=black):
> display([p1,p2]);

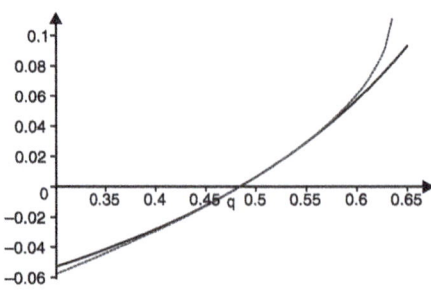

Aus der Graphik entnimmt man, dass die Näherungsformel für q zwischen 0.4 und 0.58 gut mit der impliziten Funktion übereinstimmt. Dies liefert einen Winkelbereich von -0.03 (-1.71°) bis 0.05 (2.864°), in dem die Näherung verwendet werden kann.

Um eine Näherungsformel zu erhalten, die auf die Berechnung von Wurzeln ganz verzichtet, entwickeln wir $\beta 1$ ebenfalls in ein Taylor-Polynom mit dem Entwicklungspunkt $q = q_0$

> taylor(beta1[2], q=q0, 6):
> convert(%, polynom);
> beta2:=expand(%);

$$\beta 2 := -2.373259209 + 23.42846966\, q - 96.31243152\, q^2 + \\ 200.8851230\, q^3 - 210.4285911\, q^4 + 89.10928185\, q^5$$

Diese Funktion stellt im Winkelbereich zwischen -1° und 2° ebenfalls eine akzeptable Lösung dar. Zur effizienten Berechnung stellen wir die Näherungsformel durch das Horner-Schema dar.

> convert(beta2, horner);

$$-2.373259209 + (23.42846966 + (-96.31243152 + (200.8851230 + \\ (-210.4285910 + 89.10928185\, q)\, q)\, q)\, q)\, q$$

Maple-Worksheets zu Kapitel 9

 Die folgenden elektronischen Arbeitsblätter stehen für Kapitel 9 mit Maple zur Verfügung.

— Zahlenreihen mit Maple
— Die harmonische Reihe mit Maple
— Quotientenkriterium mit Maple
— Potenzreihen mit Maple
— Visualisierung der Konvergenz der Taylor-Reihen
— Maple-Prozedur zur Berechnung der Taylor-Polynome
— Scheinwerferregelung mit Maple

9.8 Zusammenstellung der MAPLE-Befehle

Grundlegende Befehle zum Arbeiten mit Folgen und Reihen

a:= n-> 1/n^2	Definition einer Folge $\frac{1}{n^2}$
sum(a(i), i=1..n)	Berechnung der Partialsumme
sum(a(i), i=1..infinity)	Berechnung der Reihe
limit(a(i), i=infinity)	Berechnung des Grenzwertes
taylor(y, x=x0, n)	Entwicklung von y in eine Taylor-Reihe mit Entwicklungspunkt x_0 bis zur Ordnung n
series(y, x=x0, n)	"

Spezielle Befehle für Potenzreihen

with(**powseries**)	Programmpaket powseries
powcreate(f(n)=1/n!)	Definition der Potenzreihe $\sum_{n=0}^{\infty} \frac{1}{n!} x^n$
tpsform(f, x, 5)	Darstellung der ersten 5 Glieder der Reihe
powadd(f, g)	Addition von Potenzreihen f und g
inverse(f)	Bestimmung der zu f inversen Potenzreihe
multiply(f, g)	Multiplikation von Potenzreihen f und g
powdiff(f)	Differenziation der Potenzreihe f
powint(f)	Integration der Potenzreihe f

10. Funktionen in mehreren Variablen

10.1 Darstellung von Funktionen in zwei Variablen

In MAPLE lassen sich die Graphen von Funktionen mit zwei Variablen eindrucksvoll mit dem **plot3d**-Befehl darstellen. Dabei ist zu beachten, dass der Bereich, in dem die Funktion dargestellt wird, ein Rechteck ist.

Beispiel 10.1 (Mexikanischer Hut, mit MAPLE-Worksheet). Gegeben ist die Funktion

$$f(x,y) = \frac{\sin\left(\sqrt{x^2+y^2}\right)}{\sqrt{x^2+y^2}}.$$

Die Definition von Funktionen mehrerer Variablen erfolgt mit der **->** Operation
> f := (x, y) -> x^2+y^2))/sqrt(x^2+y^2):
> plot3d(f(x, y), x=-10..10, y=-10..10);

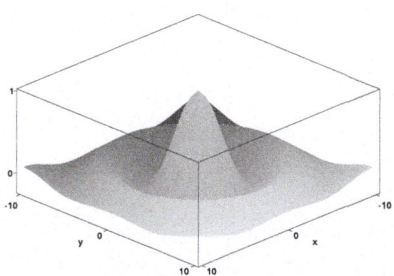

Die umfangreichen Optionen des **plot3d**-Befehls entnimmt man der Hilfe durch
> ?plot3d[options]

Liegt z.B. in dem zu zeichnenden Bereich eine *Singularität* der Funktion vor, muss der Wertebereich durch die **view**-Option eingeschränkt werden
> phi := (x, y) -> 1/(x^2+y^2):
> plot3d(phi(x, y), x=-2..2, y=-2..2, view=0..10, axes=boxed);

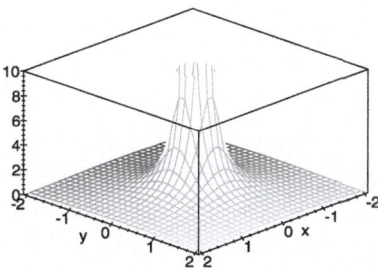

Beispiel 10.2 (Elektrostatisches Potenzial, mit MAPLE-Worksheet).
Das **elektrostatische Potenzial** einer im Ursprung befindlichen elektrischen Ladung q ist im Abstand r bestimmt durch

$$\Phi(r) = \frac{1}{4\pi\,\varepsilon_0}\,\frac{q}{r}. \qquad (*)$$

mit der Dielektrizitätskonstante $\varepsilon_0 = 8.8 \cdot 10^{-12}\,\frac{F}{m}$.

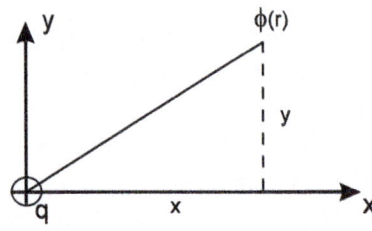

Abb. 10.1. Ladung im Ursprung

(1) Gesucht ist eine dreidimensionale Darstellung des Potenzialverlaufs sowie 20 Äquipotenziallinien für eine Punktladung $q = e = 1.6 \cdot 10^{-19}\,C$. Um eine Funktion in den Variablen x und y zu erhalten, setzt man $r = \sqrt{x^2 + y^2}$ in Formel $(*)$ ein:

$$\Phi(x, y) = \frac{1}{4\pi\,\varepsilon_0}\,\frac{q}{\sqrt{x^2 + y^2}}.$$

Die graphische Darstellung erfolgt über den **plot3d**-Befehl. Für $(x, y) \to (0, 0)$ wächst das Potenzial über alle Grenzen hinweg; es wird *singulär*. Damit der funktionale Verlauf aus dem Graphen erkenntlich wird, schränkt man den darzustellenden Wertebereich mit der **view**-Option ein

```
> Phi := 1/(4 * Pi * epsilon)  *  q/sqrt(x^2+y^2);
> epsilon:=8.8 * 10^(-12): q:=1.6 * 10^(-19):
```

$$\Phi := \frac{1}{4}\,\frac{q}{\pi\,\varepsilon\,\sqrt{x^2 + y^2}}$$

```
> plot3d(Phi, x=-0.001..0.001, y=-0.001..0.001, view=0..0.00001,
>                                    axes=boxed, title='el. Monopol');
```

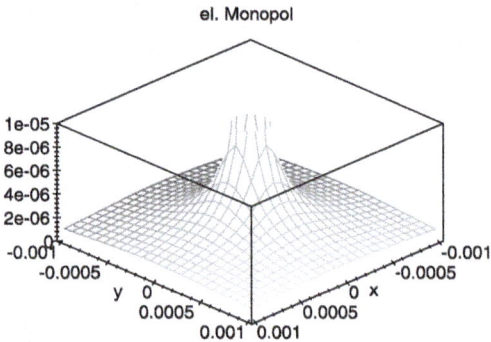

Um zusätzlich die Höhenlinien darzustellen, wählt man entweder den entsprechenden Button der Menü-Leiste der Graphik oder die **style**-Option des **plot3d**-Befehls. Mit **contours**=20 werden 20 Höhenlinien berechnet.

10.1 Darstellung von Funktionen in zwei Variablen

```
> plot3d(Phi, x=-0.001..0.001, y=-0.001..0.001, view=0..0.00001, axes=
>        boxed, contours=20, style=PATCHCONTOUR, title='el. Monopol');
```

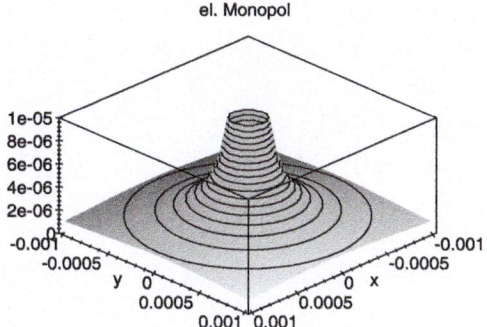

Zur Darstellung der Höhenlinien kann alternativ der **contourplot**-Befehl aus dem **plots**-Paket verwendet werden. Mit der Option **grid**=[40, 40] erhöht man die Anzahl der Gitterpunkte zur Berechnung und Darstellung des Potenzials.

```
> with(plots):
> contourplot(Phi,x=-0.001..0.001,y=-0.001..0.001,grid=[40,40],contours=20);
```

(2) Gesucht ist der Potenzialverlauf sowie die Höhenliniendarstellung eines elektrischen **Quadrupols**, wenn die Ladungen in den Ecken eines Quadrats mit Kantenlänge $L = 0.4\ mm$ angeordnet sind.

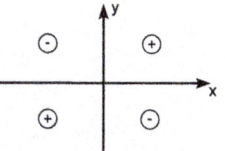

Abb. 10.2. El. Quadrupol

Eine Ladung q, die bei $\vec{r}_0 = (x_0, y_0)$ lokalisiert ist, induziert am Ort $\vec{r} = (x, y)$ ein Potenzial gemäß

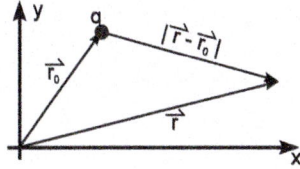

$$\Phi(x, y) = \frac{1}{4\pi\varepsilon_0} \frac{q}{\sqrt{(x-x_0)^2 + (y-y_0)^2}}.$$

Für das Potenzial mehrerer Punktladungen $q_1, \ldots, q_n$ gilt das Superpositionsprinzip

$$\Phi(x, y) = \Phi_1(x, y) + \ldots + \Phi_n(x, y)\ .$$

Folglich ist das Potenzial des elektrischen Quadrupols am Ort (x, y), wenn die Ladungen sich bei $(\frac{L}{2}, \frac{L}{2})$, $(\frac{L}{2}, -\frac{L}{2})$, $(-\frac{L}{2}, \frac{L}{2})$, $(-\frac{L}{2}, -\frac{L}{2})$ befinden

$$\Phi(x, y) \frac{1}{4\pi\varepsilon_0} \left\{ \frac{q}{\sqrt{\left(x-\frac{L}{2}\right)^2 + \left(y-\frac{L}{2}\right)^2}} + \frac{-q}{\sqrt{\left(x-\frac{L}{2}\right)^2 + \left(y+\frac{L}{2}\right)^2}} \right.$$

10. Funktionen in mehreren Variablen

$$+\frac{-q}{\sqrt{\left(x+\frac{L}{2}\right)^2+\left(y-\frac{L}{2}\right)^2}}+\frac{q}{\sqrt{\left(x+\frac{L}{2}\right)^2+\left(y+\frac{L}{2}\right)^2}}\Bigg\}.$$

```
> Phi := 1/(4 * Pi * epsilon) *
>     (q/sqrt((x-L/2)^2+(y-L/2)^2) - q/sqrt((x-L/2)^2+(y+L/2)^2)
>     - q/sqrt((x+L/2)^2+(y-L/2)^2) + q/sqrt((x+L/2)^2+(y+L/2)^2));
> epsilon:=8.8 * 10^(-12): q:=1.6 * 10^(-19): L:=0.0004:
> plot3d(Phi, x=-0.001..0.001, y=-0.001..0.001, grid=[40,40],
>                                 view=-0.00001..0.00001, contours=10);
> plot3d(Phi, x=-0.001..0.001,y=-0.001-0.001, grid=[40, 40], style=contour,
>                  view=-0.00001..0.00001, contours=20, orientation=[90,0],
>                                                     scaling=constrained);
```

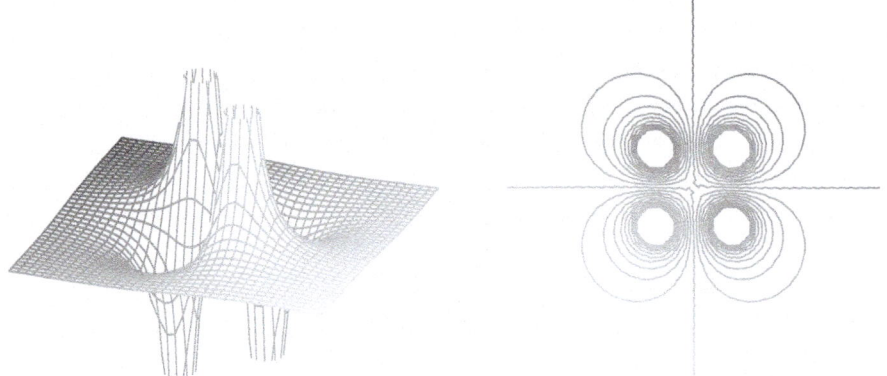

Abb. 10.3. (a) 3D-Darstellung, (b) Äquipotenziallinien

Statt dem Darstellen von Höhenlinien bietet MAPLE den **densityplot**-Befehl, der die Funktion in Grautönen zweidimensional darstellt

```
> with(plots):
> densityplot(Phi, x=-0.001..0.001, y=-0.001..0.001, grid=[80, 80],
>                contrast=0.5, brightness=0.4, style=patchnogrid, axes=none);
```

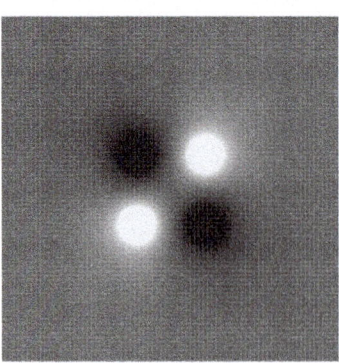

Abb. 10.4. Darstellung der Funktion durch Grautöne

10.2 Differenzialrechnung

10.2.1 Partielle Ableitung

Partielle Ableitungen erster Ordnung: Die partiellen Ableitungen eines *Ausdrucks* werden - wie die gewöhnlichen Ableitungen - mit **diff** gebildet.

> **diff**(*ausdruck*, *var*) differenziert einen Ausdruck partiell nach der Variablen *var*.

```
> f:=1/sqrt(x^2+y^2):
> Diff(f, x) = diff(f, x);
> Diff(f, y) = diff(f, y);
```

$$\frac{\partial}{\partial x} \frac{1}{\sqrt{x^2+y^2}} = -\frac{x}{(x^2+y^2)^{\frac{3}{2}}}$$

$$\frac{\partial}{\partial y} \frac{1}{\sqrt{x^2+y^2}} = -\frac{y}{(x^2+y^2)^{\frac{3}{2}}}$$

Bei Großschreibung des **Diff**-Befehls (inerte Form) erfolgt die symbolische Darstellung der partiellen Ableitung.

Die partiellen Ableitungen einer *Funktion* bestimmt man mit dem **D**-Operator.

> **D[i]**(*funktion*) differenziert eine Funktion partiell nach der *i*-ten Variablen.

D[1](f) bedeutet die partielle Ableitung der Funktion f nach der ersten Variablen und **D[2](f)** nach der zweiten Variablen.

```
> f:=(x, y) -> ln(sqrt((x-a)^2+(y-b)^2)):
> D[1](f);
```

$$(x, y) \rightarrow \frac{1}{2} \frac{2x - 2a}{\sqrt{(x-a)^2 + (y-b)^2}^2}$$

```
> D[2](f)(x, y);
```

$$\frac{1}{2} \frac{2y - 2b}{x^2 - 2xa + a^2 + y^2 - 2yb + b^2}$$

Partielle Ableitungen höherer Ordnung: Die höheren partiellen Ableitungen eines *Ausdrucks* werden mit MAPLE ebenfalls durch den **diff**-Befehl gebildet: **diff**$(f, x\$n)$ ist die n-te partielle Ableitung des Ausdrucks f nach x.

```
> f := 1/sqrt(x^2+y^2):
> Diff(f, x$2) = diff(f, x$2);
> Diff(f, y$2) = diff(f, y$2);
```

> Diff(f, x, y) = diff(f, x, y);

$$\frac{\partial^2}{\partial x^2} \frac{1}{\sqrt{x^2+y^2}} = 3\frac{x^2}{(x^2+y^2)^{\frac{5}{2}}} - \frac{1}{(x^2+y^2)^{\frac{3}{2}}}$$

$$\frac{\partial^2}{\partial y^2} \frac{1}{\sqrt{x^2+y^2}} = 3\frac{y^2}{(x^2+y^2)^{\frac{5}{2}}} - \frac{1}{(x^2+y^2)^{\frac{3}{2}}}$$

$$\frac{\partial^2}{\partial y\,\partial x} \frac{1}{\sqrt{x^2+y^2}} = 3\frac{x\,y}{(x^2+y^2)^{\frac{5}{2}}}$$

Für die höheren partiellen Ableitungen von *Funktionen* nimmt man den **D-Operator**

```
> f := (x, y) -> ln(sqrt((x-a)^2+(y-b)^2)):
> D[1$2](f);      # zweite partielle Ableitung nach x
> D[2$2](f);      # zweite partielle Ableitung nach y
> D[1, 2](f);     # gemischte Ableitung nach x und y
```

$$(x,y) \to \frac{1}{\sqrt{(x-a)^2+(y-b)^2}^2} - \frac{1}{2}\frac{(2x-2a)^2}{\sqrt{(x-a)^2+(y-b)^2}^4}$$

$$(x,y) \to \frac{1}{\sqrt{(x-a)^2+(y-b)^2}^2} - \frac{1}{2}\frac{(2y-2b)^2}{\sqrt{(x-a)^2+(y-b)^2}^4}$$

$$(x,y) \to -\frac{1}{2}\frac{(2x-2a)(2y-2b)}{\sqrt{(x-a)^2+(y-b)^2}^4}$$

Alternativ zu **D[1$2]** kann auch (**D[1]@@2**) verwendet werden.

❷ 10.2.2 Totale Ableitung

> **Satz:** Ist f in (x_0, y_0) **total differenzierbar**, dann lässt sich die Funktion in der Nähe des Punktes durch die **Tangentialebene** z_t annähern:
>
> $$f(x,y) \approx z_t = f(x_0, y_0) + f_x(x_0, y_0)\,(x-x_0) + f_y(x_0, y_0)\,(y-y_0).$$

Wir stellen sowohl die Funktion als auch die Tangentialebene graphisch dar:
```
> f := (x,y) -> exp(-(x^2+y^2)):                #Funktion
> p1 := plot3d(f(x,y), x=-2..2, y=-2..2, axes=boxed):   #Graph der Funktion
> x0:=0.15: y0:=0.15:                           #Punkt
```
Definition und Darstellung der Tangentialebene:
```
> z := (x,y) -> f(x0,y0) + D[1](f)(x0,y0) * (x-x0) + D[2](f)(x0,y0) * (y-y0):
> p2 := plot3d(z(x,y), x=-2..2, y=-2..2, view=0..1.5,
>                                     style=PATCHNOGRID, shading=Z):
```

Die Option *style=PATCHNOGRID* bewirkt, dass bei der Tangentialebene kein Gitter dargestellt wird und *shading=Z*, dass die Farben als Funktion der Werte skaliert werden. Die Darstellung beider Graphen erfolgt mit **display**.
> with(plots):   display([p1,p2], orientation=[-60,73]);

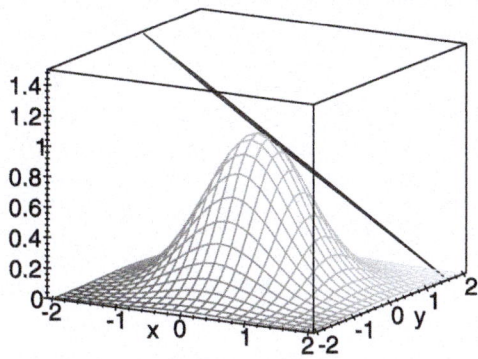

Abb. 10.5. Funktion $f(x,y) = e^{-(x^2+y^2)}$ mit Tangentialebene

10.2.3 Berechnung und Darstellung des Gradienten

Definition: (Gradient)
Der Vektor
$$\operatorname{grad} f(x_0, y_0) := \begin{pmatrix} \dfrac{\partial f}{\partial x}(x_0, y_0) \\ \dfrac{\partial f}{\partial y}(x_0, y_0) \end{pmatrix}$$
heißt der **Gradient von** f an der Stelle (x_0, y_0).

Der Gradient einer Funktion f von n Variablen $x_1, \ldots, x_n$ wird mit dem **Gradient**-Befehl berechnet, der im Paket **VectorCalculus** enthalten ist. Die Syntax von **Gradient** ist

> Gradient(funct, [x1,..., xn], coords=<...>),

wenn

- *funct*:   der Funktionsausdruck
- $[x1,\ldots,xn]$: die Liste der Variablen
- *coords* =   <cartesian, cylindrical, spherical>

und *coords* ein optionaler Parameter, durch den ein Zylinder- oder Kugelkoordinaten-System im Falle von 3 Variablen spezifiziert werden kann. Mit dem Befehl **gradplot** bzw. **gradplot3d** aus dem **plots**-Paket werden die Gradienten einer Funktion mit zwei bzw. drei Variablen als Vektorgraphik dargestellt.

Beispiele 10.3.

① Gesucht ist der Gradient der Funktion $f_1 = \sqrt{x^2 + y^2 + 1}$
> f1 := (x^2+y^2+1)^(1/2);
> with(VectorCalculus):
> Gradient(f1, [x,y]);

$$\left[\frac{x}{\sqrt{x^2 + y^2 + 1}}, \frac{y}{\sqrt{x^2 + y^2 + 1}}\right]$$

> with(plots):
> gradplot(f1, x=-2..2, y=-2..2, arrows=SLIM, color=x^2+y^2+1);

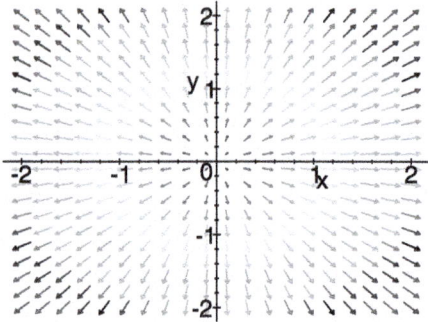

Abb. 10.6. Gradient einer Funktion von zwei Variablen

② Gesucht ist der Gradient der Funktion $f_2 = \sqrt{x^2 + y^2 + z^2 + 1}$
> f2 := (x^2+y^2+z^2+1)^(1/2):
> with(VectorCalculus):
> grad(f2, [x,y,z]);

$$\left[\frac{x}{\sqrt{x^2 + y^2 + z^2 + 1}}, \frac{y}{\sqrt{x^2 + y^2 + z^2 + 1}}, \frac{z}{\sqrt{x^2 + y^2 + z^2 + 1}}\right]$$

> with(plots):
> gradplot3d(f2, x=-2..2, y=-2..2, z=-2..2, axes=boxed, grid=[10,10,5]);

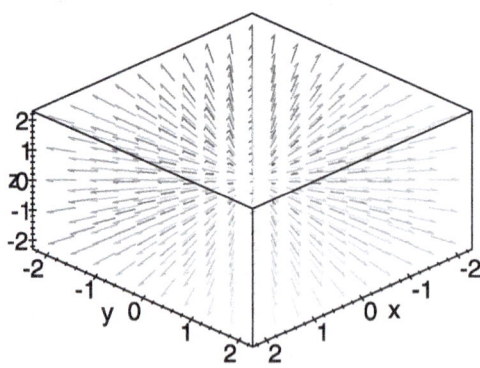

Abb. 10.7. Gradient einer Funktion von drei Variablen

10.2.4 Berechnung der Richtungsableitung

Definition: (Richtungsableitung). *Die Richtungsableitung einer Funktion $f(x, y)$ mit zwei Variablen in Richtung des Einheitsvektors $\vec{n} = \begin{pmatrix} n_1 \\ n_2 \end{pmatrix}$ ist gegeben durch*

$$\frac{\partial f}{\partial \vec{n}} := \vec{n} \cdot \text{grad}\ (f) = \begin{pmatrix} n_1 \\ n_2 \end{pmatrix} \cdot \begin{pmatrix} \partial_x f(x,y) \\ \partial_y f(x,y) \end{pmatrix}.$$

Die Richtungsableitung wird in MAPLE über die Definitionsgleichung beschrieben. Für die Ableitung der Funktion
> f := ln(x^2+1/y);

$$f := \ln\left(x^2 + \frac{1}{y}\right)$$

in Richtung des Vektors
> a := Vector([3, 4]);

$$a := ([3,\ 4])$$

ergibt sich
> with(LinearAlgebra): with(VectorCalculus):
> grad_f := convert(Gradient(f,[x,y]), Vector);   #Gradient
> n := 1/Norm(a,2) * a;   #Richtungseinheitsvektor
> Da_f := DotProduct(grad_(f), n);   #Richtungsableitung

$$Da\_f := \frac{6}{5} \frac{x\,y}{x^2\,y+1} - \frac{4}{5} \frac{1}{y\,(x^2\,y+1)}$$

> normal(%);

$$\frac{2}{5} \frac{3\,x\,y^2 - 2}{y\,(x^2\,y+1)}$$

Man beachte, dass die Befehle **Gradient** im **VectorCalculus**-Paket und **DotProduct** im **LinearAlgebra**-Paket enthalten sind.

10.2.5 Taylor-Reihen

Die Taylor-Entwicklung einer Funktion f mit n Variablen $x_1, \ldots, x_n$ kann durch den **mtaylor**-Befehl durchgeführt werden. Dieser Befehl wird durch **readlib(mtaylor)** geladen. Z.B. für die Funktion f mit drei Variablen
> f(x, y, z) := sin(x^2 + 2*y + x*y*z^2):

lautet das Taylor-Polynom am Punkt $\left(0, \frac{\pi}{4}, 1\right)$ bis zur Ordnung **2**:

10. Funktionen in mehreren Variablen

> mtaylor(f(x, y, z), [x=0, y=Pi/4, z=1], 3);

$$1 - \frac{1}{32}\pi^2 x^2 - \frac{1}{2}\left(y - \frac{1}{4}\pi\right)\pi x - 2\left(y - \frac{1}{4}\pi\right)^2$$

Linearisierung mit MAPLE. Da die Linearisierung einer Funktion dem Ersetzen der Funktion durch die Taylor-Entwicklung bis zur Ordnung 1 entspricht, kann mit dem **mtaylor**-Befehl die Linearisierung mit durchgeführt werden
> readlib(mtaylor):
> mtaylor(2 * Pi * sqrt(l/g), [l=1,g=9.81], 2);

$$2.00606680 + 1.00303340\, l - 0.1022460082\, g$$

10.3 Anwendung der Differenzialrechnung

10.3.1 Das totale Differenzial

> **Definition: (Totales Differenzial einer Funktion mit n Variablen).**
> *Unter dem* **totalen Differenzial einer Funktion**
>
> $$y = f(x_1, \ldots, x_n)$$
>
> versteht man den Differenzialausdruck
>
> $$dy \;=\; \frac{\partial f}{\partial x_1}\, dx_1 + \frac{\partial f}{\partial x_2}\, dx_2 + \ldots + \frac{\partial f}{\partial x_n}\, dx_n.$$

Die Prozedur **differenzial** berechnet in MAPLE analytisch das vollständige Differenzial einer Funktion. Der Aufruf von **differenzial** erfolgt durch die Angabe des Funktionsausdrucks sowie der Liste aller Variablen.
> differenzial := proc()
>   # Berechnung des vollständigen Differenzials einer Funktion
> local funct, n, i, var, df;
> funct:=args[1]:
> n:=nops(args[2]):
> for i form 1 to n
> do   var[i]:=args[2][i]:
> end do:
>
> df := add(diff(funct, var[k]) * cat(d,var[k]), k=1..n);
> end;

10.3 Anwendung der Differenzialrechnung

Beispiel 10.4 (Mit MAPLE-Worksheet). Das totale Differenzial lautet für die Funktion

$$f(x, y, z) = \ln(z\, x^2 + y^2)$$

> df:=differenzial(ln(z*x^2+y^2), [x, y, z]);

$$df := 2\,\frac{z\, x\, dx}{z\, x^2 + y^2} + 2\,\frac{y\, dy}{z\, x^2 + y^2} + \frac{x^2\, dz}{z\, x^2 + y^2}$$

Das totale Differenzial von f im Punkte $(x_0 = 1, y_0 = 1, z_0 = 2)$ lautet:
> df:=subs(x0=1,y0=1,z0=2, df);

$$df := \frac{4}{3}dx + \frac{2}{3}dy + \frac{1}{2}dz \qquad \square$$

10.3.2 Fehlerrechnung

Da bei Messungen in der Regel eine kleine Toleranz $\pm \triangle x_i$ der Einzelmessungen angegeben wird, erhält man für den Fehler in linearer Näherung eine Obergrenze durch

$$d\bar{f} = \left|\left(\frac{\partial f}{\partial x_1}\right)_0\right| |\triangle x_1| + \ldots + \left|\left(\frac{\partial f}{\partial x_n}\right)_0\right| |\triangle x_n| = \bar{f}.$$

Man bezeichnet $d\bar{f}$ als **absoluten Fehler in linearer Näherung**. Dabei sind die partiellen Ableitungen $\left(\frac{\partial f}{\partial x_i}\right)_0$ für die Messwerte $(x_1^0, \ldots, x_n^0)$ auszuwerten und $|\triangle x_i|$ geben die maximalen Fehlerschranken dieser Messwerte an.

Die MAPLE-Prozedur **fehler** berechnet den absoluten maximalen sowie den relativen Fehler in linearer Näherung über das vollständige Differenzial. Der Aufruf der Prozedur **fehler** erfolgt durch die Angabe
- der Funktionsvorschrift
- aller Variablen in der Form $x = x0\,..\,x0 + dx$,

wenn $x0$ der Messwert und dx die Toleranz des Messwertes ist.

```
> fehler:=proc()
>     # Prozedur zur Berechnung des maximalen sowie des relativen Fehlers
>     # eines Ausdrucks in mehreren Variablen
>
> local funct, n, i, Var, Var0, var,var0,dvar, f_quer;
> funct:=args[1]:
> n:=nops([args])-1:
> for i from 1 to n
> do   var[i]:=op(1, args[1+i])):
>      var0[i]:=op(1, op(2, args[1+i])):
>      dvar[i]:=op(2, op(2, args[1+i]))-var0[i]:
```

```
> end do:
>
> Var:=seq(var[i], i=1..n):
> Var0:=seq(var0[i], i=1..n):
> funct:=unapply(funct, Var);
> f_quer:=add(abs(D[k](funct)(Var0) * dvar[k]), k=1..n);
>
> lprint('Der Funktionswert ist', evalf(funct(Var0)));
> lprint('Der absolute Fehler in linearer Näherung ist', evalf(f_quer));
> lprint('Der relative Fehler in linearer Näherung ist',
>                    evalf((f_quer/abs(funct(Var0)) * 100)), "%");
> end:
```

Beispiel 10.5.
Die Schwingungsdauer eines Pendels der Länge L beträgt

$$T = 2\pi \sqrt{\frac{L}{g}}\ .$$

Gesucht ist der Fehler in der Schwingungsdauer T, wenn $L = 1\,m$ nur bis auf $0.001\,m$ und die Erdbeschleunigung $g = 9.81\,\frac{m}{s^2}$ bis auf $0.005\,\frac{m}{s^2}$ genau gegeben ist.

```
> fehler(2 * Pi * sqrt(L/g), L=1..1.001, g=9.81..9.815);
```

Der Funktionswert ist   2.006066681
Der absolute Fehler in linearer Näherung ist   .1514263382 e-2
Der relative Fehler in linearer Näherung ist   .7548419980 e-1   %   □

10.3.3 Bestimmung der stationären Punkte und Extremwerte

Satz: Hinreichende Bedingung für ein lokales Extremum.
$f(x, y)$ sei zweimal stetig partiell differenzierbar in $(x_0, y_0) \in \mathbb{D}$. Im Punkt (x_0, y_0) liegt ein lokales Extremum vor, falls

(1) $f_x(x_0, y_0) = 0$, $f_y(x_0, y_0) = 0$.

Man nennt dann (x_0, y_0) einen **stationären Punkt**.

(2) $\Delta := f_{xx}(x_0, y_0) \cdot f_{yy}(x_0, y_0) - f_{xy}^2(x_0, y_0) > 0$.

Für $f_{xx}(x_0, y_0) < 0$ liegt ein **relatives Maximum** vor.

Für $f_{xx}(x_0, y_0) > 0$ liegt ein **relatives Minimum** vor.

Stationäre Punkte: Die Prozedur **stationaer** berechnet die stationären Punkte einer Funktion f von n Variablen $x_1, \ldots, x_n$, indem alle partiellen Ableitungen von f auf Null gesetzt werden

$$\frac{\partial f}{\partial x_i}(x_1, \ldots, x_n) = 0 \qquad (i = 1, \ldots, n).$$

Die Gleichungen werden in der Prozedur mit $eq[i]$ $(i = 1, \ldots, n)$ bezeichnet und mit dem **solve**-Befehl nach den Variablen $var[i]$ $(i = 1, \ldots, n)$ aufgelöst. Der Aufruf der Prozedur erfolgt durch die Angabe von

- f: Funktionsausdruck
- $[var1, \ldots, varn]$:   Liste der Variablen der Funktion f.

```
> stationaer:=proc()
>    # Prozedur zur Bestimmung der stationären Punkte
>    # einer Funktion von n Variablen
>
> local funct, n, i, var, eq, df;
> funct:=args[1]:
> n:=nops(args[2]):
>
> for i from 1 to n
> do   var[i]:=args[2][i]:
> end do:
> for i from 1 to n
> do   eq[i]:=diff(funct, var[i])=0:
> end do:
>
> solve({seq(eq[i],i=1..n)}, {seq(var[i],i=1..n)});
> end:
```

Beispiel 10.6. Gesucht sind die stationären Punkte der Funktion

$$f(x, y) = e^{-x^2 - y^2}.$$

```
> f := exp(-x^2-y^2):
> stat := stationaer(f, [x, y]);
```

$$stat := \{x = 0, y = 0\}$$

Der einzige stationäre Punkt ist $(x, y) = (0, 0)$. Um zu prüfen, ob dieser stationäre Punkt ein lokales Extremum darstellt, verwendet man die Prozedur **extremum_2d**. □

Die Prozedur extremum_2d prüft nach, ob für einen vorgegebenen Punkt das Kriterium

$$\Delta = f_{xx}(x_0, y_0)\, f_{yy}(x_0, y_0) - f_{xy}^2(x_0, y_0) > 0$$

erfüllt ist. Der Zusatz _2d besagt, dass nur Funktionen von zwei Variablen zugelassen sind. Der Aufruf von **extremum_2d** erfolgt durch die Angabe des Funktionsausdrucks sowie dem stationären Punkt in der Form von {var1=x0, var2=y0}.

```
> extremum_2d:=proc()
>      # Prozedur zur Entscheidung, ob in einem stationären Punkt
>      # der Funktion z=f(x, y)  auch ein lokales Extremum vorliegt.
> local funct, var1, var2, delta, delta0, f_xx0;
>
> funct:=args[1]:
> var1:=op(1,args[2][1]):
> var2:=op(1,args[2][2]):
>
> delta:=diff(funct, var1$2) * diff(funct, var2$2)-diff(funct, var1, var2)^2:
> delta0:=evalf(subs(args[2], delta)):
> f_xx0:=subs(args[2], diff(funct, var1$2)):
>
> if delta0 > 0 then
>     if evalf(f_xx0) > 0
>     then print('Im Punkt', args[2], 'liegt ein lokales Minimum vor.'):
>     else print('Im Punkt', args[2], 'liegt ein lokales Maximum vor.'):
>     fi;
> elif delta0 = 0 then
>        print('Delta=0. Es kann nicht entschieden werden, ):
>        print('ob im Punkt ',args[2],'ein lokaler Extremwert vorliegt.'):
> else print ('Im Punkt', args[2], 'liegt ein Sattelpunkt vor.'):
> end if;
>
> end:
```

Beispiel 10.7. Ist der stationäre Punkt $x = 0, y = 0$ aus Beispiel 10.6 ein lokales Extremum der Funktion $f(x, y) = e^{-(x^2+y^2)}$?
> extremum_2d(f, {x=0,y=0});

      Im Punkt $\{x = 0, y = 0\}$ liegt ein lokales Maximum vor.   □

Beispiel 10.8. Gesucht sind die Extremwerte der Funktion

$$f(x, y) = (x^2 + y^2)^2 - 2(x^2 - y^2) \ .$$

> f := (x^2+y^2)^2-2 * (x^2-y^2):

> stat := stationaer(f, [x, y]);

$$stat := \{x = 0, y = 0\}, \{x = 0, y = RootOf\left(\_Z^2 + 1\right)\},$$
$$\{x = 1, y = 0\}, \{x = -1, y = 0\}$$

Die reellen stationären Punkte sind $(0, 0), (1, 0)$ und $(-1, 0)$. Mit **extremum_2d** prüfen wir für jeden Punkt einzeln nach, ob ein Extremum vorliegt:
> extremum_2d(f, stat[1]);

Im Punkt $\{x = 0, y = 0\}$ liegt ein Sattelpunkt vor.

> extremum_2d(f, stat[3]);

Im Punkt $\{x = 1, y = 0\}$ liegt ein lokales Minimum vor.

> extremum_2d(f, stat[4]);

Im Punkt $\{x = -1, y = 0\}$ liegt ein lokales Mimimum vor. □

10.3.4 Relative Extrema für Funktionen mit mehreren Variablen

Für Funktionen f mit n Variablen $(x_1, \ldots, x_n)$ prüft die Prozedur **extremum_nd** nach, ob in einem stationären Punkt ein lokales Extremum vorliegt. Als Entscheidungskriterium wird die Definitheit der Hesseschen Matrix

$$\text{Hess}(f) = \begin{pmatrix} f_{x_1 x_1} & \cdots & f_{x_1 x_n} \\ \vdots & & \\ f_{x_n x_1} & \cdots & f_{x_n x_n} \end{pmatrix}$$

überprüft. Die Hessesche Matrix wird mit dem Befehl
> Hessian(function, [x_1,..., x_n]);

aufgestellt. Der **Hessian**-Befehl ist im **VectorCalculus**-Paket enthalten. Über das Vorzeichen der Determinante aller Untermatrizen

$$\begin{pmatrix} f_{x_1 x_1} & \cdots & f_{x_1 x_i} \\ \vdots & & \\ f_{x_i x_1} & \cdots & f_{x_i x_i} \end{pmatrix}$$

wird die positive oder negative Definitheit der Matrix bestimmt. Mit dem **SubMatrix**-Befehl
> with(LinearAlgebra):
> SubMatrix(H, 1..i, 1..i);

werden die Untermatrizen gebildet. Ist die Matrix weder positiv noch negativ definit, dann nennt man sie *indefinit* und im stationären Punkt liegt **kein** lokales Extremum vor.

```
> extremum_nd:=proc()
> # Prozedur zur Entscheidung, ob in einem stationären Punkt der Funktion
> # z=f(x1, x2,..., xn)  auch ein lokales Extremum vorliegt.
>
> local funct, n, i, var, H, H1, definit, d;
> funct:=args[1]:
> n:=nops(args[2]):
>
> for i from 1 to n
> do   var[i]:=op(1,args[2][i]):   end do:
>
> # Hessesche Matrix
> H:=VectorCalculus[Hessian](funct, [seq(var[i], i=1..n)]);
> H1:=subs(args[2], eval(H));
> print('Die Hessesche Matrix', eval(H));
> print('lautet im Punkt',args[2],':', eval(H1)):
>
> # Bestimmung der Definitheit
> definit:= true:
> if evalf(H1[1,1]) = 0 then definit:=false: end if:
> if evalf(H1[1,1]) < 0 then H1:=eval(-1 * H1): end if:
>
> for i from 1 to n
> do   d[i]:=evalf(Determinant(SubMatrix(H1, 1..i, 1..i))):
>        if signum(d[i]) <> 1 then definit:=false: end if:
> end do:
>
> if definit
> then   if evalf(H1[1,1]) > 0
>         then print('Im Punkt',args[2],'liegt ein lokales Minimum vor.'):
>         else print('Im Punkt',args[2],'liegt ein lokales Maximum vor.'):
>         end if;
> else print('Da die Hessesche Matrix indefinit ist, liegt im Punkt '):
>        print(args[2],'kein lokaler Extremwert vor.'):
> end if;
>
> end:
```

Beispiel 10.9. Gesucht sind die lokalen Extrema der Funktion

$$f(x, y, z) = e^{-\left(x^2+y^2+z^2\right)}.$$

Bestimmung der stationären Punkte mit der Prozedur **stationaer**:
```
> f:=exp(-x^2-y^2-z^2):
```

> stat:=stationaer(f, [x, y, z]);

$$stat := \{z = 0, \, x = 0, \, y = 0\}$$

Nachprüfen ob ein Extremwert vorliegt mit **extremum_nd**:
> extremum_nd(f, stat);

Die Hessesche Matrix
$$\begin{vmatrix} -2\%1 + 4x^2\%1 & 4yx\%1 & 4zx\%1 \\ 4yx\%1 & -2\%1 + 4y^2\%1 & 4zy\%1 \\ 4zx\%1 & 4zy\%1 & -2\%1 + 4z^2\%1 \end{vmatrix}$$

$$\%1 := e^{(-x^2-y^2-z^2)}$$

lautet im Punkt, $\{z = 0, \, x = 0, \, y = 0\}$, :,
$$\begin{vmatrix} -2e^0 & 0 & 0 \\ 0 & -2e^0 & 0 \\ 0 & 0 & -2e^0 \end{vmatrix}$$

Im Punkt $\{z = 0, \, x = 0, \, y = 0\}$ liegt ein lokales Maximum vor. □

Zur Berechnung der lokalen Extrema kann auch der MAPLE-Befehl **extrema** herangezogen werden.
> readlib(extrema):
> extrema(x^2+y^2+c, {}, {x,y}, extr);

$$\{c\}$$

Der **extrema**-Befehl bestimmt von der Funktion $f(x,y) = x^2 + y^2 + c$ die Extremwerte bezüglich den Variablen $\{x, y\}$ und liefert als Ergebnis die Menge der extremen Funktionswerte. Im Namen *extr* werden die Extremalpunkte abgespeichert
> extr;

$$\{\{x = 0, \, y = 0\}\}$$

Im zweiten Argument des Aufrufs können in {} noch Nebenbedingungen angegeben werden, unter welchen die Extremwerte bestimmt werden sollen.
> f:=(x^2+y^2)^2-2*(x^2-y^2):
> extrema(f, {}, {x,y}, extr):
> extr;

$$\{\{x = 0, \, y = RootOf(-Z^2 + 1)\}, \, \{x = 0, \, y = 0\}, \\ \{y = 0, \, x = 1\}, \, \{y = 0, \, x = -1\}\}$$

10.3.5 Bestimmung der Ausgleichsgeraden

Die Prozedur **Regressionsgerade** bestimmt zu einer Liste aus vorgegebenen Messwerten $[[x_1, y_1], \ldots, [x_n, y_n]]$ die Ausgleichsgerade und zeichnet sowohl die Messwerte als auch die Ausgleichsgerade in ein Schaubild. Der Aufruf erfolgt wie der **plot**-Befehl für eine Liste von Punkten.

```
> Regressionsgerade:=proc()
> # Prozedur zur Bestimmung der Regressionsgeraden
> local n, i, x,y, A11, A12, b1, b2, delta, a, b, p1, p2;
>
> n:=nops(args[1]):
> for i from 1 to n
> do   x[i]:=op(1, args[1][i]):
>      y[i]:=op(2, args[1][i]):
> end do:
>
> A11:=add(x[i]^2, i=1..n):
> A12:=add(x[i], i=1..n):
> b1:=add(x[i] * y[i], i=1..n):
> b2:=add(y[i], i=1..n):
>
> delta:=A11 * n-A12^2:
> a:=1/delta * (n * b1-A12 * b2);
> b:=1/delta * (A11 * b2-A12 * b1);
>
> print('Die Regressionsgerade lautet ', a * x+b);
> p1:=plot(args, style=point, symbol=circle, color=red):
> p2:=plot(a * x+b, x=x[1]..x[n], thickness=2):
> plots[display]({p1, p2});
> end:
```

Beispiel 10.10 (Mit MAPLE-Worksheet).

> Regressionsgerade([[0,3],[1,5],[2,7],[3,8],[4,10],[5,10]]);

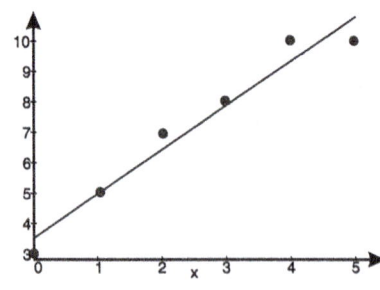

Die Regressionsgerade lautet, $\dfrac{51}{35}x + \dfrac{74}{21}$ □

▷ **Bestimmung eines Ausgleichspolynoms mit** MAPLE

In Verallgemeinerung der Vorgehensweise bei der Berechnung der Parameter der Ausgleichsgeraden bestimmt die Prozedur **ausgleich** die freien Parameter einer vorgegebenen Polynomfunktion nach der Methode der kleinsten Quadrate. Der Aufruf von **ausgleich** erfolgt durch die Angabe des Ausgleichspolynoms, aller Parameter, die angepasst werden sollen, sowie der Liste aus Messwerten.

```
> ausgleich:=proc()
> # Prozedur zur Bestimmung eines Ausgleichspolynoms
> local n, i, n_para, n_werte, funct, var, eq, xd,yd, F, p1, p2, sol;
>
> n:=nops([args]):
> n_para:=n-2:
> n_werte:=nops(args[n]):
> funct:=args[1]:
>
> for i from 1 to n_para
> do    var[i]:=args[i+1]:   end do:
>
> for i from 1 to n_werte
> do    xd[i]:=op(1, args[n][i]):
>       yd[i]:=op(2, args[n][i]):    end do:
>
> # Abstandsquadrate
> F:=add((subs(x=xd[i], funct)-yd[i])^2, i=1..n_werte):
> for i from 1 to n_para
> do    eq[i]:=diff(F, var[i])=0:    end do:
> sol:=solve{seq(eq[i], i=1..n_para)},{seq(var[i], i=1..n_para)});
>
> print('Die Ausgleichsfunktion lautet',subs(sol, funct));
> print('Das Abstandsquadrat ist',evalf(subs(sol, F)));
>
> p1:=plot(args[n], style=point, symbol=circle, color=red):
> p2:=plot(subs(sol, funct), x=xd[1]..xd[n_werte], thickness=2):
> plots[display]({p1, p2});
> end:
```

Beispiel 10.11 (Mit MAPLE-**Worksheet).** Zu den Messwerten aus Beispiel 10.10 soll eine Ausgleichsparabel bestimmt werden, die sich besser als die Regressionsgerade an die Messwerte anpasst.

10. Funktionen in mehreren Variablen

> ausgleich(a∗x^2+b∗x+c, a, b, c, [[0,3],[1,5],[2,7],[3,8],[4,10],[5,10]]);

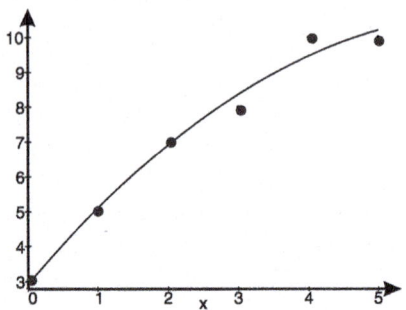

Die Ausgleichsfunktion lautet, $-\frac{5}{28}x^2 + \frac{47}{20}x + \frac{41}{14}$

Das Abstandsquadrat ist, .4857142857 □

Maple-Worksheets zu Kapitel 10

 Die folgenden elektronischen Arbeitsblätter stehen für Kapitel 10 mit MAPLE zur Verfügung.

— Darstellung von Funktionen mit zwei Variablen mit MAPLE
— Partielle Ableitung mit MAPLE
— Totale Differenzierbarkeit, Tangentialebene mit MAPLE
— Gradient und Richtungsableitung mit MAPLE
— Taylorsche Formel mit MAPLE
— Totales Differenzial mit MAPLE
— Fehlerrechnung mit MAPLE
— Bestimmung der Extrema mit MAPLE
— Ausgleichsrechnung mit MAPLE

10.4 Zusammenstellung der MAPLE-Befehle

> **plot3d**($f(x,y), x = a..b, y = c..d$)
> Befehl zur Erstellung einer dreidimensionalen Graphik.
>
> **plot3d**($f(x,y), x = a..b, y = c..d$, contours =20, style =contour)
> Darstellung von 20 Höhenlinien der Funktion f.

Mit
> ?plot3d[options]

erhält man eine Liste der Optionen des **plot3d**-Befehls. Wichtige davon sind:

grid=[n, m]	Dimension des Berechnungsgitters: $n \times m$.
title= 't '	Titel des Schaubildes.
labels=[x, y, z]	Spezifiziert die Achsenbeschriftung.
tickmarks=[l, m, n]	Anzahl der Markierungen auf den Achsen.
contours=n	Spezifiziert die Anzahl der Höhenlinien.
style=contour	Nur Höhenlinien werden gezeichnet.
scaling= <constrained, unconstrained>	
	Maßstabsgetreue Skalierung der Achsen.
view=zmin..zmax	Der darzustellende z-Bereich einer Funktion $z = f(x, y)$ wird eingeschränkt.
axes=boxed	Achsen werden in das Schaubild aufgenommen.
thickness = <0, 1, 2, 3>	Steuerung die Liniendicke.
orientation=[phi, theta]	Blickwinkel der 3d Graphik.
style=PATCHNOGRID	Das Gitter wird unterdrückt.

> **Weitere Plot-Befehle**
>
> **densityplot**($f(x,y), x = a..b, y = c..d$)
> Darstellung einer Funktion über Grauschattierungen in einem zweidimensionalen Schaubild.
>
> **contourplot**($f(x,y), x = a..b, y = c..d$, contours=20)
> Darstellung von 20 Höhenlinien in einem zweidimensionalen Schaubild.
>
> **gradplot**($f(x,y), x = a..b, y = c..d$, arrows=SLIM)
> zweidimensionale Darstellung des Gradienten von f, $grad\, f$, als Pfeil-Graphik.
>
> **fieldplot**([f1(x,y), f2(x,y)], x=a..b, y=c..d)
> zweidimensionale Darstellung des Vektorfeldes [$f1, f2$] als Pfeil-Graphik.

10. Funktionen in mehreren Variablen

Bis auf den **plot3d**-Befehl müssen alle weiteren Befehle mit **with(plots)** geladen werden. Alle Graphik-Befehle erhält man durch
> with(plots);

Differentiations-Befehle von MAPLE

diff(f, x)	Partielle Ableitung des Ausdrucks f nach x.
Diff(f, x)	Symbolische Darstellung der Ableitung.
D$[1](f)$	Partielle Ableitung der Funktion f nach der ersten Variablen.
diff(f, x, z)	Partielle Ableitung von f nach x, dann nach z.
diff$(f, x\$n)$	n-te partielle Ableitung von f nach x.
D$[1\$n](f)$	n-te partielle Ableitung der Funktion f nach der ersten Variablen.
D$[1,2](f)$	Gemischte partielle Ableitung der Funktion f nach der ersten, dann zweiten Variablen.

---

with(VectorCalculus)
Gradient$(f, [x1, ..., xn])$ Gradient des Ausdrucks f mit den Variablen $x_1, \ldots, x_n$.
DotProduct$(Gradient(f, [x, y, z]), 1/\text{Norm}(a, 2) * a)$
  Richtungsableitung von f in Richtung des Vektors $\vec{a}$.

MAPLE-eigene Prozeduren

readlib(mtaylor)
mtaylor$(f, [x1 = x10, ..., xn = xn0], k)$
  Taylor-Entwicklung der Funktion f von n Variablen $x_1, \ldots, x_n$ am Entwicklungspunkt $(x_{10}, \ldots, x_{n0})$ bis zur Ordnung k.

with(VectorCalculus)
Hessian$(f, [x1, ..., xn])$ Hessesche Matrix der Funktion f (Matrix aller partiellen Ableitungen der Ordnung 2).

readlib(extrema)
extrema$(f, \{\}, \{x1, ..., xn\}, extr)$
  Bestimmung der Extrema der Funktion f.

Neu erstellte Prozeduren

differenzial$(f, [x1, ..., xn])$

Totales Differenzial der Funktion f nach den Variablen $x_1, ..., x_n$.

fehler$(f, x1 = x10..x10 + dx1, ..., xn = xn0..xn0 + dxn)$

Berechnung des absoluten und relativen Fehlers von f in linearer Näherung, wenn $x_1 = x_1^0 \pm dx_1, ..., x_n = x_n^0 \pm dx_n$.

stationaer$(f, [x1, ..., xn])$

Berechnet die stationären Punkte der Funktion f bezüglich den Variablen $x_1, ..., x_n$.

extremum_2d$(f, \{x = x0, y = y0\})$

Prüft, ob der stationäre Punkt (x_0, y_0) ein lokales Extremum darstellt.

extremum_nd$(f, \{x1 = x10, ..., xn = xn0\})$

Prüft, ob der stationäre Punkt $\left(x_1^0, ..., x_n^0\right)$ ein lokales Extremum der Funktion $f(x_1, ..., x_n)$ darstellt.

Regressionsgerade$([[x1, y1], [x2, y2], ..., [xn, yn]])$

Berechnet die Ausgleichsgerade durch die Messpunkte $(x_1, y_1), ..., (x_n, y_n)$.

ausgleich$(f, par1, ..., parn, [Liste\,der\,Messwerte])$

Bestimmt die Parameter $par_1, ..., par_n$ in dem Funktionsausdruck f so, dass die Abstandsquadrate von Messpunkten zur Ausgleichsfunktion f minimal werden. Die Parameter müssen linear in f auftreten.

11. Doppel- und Mehrfachintegrale

11.1 Doppelintegrale

Doppelintegrale werden in MAPLE mit dem **int**-Befehl berechnet; allerdings erst nachdem eine Zerlegung des Doppelintegrals in zwei einfache Integrale mit den entsprechenden Integrationsgrenzen erfolgte. Man beachte, dass mit der trägen (inerten) Form **Int** die Integrale nur symbolisch dargestellt und mit **value** ausgewertet werden.

Beispiel 11.1 (Mit MAPLE-Worksheet). Man bestimme für das Gebiet aus Abb. 11.1 das Doppelintegral

$$\iint\limits_{(G)} (x^2 + y^2)\, dG.$$

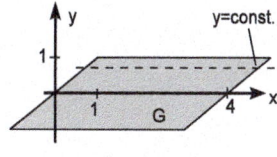

Abb. 11.1. Gebiet G

Um das Doppelintegral auf zwei einfache Integrationen zu reduzieren, zerlegen wir das Gebiet G in Streifen parallel zur x-Achse. Die Streifen beginnen bei $x = y$ und enden bei $x = y + 4$. Anschließend müssen alle Streifen von $y = -1$ bis $y = 1$ berücksichtigt werden. Dies bedeutet, dass wir als innere Integrationsvariable x setzen. D.h. wir halten $y = const$, dann variiert x zwischen den Werten $g_1(y) = y$ und $g_2(y) = y + 4$ (siehe gestrichelte Linie). Anschließend variiert im äußeren Integral y von -1 bis 1.

$$\Rightarrow \iint\limits_{(G)} f(x, y)\, dG = \int_{y=-1}^{1} \underbrace{\left(\int_{x=y}^{y+4} f(x, y)\, dx \right)}_{y=const} dy.$$

```
> f:=x^2+y^2:
> I1:=Int(f, x= y .. y+4):
> I2:=Int(I1, y=-1..1):
> I2=value(I2);
```

$$\int_{-1}^{1} \int_{y}^{y+4} x^2 + y^2\, dx\, dy = 48$$

□

Beispiel 11.2 (Mit MAPLE-Worksheet). Gesucht ist der Flächeninhalt des Kreises mit Radius R: Wir zerlegen das Gebiet in Streifen parallel zur x-Achse: D.h. die innere Integration erfolgt für konstantes y über die Variable x.

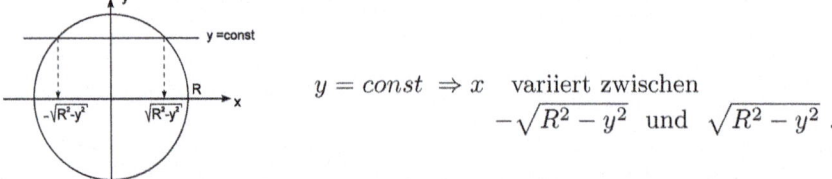

$y = const \Rightarrow x$ variiert zwischen $-\sqrt{R^2 - y^2}$ und $\sqrt{R^2 - y^2}$.

Zur Bestimmung des äußeren Integrals muss y dann zwischen $-R$ und R variieren. Damit gilt

$$A = \iint\limits_{(G)} dG = \int_{y=-R}^{R} \left(\int_{x=-\sqrt{R^2-y^2}}^{\sqrt{R^2-y^2}} 1 \, dx \right) dy.$$

Mit MAPLE erhalten wir
> I1:=Int(1, x=-sqrt(R^2-y^2)..sqrt(R^2-y^2)):
> I2:=Int(I1, y=-R..R):
> I2:=value(I2): simplify(%, symbolic);

$$\int_{-R}^{R} \int_{-\sqrt{R^2-y^2}}^{\sqrt{R^2-y^2}} 1 \, dx \, dy = R^2 \pi \, .$$ □

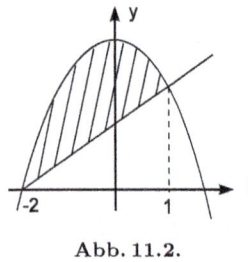

Abb. 11.2.

Beispiel 11.3 (Mit MAPLE-Worksheet). Gesucht sind die Schwerpunktskoordinaten für das Gebiet in Abb. 11.2, welches nach oben durch $y = 4 - x^2$ und nach unten durch $y = x + 2$ begrenzt wird. Die x-Koordinate des Schwerpunktes

$$x_s = \frac{1}{A} \iint\limits_{(G)} x \, dG = \frac{1}{A} \int_{x=-2}^{1} \left(\int_{y=x+2}^{4-x^2} x \, dy \right) dx$$

berechnet sich mit MAPLE über
> I1:=Int(1, y=x+2..4-x^2):
> I2:=Int(I1, x=-2..1):
> A:=value(I2);

$$A := \frac{9}{2}$$

> I1:=Int(x, y=x+2..4-x^2):
> I2:=1/A * Int(I1, x=-2..1):
> x_s:=value(I2);

$$x\_s := \frac{-1}{2}.$$

Entsprechend erhält man die y-Komponente des Schwerpunkts $y_s = \frac{12}{5}$. □

11.2 Dreifachintegrale

Die Prozedur **Drei_Int** berechnet Dreifachintegrale einer Funktion f über einem Gebiet, das durch $var1 = a..b$, $var2 = c..d$, $var3 = e..f$ festgelegt ist. Die Integration erfolgt von Innen nach Außen.

> Drei_Int:=proc()
> # Prozedur zur Berechnung von Dreifachintegralen
> local I1, I2, I3, valv;
>
> I1:=Int(args[1], args[2]):
> I2:=Int(I1, args[3]):
> I3:=Int(I2, args[4]):
>
> valv:=simplify(value(I3), symbolic):
> print('Das Dreifach-Integral ist ', I3 = valv);
> print(I=evalf(valv));
> end:

Beispiele 11.4 (Mit Maple-Worksheet):

① Gesucht ist
$$\int_{z=0}^{1} \int_{y=1}^{z^2} \int_{x=-zy}^{zy} \left(x^2 + y^3 + z^4\right) dx\, dy\, dz \ .$$

> Drei_Int(x^2+y^3+z^4, x=-z*y..z*y, y=1..z^2, z=0..1);

$$\text{Das Dreifach-Integral ist}, \int_0^1 \int_1^{z^2} \int_{-zy}^{zy} x^2 + y^3 + z^4 \, dx\, dy\, dz = \frac{-47}{180}$$

$$I = -.2611111111$$

② Gesucht ist das Dreifachintegral
$$\int_{r=0}^{R} \int_{z=r^2}^{R^2} \int_{\varphi=0}^{2\pi} r\, d\varphi\, dz\, dr \ .$$

> Drei_Int(r, phi=0..2*Pi, z=r^2..R^2, r=0..R);

$$\text{Das Dreifach-Integral ist}, \int_0^R \int_{r^2}^{R^2} \int_0^{2\pi} r\, d\varphi\, dz\, dr = \frac{1}{2}\pi R^4$$

$$I = 1.570796327\, R^4$$

□

11.3 Anwendungen

In der Regel sind Volumen, Masse, Schwerpunktskoordinaten und Trägheitsmomente starrer Körper über Dreifachintegrale zu berechnen; in manchen Fällen wird sie erst durch spezielle Koordinatensysteme möglich.

▷ Spezielle Koordinatensysteme

Die für die Anwendungen wichtigsten Systeme sind Polar-, Zylinder- und Kugelkoordinaten. Zusammenfassend gilt

(1) **Polarkoordinaten:** Bei Polarkoordinaten wird ein Punkt in der (x, y)-Ebene eindeutig durch die Angabe des Winkels φ, $0 \leq \varphi < 2\pi$, und des Radius $r \geq 0$ angegeben. Die Transformationsgleichungen lauten

$$x = r \cos\varphi, \qquad y = r \sin\varphi.$$

Ein Doppelintegral lautet daher in Polarkoordinaten

$$\iint_{(x,y)} f(x, y)\, dx\, dy = \iint_{(r,\varphi)} f(r\cos\varphi, r\sin\varphi)\, r\, dr\, d\varphi.$$

(2) **Zylinderkoordinaten:** Ein Punkt im $\mathbb{R}^3$ wird eindeutig durch die Angabe seiner Polarkoordinaten (r, φ) in der (x, y)-Ebene und zusätzlich seiner z-Komponente festgelegt. Ein Dreifachintegral lautet in Zylinderkoordinaten

$$\iiint_{(x,y,z)} f(x, y, z)\, dx\, dy\, dz = \iiint_{(r,\varphi,z)} f(r\cos\varphi, r\sin\varphi, z)\, r\, dr\, d\varphi\, dz.$$

(3) **Kugelkoordinaten:** Durch die Angabe zweier Winkel φ und ϑ sowie dem Abstand zum Ursprung lässt sich jeder Punkt im $\mathbb{R}^3$ eindeutig festlegen:

$$x = r \cos\varphi \cos\vartheta,\ y = r \sin\varphi \cos\vartheta,\ z = r \sin\vartheta.$$

Ein Dreifachintegral lautet in Kugelkoordinaten

$$\iiint_{(x,y,z)} f(x, y, z)\, dx\, dy\, dz = \iiint_{(r,\varphi,\vartheta)} f(r\cos\varphi\cos\vartheta, r\sin\varphi\cos\vartheta, r\sin\vartheta)$$
$$\cdot r^2 \cos\vartheta\, dr\, d\varphi\, d\vartheta.$$

▷ Formeln für starre Körper

Wir geben im Folgenden eine Zusammenstellung der wichtigsten Formeln aus der Physik starrer Körper für Volumen, Masse, Schwerpunktskoordinaten und Trägheitsmomente an.

Ist $K \subset \mathbb{R}^3$ ein starrer Körper mit der ortsabhängigen Dichte $\rho(x, y, z)$, dann ist

$$V = \iiint\limits_{(K)} dx\, dy\, dz \qquad \text{das Volumen des Körpers und}$$

$$M = \iiint\limits_{(K)} \rho(x, y, z)\, dx\, dy\, dz \qquad \text{die Masse des Körpers.}$$

Die **Koordinaten des Schwerpunktes** $S(x_s, y_s, z_s)$ lauten

$$x_s = \frac{1}{M} \iiint\limits_{(K)} x \cdot \rho(x, y, z)\, dx\, dy\, dz$$

$$y_s = \frac{1}{M} \iiint\limits_{(K)} y \cdot \rho(x, y, z)\, dx\, dy\, dz$$

$$z_s = \frac{1}{M} \iiint\limits_{(K)} z \cdot \rho(x, y, z)\, dx\, dy\, dz.$$

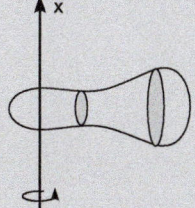

Rotiert ein starrer Körper um die Drehachse x, dann heißt das Integral

$$I_x = \iiint\limits_{(K)} \rho(x, y, z)\, (y^2 + z^2)\, dx\, dy\, dz$$

das **Trägheitsmoment bezüglich der x-Achse**. Die Trägheitsmomente bezüglich der y- und z-Achse sind entsprechend definiert.

Berechnung der Eigenschaften starrer Körper

Die MAPLE-Prozedur **starr** fasst die Formeln zur Bestimmung von Volumen, Schwerpunktskoordinaten und Trägheitsmomenten starrer Körper sowie die Berechnung von Dreifachintegralen über dreidimensionalen Gebieten zusammen. Wahlweise kann mit kartesischen Koordinaten, Zylinder- oder Kugelkoordinaten gearbeitet werden. Es wird eine *konstante* Dichte ρ der Körper vorausgesetzt. Der Aufruf von **starr** erfolgt durch die Angabe der zu integrierenden Funktion (diese ist 1 zu setzen, falls nur die physikalischen Eigenschaften des Körpers bestimmt werden sollen), dem Integrationsbereich der Integrationsvariablen von Innen nach Außen (die Reihenfolge ist wichtig: Sie muss der Reihenfolge der Dreifachintegralen entsprechen) und der Angabe des Koordinatensystems <*kart, zylinder, kugel*>. Es ist zu beachten, dass bei der Option **kart** die Variablennamen x, y, z, bei **zylinder** r, phi, z, bei **kugel** r, $theta$, phi lauten müssen!

```
> starr:= proc()
>
> # Prozedur zum Berechnen des Volumens, des Schwerpunktes,
> # der Trägheitsmomente sowie des Dreifachintegrals.
>
> local xarg, yarg, zarg, function,x_s, y_s, z_s,
>        I_x, I_y, I_z, valv, dfactor, fall, I1, I2, I3;
>
> function:=args[1];
> fall:=args[5]:
>
> # Festlegung des Koordinatensystems
> if fall=kugel then
>      dfactor:=r^2 * cos(theta):
>      xarg:=r * cos(phi) * cos(theta):
>      yarg:=r * sin(phi) * cos(theta):
>      zarg:=r * sin(theta):
> elif fall=zylinder then
>      dfactor:=r:
>      xarg:=r * cos(phi):
>      yarg:=r * sin(phi):
>      zarg:=z:
> else dfactor:=1:
>      xarg:=x:  yarg:=y:  zarg:=z:
> fi:
>
> # Berechnung des Volumens des Integrationsbereichs
>      I1:=Int(dfactor,args[2]): I2:=Int(I1,args[3]): I3:=Int(I2,args[4]):
>      valv:=simplify(value(I3),symbolic):
```

```
>       print('Das Volumen V des Gebietes ist ',I3=valv);
>       print(V=evalf(valv));
>
> # Berechnung der Koordinaten des Schwerpunktes
>       I1:=Int(dfactor*xarg,args[2]):  I2:=Int(I1,args[3]):
>       I3:=1/valv*Int(I2,args[4]):     x_s:=value(I3):
>       print('Der Schwerpunkt des Gebietes ist x_s =',I3=x_s);
>       I1:=Int(dfactor*yarg,args[2]):  I2:=Int(I1,args[3]):
>       I3:=1/valv*Int(I2,args[4]):     y_s:=value(I3):
>       print('Der Schwerpunkt des Gebietes ist y_s =',I3=y_s);
>       I1:=Int(dfactor*zarg,args[2]):  I2:=Int(I1,args[3]):
>       I3:= 1/valv*Int(I2,args[4]):    z_s:=value(I3):
>       print('Der Schwerpunkt des Gebietes ist z_s =',I3=z_s);
>
> # Berechnung des Trägheitsmomentes
>       I1:=Int(dfactor*(yarg^2+zarg^2),args[2]):  I2:=Int(I1,args[3]):
>       I3:=M/valv*Int(I2,args[4]):    ␣_x:=value(I3):
>       print('Das Trägheitsmoment I_x ist I_x =',I3=I_x);
>       I1:=Int(dfactor*(xarg^2+zarg^2),args[2]):  I2:=Int(I1,args[3]):
>       I3:=M/valv*Int(I2,args[4]):    I_y:=value(I3):
>       print('Das Trägheitsmoment I_y ist I_y =',I3=I_y);
>       I1:=Int(dfactor*(xarg^2+yarg^2),args[2]):  I2:=Int(I1,args[3]):
>       I3:=M/valv*Int(I2,args[4]):    I_z:=value(I3):
>       print('Das Trägheitsmoment I_z ist I_z =',I3=I_z);
>
> # Berechnung des Dreifachintegrals
>       I1:=Int(function*dfactor,args[2]):
>       I2:=Int(I1,args[3]):
>       I3:=Int(I2,args[4]):
>       valv:=simplify(value(I3),symbolic):
>       print('Das Dreifachintegral ist ',I3=valv);
>       print (I=evalf(valv));
> end:
```

Beispiel 11.5 (Berechnung von Körpereigenschaften mit der Prozedur starr, mit MAPLE-Worksheet). Gesucht sind die Körpereigenschaften des Rotationskörpers, der durch Rotation von x^2 an der y-Achse im Intervall $[0, R]$ entsteht. Zur Berechnung führen wir Zylinderkoordinaten ein:

11. Doppel- und Mehrfachintegrale

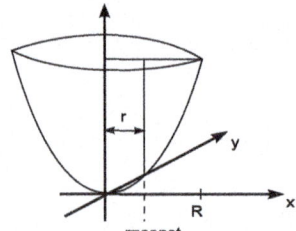

φ-Integration: $\varphi = 0$ bis $\varphi = 2\pi$ unabhängig von r und z.

z-Integration: Bei konstantem r variiert z von $z = r^2$ bis $z = R^2$.

r-Integration: $r = 0$ bis $r = R$.

$$V = \iiint\limits_{(K)} r\, d\varphi\, dr\, dz = \int_{r=0}^{R} \int_{z=r^2}^{R^2} \int_{\varphi=0}^{2\pi} r\, d\varphi\, dz\, dr.$$

Eine alternative Integrationsmöglichkeit ist gegeben durch

$$V = \iiint\limits_{(K)} r\, d\varphi\, dr\, dz = \int_{z=0}^{R^2} \int_{r=0}^{\sqrt{z}} \int_{\varphi=0}^{2\pi} r\, d\varphi\, dr\, dz.$$

Man beachte, dass in der folgenden MAPLE-Ausgabe einige der Ergebniszeilen der Übersichtlichkeit wegen unterdrückt wurden.

> starr(1, phi=0..2 * Pi, z=r^2..R^2, r=0..R, zylinder);

bzw.

> starr(1, phi=0..2 * Pi, r=0..sqrt(z), z=0..R^2, zylinder);

Das Volumen V des Gebietes ist , $\int_0^{R^2} \int_0^{\sqrt{z}} \int_0^{2\pi} r\, d\phi\, dr\, dz = \frac{1}{2}\pi R^4$

$$V = 1.570796327\, R^4$$

Der Schwerpunkt des Gebietes ist z_s= , $2\, \dfrac{\int_0^{R^2} \int_0^{\sqrt{z}} \int_0^{2\pi} r\, z\, d\phi\, dr\, dz}{\pi R^4} = \dfrac{2}{3} R^2$

Das Trägheitsmoment L_x ist

$$L\_x = 2\, \frac{M \int_0^{R^2} \int_0^{\sqrt{z}} \int_0^{2\pi} r\, (r^2 \sin(\phi)^2 + z^2)\, d\phi\, dr\, dz}{\pi R^4} = 2\, \frac{M(\frac{1}{4}\pi R^8 + \frac{1}{12}\pi R^6)}{\pi R^4}$$

Das Trägheitsmoment L_z ist

$$L\_z = 2\, \frac{M \int_0^{R^2} \int_0^{\sqrt{z}} \int_0^{2\pi} r\, (r^2 \cos(\phi)^2 + r^2 \sin(\phi)^2)\, d\phi\, dr\, dz}{\pi R^4} = \frac{1}{3} M R^2 \quad \square$$

11.4 Linien- oder Kurvenintegrale

Vektordarstellung einer Kurve.
Gegeben sei die Beschreibung einer Kurve $\mathcal{C}$ im Raum durch die *Parameterdarstellung*

$$\mathcal{C}: \vec{r}(t) = x(t)\,\vec{e}_1 + y(t)\,\vec{e}_2 + z(t)\,\vec{e}_3 = \begin{pmatrix} x(t) \\ y(t) \\ z(t) \end{pmatrix},$$

wenn $x(t)$, $y(t)$, $z(t)$ Funktionen der Variablen t sind. Beim Durchlaufen der t-Werte bewegt sich der Punkt P (Abb. 11.3) entlang der Kurve $\mathcal{C}$:

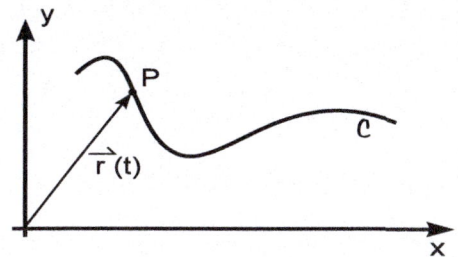

Abb. 11.3. Raumkurve

Beispiel 11.6 (Mit MAPLE-Worksheet). Ein Elektron bewegt sich in einem homogenen Magnetfeld $\vec{B} = B_0\,\vec{e}_z$ auf einer Schraubenlinie mit Radius R. Die Koordinaten des Elektrons sind zu jedem Zeitpunkt festgelegt durch

$$\begin{aligned} x(t) &= R\cos(\omega t) \\ y(t) &= R\sin(\omega t) \\ z(t) &= v_z\, t. \end{aligned}$$

$\omega = \frac{e}{m}\,B_0$ ist die Kreisfrequenz und v_z die konstante Geschwindigkeitskomponente in z-Richtung. Mit **spacecurve** wird diese Kurve mit MAPLE graphisch dargestellt. Hierbei kann $\vec{r}$ ein dreidimensionaler Vektor oder eine Liste sein.

```
> r:=Vector([R * cos(w * t), R * sin(w * t), vz * t]):
> R:=1: w:=1: vz:=1:
> with(plots):
> spacecurve(r, t=0..20, numpoints=200, axes=framed);
```

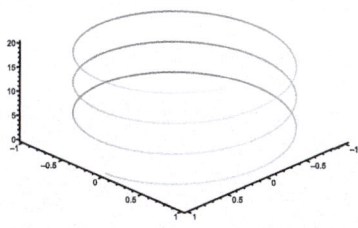

Abb. 11.4. Darstellung einer Raumkurve mit spacecurve ☐

11. Doppel- und Mehrfachintegrale

> **Differenziation eines Vektors nach einem Parameter.**
> Ist $\vec{r}(t) = x(t)\,\vec{e}_1 + y(t)\,\vec{e}_2 + z(t)\,\vec{e}_3$ die Parameterdarstellung einer Kurve $\mathcal{C}$, so ist die **Ableitung des Vektors** $\vec{r}(t)$

$$\vec{r}\,'(t) = \begin{pmatrix} \dot{x}(t) \\ \dot{y}(t) \\ \dot{z}(t) \end{pmatrix}.$$

Die Differenziation eines Vektors $\vec{r}(t)$ nach der Variablen t erfolgt komponentenweise.

Beispiel 11.7 (Ortskurve und Geschwindigkeit). Ist $\vec{r}(t)$ der zeitabhängige Ortsvektor der Bahnkurve eines Massepunktes, dann ist

$\vec{v}(t) = \vec{r}\,'(t)$ \qquad der Geschwindigkeitsvektor und
$\vec{a}(t) = \vec{v}\,'(t) = \vec{r}\,''(t)$ \quad der Beschleunigungsvektor.

Die Ortskurve eines Elektrons im homogenen Magnetfeld $B = B_0\,\vec{e}_z$ lautet nach Beispiel 11.6

$$\vec{r}(t) = \begin{pmatrix} x(t) \\ y(t) \\ z(t) \end{pmatrix} = \begin{pmatrix} R\,\cos(\omega\,t) \\ R\,\sin(\omega\,t) \\ v_z\,t \end{pmatrix}.$$

Der Geschwindigkeitsvektor bzw. Beschleunigungsvektor bestimmt man als Ableitung der Ortskurve, indem man den **diff**-Befehl mit dem **map**-Operator komponentenweise anwendet:

> v:=map(diff, r, t);

$$v := [-R\,\sin(w\,t)\,w,\, R\,\cos(w\,t)\,w,\, vz]$$

> a:=map(diff, v, t);

$$a := [-R\,\cos(w\,t)\,w^2,\, -R\,\sin(w\,t)\,w^2,\, 0] \qquad \square$$

Beispiel 11.8 (Beschleunigung bei einer ebenen Kreisbewegung).

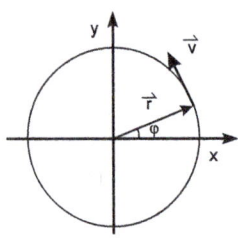

Abb. 11.5. Kreisbewegung

Für eine ebene Kreisbewegung sind bei *konstantem* Radius ρ die Koordinaten $x(t)$ und $y(t)$ in Polarkoordinaten gegeben durch

$x(t) = \rho \cdot \cos(\varphi(t))$
$y(t) = \rho \cdot \sin(\varphi(t)),$ \qquad (Polarkoordinaten)

wenn $\varphi(t)$ den zeitabhängigen Winkel zur x-Achse beschreibt. In dieser Parameterdarstellung lautet die Bewegung

11.4 Linien- oder Kurvenintegrale

$$\vec{r}(t) = x(t)\,\vec{e}_x + y(t)\,\vec{e}_y$$
$$= \rho\,\cos(\varphi(t))\,\vec{e}_x + \rho\,\sin(\varphi(t))\,\vec{e}_y = \rho\begin{pmatrix}\cos(\varphi(t))\\ \sin(\varphi(t))\end{pmatrix}.$$

> r:=Vector([rho * cos(phi(t)), rho * sin(phi(t))]);

$$r := [\rho\,\cos(\phi(t)), \rho\,\sin(\phi(t))]$$

Der **Geschwindigkeitsvektor** ist $\vec{r}'(t)$:
> v:=map(diff, r, t);

$$v := [-\rho\,\sin(\phi(t))\,\frac{d}{dt}\phi(t), \rho\,\cos(\phi(t))\,\frac{d}{dt}\phi(t)]$$

Der **Beschleunigungsvektor** ist $\vec{v}'(t)$:
> a:=map(diff, v, t);

$$a := [\ -\rho\,\cos(\phi(t))\,(\frac{d}{dt}\phi(t))^2 - \rho\,\sin(\phi(t))\,\frac{d^2}{dt^2}\phi(t),$$
$$-\rho\,\sin(\phi(t))\,(\frac{d}{dt}\phi(t))^2 + \rho\,\cos(\phi(t))\,\frac{d^2}{dt^2}\phi(t)]$$

Der Betrag der Beschleunigung ergibt sich zu
> simplify(sqrt(a[1]^2+a[2]^2), symbolic);

$$\rho\,\sqrt{(\frac{d}{dt}\phi(t))^4 + (\frac{d^2}{dt^2}\phi(t))^2}$$

□

> **Vektorfelder.**

> **Definition:** Als **Vektorfeld** bezeichnet man eine vektorwertige Funktion $\vec{k} : \mathbb{R}^3 \to \mathbb{R}^3$,
> $$\vec{k}(x, y, z) = \begin{pmatrix} k_1(x, y, z) \\ k_2(x, y, z) \\ k_3(x, y, z) \end{pmatrix},$$
> mit Funktionen k_1, k_2, k_3, die von drei Variablen (x, y, z) abhängen. $\vec{k}$ weist jedem Punkt des Raumes (x, y, z) einen Vektor $\vec{k}(x, y, z)$ zu.

Mit den Befehlen **fieldplot** und **fieldplot3d** können zwei- bzw. dreidimensionale Vektorfelder mit MAPLE in Form von Vektoren dargestellt werden.

11. Doppel- und Mehrfachintegrale

Beispiele 11.9 (Mit MAPLE-Worksheet):

① Gesucht ist der Gradient der Funktion $f = \sqrt{x^2 + y^2 + 1}$:
> with(VectorCalculus): with(plots):
> f := (x^2+y^2+1)^(1/2):
> g := Gradient(f, [x,y]);

$$g := \begin{bmatrix} \dfrac{x}{\sqrt{x^2 + y^2 + 1}} \\ \dfrac{y}{\sqrt{x^2 + y^2 + 1}} \end{bmatrix}$$

Stellt man dieses Ergebnis in Form einer Vektorgraphik dar, erhält man die zweidimensionale Darstellung:
> fieldplot(g, x=-2..2, y=-2..2, arrows=SLIM, color=x^2+2*y^2+1);

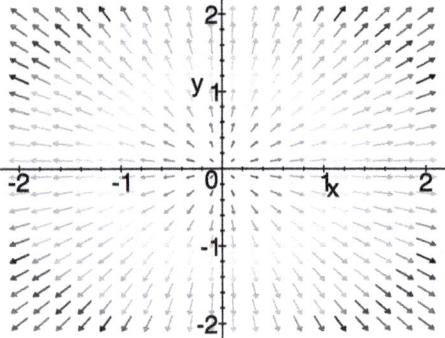

Abb. 11.6. Zweidimensionale Darstellung des Gradienten einer Funktion $f(x,y)$

② Gesucht ist der Gradient der Funktion $f = \sqrt{x^2 + y^2 + z^2 + 1}$:
> with(VectorCalculus): with(plots):
> f := (x^2+y^2+z^2+1)^(1/2):
> g := Gradient(f, [x,y,z]);

$$g := \begin{bmatrix} \dfrac{x}{\sqrt{x^2 + y^2 + z^2 + 1}} \\ \dfrac{y}{\sqrt{x^2 + y^2 + z^2 + 1}} \\ \dfrac{z}{\sqrt{x^2 + y^2 + z^2 + 1}} \end{bmatrix}.$$

Stellt man dieses Ergebnis in Form einer Vektorgraphik dar, erhält man die dreidimensionale Darstellung:
> fieldplot3d(g, x=-2..2, y=-2..2, arrows=SLIM, color=x^2+2*y^2+1);

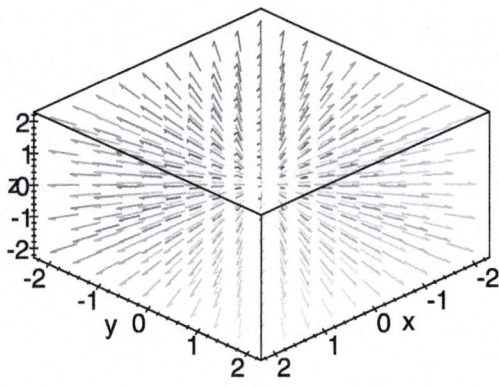

Abb. 11.7. Dreidimensionale Darstellung des Gradienten einer Funktion $f(x, y, z)$

> **Linien- oder Kurvenintegrale.**

Sei $\vec{r}(t) = x(t)\,\vec{e}_1 + y(t)\,\vec{e}_2 + z(t)\,\vec{e}_3$ eine Raumkurve $\mathcal{C}$ und $\vec{k}$ ein gegebenes Vektorfeld. $P_A = \vec{r}(t_A)$ sei der Anfangs- und $P_E = \vec{r}(t_E)$ der Endpunkt der Kurve.

Definition: (Kurven- oder Linienintegral). Ist $\vec{k}(x, y, z)$ ein Vektorfeld und $\mathcal{C}$ eine Kurve, die durch $\vec{r}(t)$ $(t_A \leq t \leq t_E)$ beschrieben wird. Dann heißt das Integral

$$\int_{\mathcal{C}} \vec{k} \cdot d\vec{r} = \int_{t_A}^{t_E} \vec{k}\left(\vec{r}(t)\right) \cdot \vec{r}'(t) \; dt$$

das **Linien- oder Kurvenintegral** des Vektorfeldes $\vec{k}(x, y, z)$ längs der Kurve $\mathcal{C}$, wenn $\vec{r}(t_A)$ den Anfangs- und $\vec{r}(t_E)$ den Endpunkt der Kurve markiert.

Bemerkungen:

(1) Das Kurvenintegral lautet in ausführlicher Schreibweise, wenn das Skalarprodukt ausgeführt und das Vektorfeld $\vec{k}$ an der Stelle $\vec{r}(t)$ ausgewertet wird

$$\int_{\mathcal{C}} \vec{k}\, d\vec{r} = \int_{t_A}^{t_E} k_1\left(x(t),\, y(t),\, z(t)\right) \dot{x}(t)\, dt$$
$$+ \int_{t_A}^{t_E} k_2\left(x(t),\, y(t),\, z(t)\right) \dot{y}(t)\, dt$$
$$+ \int_{t_A}^{t_E} k_3\left(x(t),\, y(t),\, z(t)\right) \dot{z}(t)\, dt.$$

Die drei Integrale hängen nur noch von einer Variablen t ab und können mit dem **int**-Befehl mit MAPLE berechnet werden.

(2) Der Wert des Kurvenintegrals hängt in der Regel nicht nur von Anfangs- und Endpunkt des Integrationsweges, sondern auch vom vorgegebenen Weg ab. Ausnahmen bilden die sog. *Gradientenfelder*.

Vorgehensweise bei der Berechnung von Kurvenintegralen:

(1) Parametrisieren der Kurve $\mathcal{C}$.

(2) Berechnung von $\vec{r}\,'(t)$.

(3) Die Kurve $(x(t),\ y(t),\ z(t))$ in die drei Komponenten k_1, k_2, k_3 einsetzen, das Skalarprodukt $\vec{k}\,(\vec{r}(t))\cdot\vec{r}\,'(t)$ berechnen und die Integrationen über t ausführen.

Beispiele 11.10 (Mit MAPLE-Worksheet):

① Gegeben ist das Vektorfeld $\vec{v} = \begin{pmatrix} x\,y \\ y \\ -x \end{pmatrix}$, das entlang der Kurve $\mathcal{C}$ mit Parametrisierung $\vec{r}(t) = t\,\vec{e}_1 + t^2\,\vec{e}_2 + t^3\,\vec{e}_3$, $0 \leq t \leq 1$, integriert werden soll.

> v:=Vector([x * y, y, -x]); #Vektorfeld

$$v := \begin{bmatrix} x\,y \\ y \\ -x \end{bmatrix}$$

> r:=Vector([t, t^2, t^3]); #Weg
> rs:=map(diff, r, t); # Ableitung

$$r := \begin{bmatrix} t \\ t^2 \\ t^3 \end{bmatrix} \qquad rs := \begin{bmatrix} 1 \\ 2\,t \\ 3\,t^2 \end{bmatrix}$$

> x:=r[1]: y:=r[2]: z:=r[3]:
> with(LinearAlgebra): DotProduct(v, rs);

$$\bar{t}^3 + 2\,\bar{t}^2\,t - 3\,\bar{t}\,t^2$$

Man beachte, dass das Skalarprodukt über den komplexen Zahlen genommen wird und erst bei der Festlegung der Variablen t durch $t = 0..1$ als reelle Größe identifiziert wird.

> Int(%, t=0..1) = int(%, t=0..1);

$$\int_0^1 \bar{t}^3 + 2\,\bar{t}^2\,t - 3\,\bar{t}\,t^2\ dt = 0$$

② Gesucht ist das Kurvenintegral des Vektorfeldes $\vec{v} = \begin{pmatrix} x \\ x\,y \end{pmatrix}$ entlang der Parabel $y = x^2$, die vom Ursprung zum Punkte $P(1,1)$ geht:

$$\vec{r}(t) = \begin{pmatrix} t \\ t^2 \end{pmatrix}, \quad 0 \le t \le 1$$

```
> v := <x, x*y>:
> r := <t, t^2>;
> rs := map(diff, r, t);
```

$$r := \begin{bmatrix} t \\ t^2 \end{bmatrix} \qquad rs := \begin{bmatrix} 1 \\ 2\,t \end{bmatrix}$$

```
> x := r[1]: y := r[2]:
> with(LinearAlgebra): DotProduct(v, rs):
> Int(%, t=0..1)=int(%, t=0..1);
```

$$\int_0^1 \left(t + 2\,t^4\right) dt = \frac{9}{10}$$

□

> **Gradientenfelder.**
In der Regel ist das Kurvenintegral *wegabhängig*. Für spezielle Vektorfelder ist es jedoch weg**un**abhängig, d.h. der Wert des Kurvenintegrals ist unabhängig davon, welchen Weg man vom Anfangs- zum Endpunkt wählt. Zur Beschreibung dieser Vektorfelder benötigt man den folgenden Begriff:

Definition: (Gradientenfeld).
Ein Vektorfeld $\vec{k}(x, y, z)$ heißt **Gradientenfeld (Potenzialfeld)**, wenn es eine stetig differenzierbare Funktion $\Phi(x, y, z) : \mathbb{R}^3 \to \mathbb{R}$ gibt mit

$$\vec{k}(x, y, z) = \operatorname{grad} \Phi(x, y, z).$$

Die Funktion $\Phi(x, y, z)$ heißt eine zu $\vec{k}$ gehörende **Potenzialfunktion**.

Die Gradientenfelder sind diejenigen Vektorfelder, für welche die Kurvenintegrale immer wegunabhängig sind. Analog zum Hauptsatz der Differenzial- und Integralrechnung einer Variablen ist das Kurvenintegral dann die Differenz von Potenzialfunktion ausgewertet am Endpunkt und am Anfangspunkt:

$$\oint_C \vec{k}\, d\vec{r} = \Phi|_{P_1} - \Phi|_{P_1} = 0\,.$$

11. Doppel- und Mehrfachintegrale

Der Befehl **ScalarPotential** aus dem **VectorCalculus**-Paket überprüft, ob ein Vektorfeld eine Potenzialfunktion besitzt. Im Fall, dass ein Gradientenfeld vorliegt, wird die zugehörige Potenzialfunktion bestimmt. Die Syntax ist

> vf := **VectorField**(<Liste der Komponenten>, 'cartesian'[x,y,z]);
> **ScalarPotential**(vf);

Beispiele 11.11:

① Das Vektorfeld
$$\vec{k_1}(x, y) = \begin{pmatrix} 3\,x^2\,y \\ x^3 \end{pmatrix}$$

ist ein Gradientenfeld, denn
> with(VectorCalculus):
> k1:= VectorField(<3∗x^2∗y,x^3>, 'cartesian'[x,y]);
> Phi:=ScalarPotential(k1);

$$\Phi(x, y) = x^3\,y$$

② Das Vektorfeld $\vec{k_2} = \begin{pmatrix} x\,y^2 \\ x\,y \end{pmatrix}$ ist **kein** Gradientenfeld. Liegt kein Gradientenfeld vor, liefert der **ScalarPotential**-Befehl kein Ergebnis
> k2:= VectorField(< x∗y^2, x∗y>, cartesian[x,y]);
> ScalarPotential(k2);   □

Beispiel 11.12. Gegeben ist das Vektorfeld

$$\vec{v}(x, y, z) = \begin{pmatrix} 2\,x + y \\ x + 2\,y\,z \\ y^2 + 2\,z \end{pmatrix}.$$

Gesucht ist das zu $\vec{v}$ gehörende Potenzial Φ mit $\vec{v} = \text{grad}\,\Phi$
> with(VectorCalculus):
> v := VectorField(<2∗x+y, x+2∗y∗z, y^2+2∗z>, cartesian[x,y,z]):
> Phi:=ScalarPotential(v);

$$\Phi := x^2 + y\,x + y^2\,z + z^2$$ □

11.5 Oberflächenintegrale

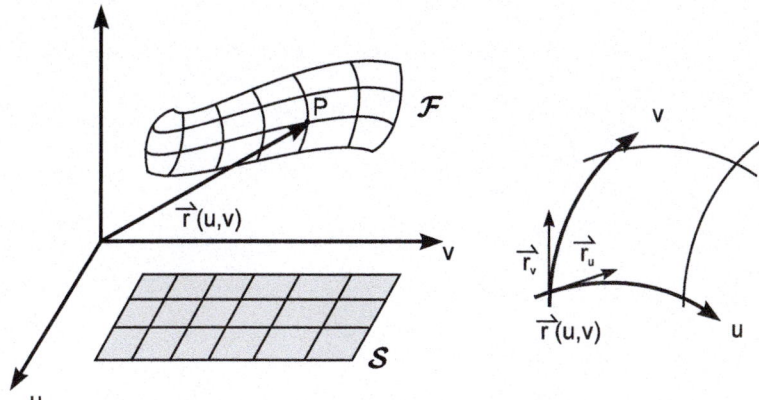

Abb. 11.8. Parametrisierung einer gekrümmten Fläche

In Anlehnung an die Beschreibung einer Kurve $\mathcal{C}$ über die Parameterdarstellung $\vec{r}(t) = x(t)\,\vec{e}_1 + y(t)\,\vec{e}_2 + z(t)\,\vec{e}_3$ mit **einem** Parameter definiert man gekrümmte Flächen über eine Parameterdarstellung mit **zwei** Parametern (u, v):

> **Definition: (Fläche).** Sei $S \subset \mathbb{R}^2$ ein Bereich in der Ebene (z.B. ein Rechteck) mit den Parametervariablen $(u, v) \in S$ (z.B. $u_1(v) \leq u \leq u_2(v)$, $v_1 \leq v \leq v_2$). Eine Fläche $F \subset \mathbb{R}^3$ wird definiert durch die **Parameterdarstellung**
>
> $$F\colon \vec{r}(u, v) = x(u, v)\,\vec{e}_1 + y(u, v)\,\vec{e}_2 + z(u, v)\,\vec{e}_3,$$
>
> wenn x, y, z Funktionen der beiden Variablen (u, v) sind. Beim Durchlaufen aller (u, v)-Werte bewegt sich der Punkt P (Abb. 11.8) auf der Fläche F.

Die Fläche F besteht aus der Menge aller Ortsvektoren $\vec{r}(u, v)$. Man fasst (u, v) auch als die **Koordinaten** des Punktes P auf. Wir setzen voraus, dass die Komponenten der Abbildung $\vec{r}\colon \mathbb{R}^2 \to \mathbb{R}^3$, $(u, v) \mapsto \vec{r}(u, v)$, stetige partiell differenzierbare Funktionen sind. Die **Tangentialebene** im Punkte P wird durch die Richtungsvektoren $\frac{\partial \vec{r}}{\partial u}$ und $\frac{\partial \vec{r}}{\partial v}$ aufgespannt. Wir schreiben für die Richtungsvektoren auch kurz

$$\vec{r}_u = \frac{\partial \vec{r}}{\partial u} = \begin{pmatrix} \partial_u x(u,v) \\ \partial_u y(u,v) \\ \partial_u z(u,v) \end{pmatrix} \quad \text{und} \quad \vec{r}_v = \frac{\partial \vec{r}}{\partial v} = \begin{pmatrix} \partial_v x(u,v) \\ \partial_v y(u,v) \\ \partial_v z(u,v) \end{pmatrix}.$$

11. Doppel- und Mehrfachintegrale

Definition: (Oberflächenintegral). Ist $\vec{v}(\vec{r})$ ein Vektorfeld über der Fläche F, die in der Parametrisierung $\vec{r}(u,v)$ mit $(u,v) \in S$ vorliegt, dann bezeichnet

$$\iint\limits_{(F)} \vec{v}\, d\vec{F} = \iint\limits_{(S)} \vec{v}(\vec{r}(u,v)) \cdot (\vec{r}_u \times \vec{r}_v)\, du\, dv$$

das **Oberflächenintegral** *(falls es existiert)* von $\vec{v}(\vec{r})$ über der Fläche F.

Anwendungsbeispiel 11.13 (Massenstrom, mit Maple-Worksheet).

Sei $\vec{v}$ das Geschwindigkeitsfeld eines strömenden Mediums. Dann gibt

$$\iint\limits_{(F)} \vec{v}\, d\vec{A} \quad \text{das Volumen und}$$

$$\rho \iint\limits_{(F)} \vec{v}\, d\vec{A} \quad \text{die Masse pro Zeiteinheit an,}$$

die durch die Oberfläche F fließt, wenn ρ die homogene Dichte des Materials ist.

Gegeben ist das Geschwindigkeitsfeld eines strömenden Mediums

$$\vec{v}(\vec{r}) = \begin{pmatrix} x \\ y \\ \sqrt{x^2 + y^2} \end{pmatrix}$$

das durch eine Halbkugelfläche $x^2 + y^2 + z^2 = R$ $(z > 0)$ fließt. Welche Masse ist in 2 Zeiteinheiten durch die Oberfläche geflossen ($\rho = 1$)?

Eine Parametrisierung der Kugeloberfläche ist:

$$\vec{r}(u,v) = R \begin{pmatrix} \cos u \cos v \\ \sin u \cos v \\ \sin v \end{pmatrix} \qquad \begin{matrix} 0 \leq u \leq 2\pi \\ 0 \leq v \leq \frac{\pi}{2} \end{matrix}.$$

Wir definieren in Maple das Geschwindigkeitsfeld $\vec{v}$
> V:=Vector([x, y, sqrt(x^2+y^2)]):

und die Parametrisierung der Oberfläche $\vec{r}$
> r:=Vector([R*cos(u)*cos(v), R*sin(u)*cos(v), R*sin(v)]):

Zur Parametrisierung $\vec{r}$ berechnen wir den Normalenvektor $\vec{r}_u \times \vec{r}_v$:
> ru:= map(diff, r, u):
> rv:= map(diff, r, v):
> with(LinearAlgebra):
> cr:=CrossProduct(ru,rv): cr:=simplify(cr);

$$cr := \begin{bmatrix} R^2 \cos(u) \cos(v)^2 \\ R^2 \sin(u) \cos(v)^2 \\ R^2 \cos(v) \sin v \end{bmatrix}$$

Mit
> x:=r[1]: y:=r[2]: z:=r[3]:

ergibt sich das Skalarprodukt $\vec{v}(\vec{r}) \cdot (\vec{r}_u \times \vec{r}_v)$ zu
> DotProduct(V,cr):
> simplify(%, symbolic);

$$R^3 \cos(v)^2 (\cos(v) + \sin(v))$$

Der Fluss

$$\iint\limits_{(F)} \vec{v} \, d\vec{F} = \int_{u=0}^{2\pi} \int_{v=0}^{\pi/2} \vec{v}(\vec{r}(u,v)) \cdot (\vec{r}_u \times \vec{r}_v) \, dv \, du$$

ergibt sich daher zu
> int(int(%, v=0..Pi/2, u=0..2*Pi);

$$2\pi R^3$$

Die Masse M, die in zwei Zeiteinheiten durch die Oberfläche fließt, ist demnach

$$M = 2 \cdot 1 \cdot 2\pi R^3 = 4\pi R^3 \; . \qquad \square$$

MAPLE-Worksheets zu Kapitel 11

 Die folgenden elektronischen Arbeitsblätter stehen für Kapitel 11 mit MAPLE zur Verfügung.

- Doppelintegrale mit MAPLE
- Dreifachintegrale mit MAPLE
- Linienintegrale mit MAPLE
- Oberflächenintegrale mit MAPLE

11.6 Zusammenstellung der MAPLE-Befehle

Integrations-Befehle von MAPLE

int$(y, x = a..b)$ Berechnung des bestimmten Integrals $\int_a^b y\,dx$.
Int$(y, x = a..b)$ Inerte Form des **int**-Befehls: Das Integral wird symbolisch dargestellt.
value$(\text{Int}(y, x = a..b))$ Auswertung der inerten Form eines Integrals.
evalf$(\text{Int}(y, x = a..b))$ Numerische Berechnung des bestimmten Integrals.

I1:=**Int**$(f, x = g1(y)..g2(y))$
I2:=**Int**$(I1, y = b1..b2)$
value(I2)   Berechnung des Doppelintegrals

$$\int_{y=b_1}^{b_2} \int_{x=g_1(y)}^{g_2(y)} f\,dx\,dy.$$

I1:=**Int**$(f, z = g1(x,y)..g2(x,y))$
I2:=**Int**$(I1, y = h1(x)..h2(x))$
I3:=**Int**$(I2, x = a1..a2)$
value(I3)   Berechnung des Dreifachintegrals

$$\int_{x=a_1}^{a_2} \int_{y=h_1(x)}^{h_2(x)} \int_{z=g_1(x,y)}^{g_2(x,y)} f\,dz\,dy\,dx.$$

Neu erstellte Prozeduren

Drei_Int$(f, var1 = a..b, var2 = c..d, var3 = e..f)$
   Berechnung des Dreifachintegrals
$\int_e^f \left(\int_c^d \left(\int_a^b f\,dvar1 \right) dvar2 \right) dvar3$.

starr$(f, var1 = a..b, var2 = c..d, var3 = e..f,$ <kartesisch, zylinder, kugel>)
   Berechnung des Volumens, der Schwerpunktskoordinaten und der Trägheitsmomente von starren Körpern. Für kartesische Koordinaten müssen die Variablen $\{x, y, z\}$, für Zylinderkoordinaten $\{r, phi, z\}$ und für Kugelkoordinaten $\{r, theta, phi\}$ lauten.

Differentiation und Integration eines Vektorfeldes $\vec{v}(t)$

a:=**map**(diff, v, t)   Ableitung von $\vec{v}$ nach t.
s:=**map**(int, v, t)   Unbestimmtes Integral von $\vec{v}$ über t.
with(VectorCalculus)
ScalarPotential$(k, [x1,...,xn])$
   Prüft, ob das Vektorfeld $\vec{k}(x_1,...,x_n)$ ein Potenzial Φ besitzt mit $\vec{k} = grad\,\Phi$.

12. Gewöhnliche Differenzialgleichungen

12.1 Lösen von DG 1. Ordnung

In diesem Abschnitt behandeln wir das formale Lösen von Differenzialgleichungen 1. Ordnung mit MAPLE. Nicht nur *lineare* Differenzialgleichungen können explizit mit MAPLE gelöst werden, sondern auch *nichtlineare*, wenn z.B. die Methode der Trennung der Variablen anwendbar ist. Attraktiv ist das Lösen von Differenzialgleichungen mit MAPLE insbesondere dadurch, dass Parameter in der Differenzialgleichung enthalten sein dürfen und die Lösung in Abhängigkeit der Parameter angegeben wird.

> Der MAPLE-Befehl zum Lösen einer Differenzialgleichung DG mit Anfangsbedingung AB ist **dsolve**:
> **dsolve**($\{DG, AB\}, y(var)$):

Die Lösung der Differenzialgleichung $\boxed{y'(x) = k\,y(x)}$ erhält man durch
> dsolve(diff(y(x),x)=k ∗ y(x), y(x));

$$y(x) = e^{(k\,x)}\, \_C1$$

Da man als Problem nur eine Differenzialgleichung ohne Anfangsbedingung gestellt hat, enthält die Lösung einen freien Parameter, den MAPLE mit $\_C1$ einführt. Soll die Differenzialgleichung mit Anfangsbedingung $y(x_0) = y_0$ gelöst werden, so verwendet man **dsolve**($\{DG, y(x_0) = y_0\}, y(var)$):

> DG := diff(y(x),x)=k ∗ y(x):
> dsolve({DG, y(x0)=y0}, y(x));
> simplify(%);

$$y(x) = \frac{e^{(k\,x)}\, y0}{e^{(k\,x0)}}$$

$$y(x) = y0\, e^{(k\,(x-x0))}$$

⚠ **Achtung:** Man beachte, dass das Ergebnis des **dsolve**-Befehls eine Gleichung ist, in der die rechte Seite **nicht** $y(x)$ zugewiesen wird. Um mit dem Ergebnis weiter zu rechnen, muss die rechte Seite der Gleichung $y(x)$ erst als formaler Ausdruck durch **assign** zugeordnet werden.

> assign(%);
> y(x);

$$y0\, e^{(k\,(x-x0))}$$

Anwendungsbeispiel 12.1 (RL-Kreis mit Wechselspannung, mit MAPLE-Worksheet).

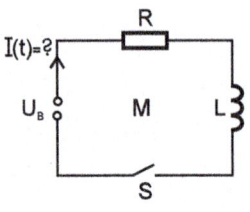

Abb. 12.1. RL-Kreis

Gegeben sei ein RL-Kreis mit anliegender Wechselspannung

$$U_b(t) = U_0 \sin(\omega t).$$

Nachdem zum Zeitpunkt $t = 0$ der Schalter S geschlossen wird, gilt für den Stromverlauf $I(t)$ die lineare Differenzialgleichung 1. Ordnung

$$L \frac{d}{dt} I(t) + R\, I(t) = U_0 \sin(\omega t) \quad \text{mit} \quad I(0) = 0.$$

In MAPLE bestimmt man die Lösung durch
> DG := L * diff(Ir(t),t) + R * Ir(t) = U0 * sin(omega * t):
> dsolve({DG,Ir(0)=0}, Ir(t)):
> normal(%);

$$Ir(t) = \frac{U0 \left(-L\omega \cos(\omega t) + \omega L\, e^{(-\frac{Rt}{L})} + R\sin(\omega t) \right)}{R^2 + \omega^2 L^2}.$$

Der zeitliche Verlauf des Stromes setzt sich zusammen aus einem exponentiell abklingenden und einem periodischen Term. Der exponentiell abklingende Anteil spiegelt den Einschwingvorgang wider und das Langzeitverhalten wird durch den periodischen Anteil bestimmt.

⚠ **Achtung:** Man beachte, dass bei der Definition der Differenzialgleichung mit MAPLE der Strom **nicht** mit I bezeichnet werden darf, da die imaginäre Einheit mit $I = \sqrt{-1}$ als systemvordefinierte Größe vorliegt (vgl. Kapitel 5)!□

Anwendungsbeispiel 12.2 (Newtonsches Abkühlungsgesetz, mit MAPLE-Worksheet).

Ein Körper mit Temperatur $T_0 > 20°$ befindet sich in einer Umgebung mit Temperatur $T_u = 20°$. Wie kühlt der Körper als Funktion der Zeit ab? Ist $T(t)$ die Temperatur des Körpers als Funktion der Zeit, so gilt nach dem Newtonschen Gesetz der Abkühlung, dass die zeitliche Rate der Temperaturänderung proportional zur Temperaturdifferenz zwischen Körper und Umgebung ist:

$$\frac{d}{dt} T(t) \sim T(t) - T_u$$

12.1 Lösen von DG 1. Ordnung

Führen wir eine Proportionalitätskonstante k ein, erhalten wir für die Temperatur des Körpers die lineare, inhomogene Differenzialgleichung

$$\frac{d}{dt}T(t) = -k\left(T(t) - T_u\right) \quad \text{mit} \quad T(0) = T_0.$$

Die Lösung für den Temperaturverlauf ist
> DG := diff(T(t),t) = -k * (T(t) -Tu):
> dsolve({DG,T(0)=T0}, T(t));

$$T(t) = Tu + e^{(-kt)}\left(-Tu + T0\right)$$

Gemessen wird, dass der Körper sich in 20 Minuten von 80° auf 60° abkühlt. Die Konstante k bestimmt sich damit aus
> assign(%):
> T1 := subs({Tu=20,T0=80,t=20},T(t));
> k := solve(T1=60,k);

$$T1 := 20 + 60\,e^{(-20\,k)}$$

$$k := -\frac{1}{20}\ln\left(\frac{2}{3}\right)$$

Im Folgenden zeichnen wir den Temperaturverlauf für verschiedene Anfangstemperaturen $T_0 = 80°, 60°, 40°$ in ein Diagramm:
> with(plots):
> graph1 := subs({Tu=20,T0=80},T(t)):
> graph2 := subs({Tu=20,T0=60},T(t)):
> graph3 := subs({Tu=20,T0=40},T(t)):
> t1 := textplot([[140,60,'T0=80'], [140,50,'T0=60'], [140,40,'T0=40']]):
> p1 := plot([graph1,graph2,graph3], t=0..160, title='Temperaturverlauf'):
> display({p1,t1});

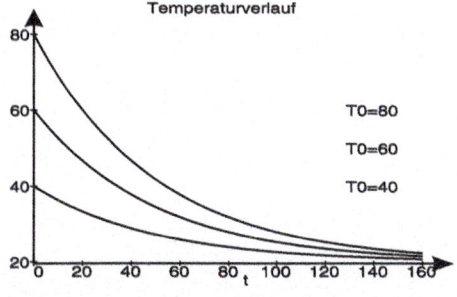

Abb. 12.2. Abkühlkurven

Alle Abkühlkurven nähern sich der Umgebungstemperatur $T_u = 20°$ an. Je höher die Temperatur, desto schneller ist der Abkühlvorgang. □

Anwendungsbeispiel 12.3 (Chemische Reaktion, mit MAPLE-Worksheet).

Eine **chemische Reaktion** zweiter Ordnung $A + B \to X$ lässt sich durch die nichtlineare Differenzialgleichung

$$\frac{d}{dt}x(t) = k\,(a - x(t))\,(b - x(t))$$

beschreiben, wenn die Anzahl der Moleküle vom Typ A bzw. B zu Beginn der Reaktion a bzw. b ($a > b$) und $x(t)$ die Anzahl der Reaktionsmoleküle X zum Zeitpunkt t sind (k: Reaktionskonstante). Wir suchen den zeitlichen Verlauf der Konzentration $x(t)$ für die Anfangsbedingung $x(0) = 0$:

> DG:=diff(x(t),t)=k*(a-x(t))*(b-x(t));

$$DG := \frac{d}{dt}x(t) = k\,(a - x(t))\,(b - x(t))$$

> dsolve({DG,x(0)=0}, x(t)):
> simplify(%);

$$x(t) = \frac{a\,b\,(-1 + e^{(t\,k\,(a-b))})}{-a + b\,e^{(t\,k\,(b-a))}}.$$

Für die Werte $a = 5$, $b = 2$ und $k = 0.5$ folgt der Zeitverlauf
> assign(%):
> x(t) := subs({a=5,b=2,k=0.5}, x(t)):
> plot(x(t), t=0..5, title= 'Chemische Reaktion');

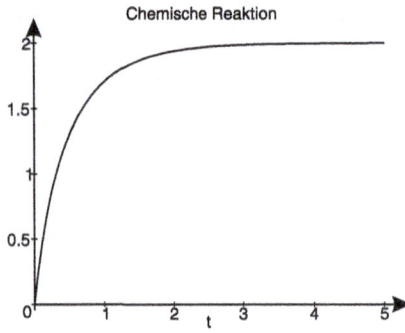

Abb. 12.3. Chemische Reaktion

Die Reaktion kommt zum Stillstand, wenn alle Moleküle vom Typ B reagiert haben. □

12.2 Lineare Differenzialgleichungssysteme

12.2.1 Homogene LDGSysteme

Das Lösen von homogenen LDGS

$$\vec{y}\,'(t) = A\,\vec{y}(t)$$

reduziert sich vollständig auf die Analyse der Matrix A. Denn setzen wir den Ansatz $\vec{y}(t) = \vec{x}\,e^{\lambda t}$ in die Differenzialgleichung ein, erhält man

$$\vec{x}\,e^{\lambda t}\,\lambda = A\,\vec{x}\,e^{\lambda t}$$

bzw. $A\,\vec{x} = \lambda\,\vec{x}$. Für jedes Paar $\vec{x}, \lambda$, welches diese Gleichung erfüllt, erhält man durch $\vec{y}(t) = \vec{x}\,e^{\lambda t}$ eine Lösung der Differenzialgleichung. Grundlage bilden also die folgenden Begriffe:

> **Definition:** Sei A eine $(n \times n)$-Matrix und $\vec{x}$ ein Vektor $\vec{x} \neq \vec{0}$. Dann heißt $\vec{x}$ **Eigenvektor** von A, wenn es eine komplexe Zahl λ gibt mit
>
> $$A\,\vec{x} = \lambda\,\vec{x}.$$
>
> λ heißt dann **Eigenwert** von A zum Eigenvektor $\vec{x}$.

Visualisierung: Auf der Homepage befindet sich eine Animation, um Eigenwerte und Eigenvektoren für (2×2)-Matrizen graphisch zu ermitteln. Mit der zugehörigen MAPLE-Prozedur können beliebige (2×2)-Matrizen gewählt werden.

Die Berechnung der Eigenvektoren und Eigenwerte einer Matrix erfolgt in zwei Schritten.

(1) Zunächst werden die Eigenwerte einer Matrix A bestimmt: Ist A eine $(n \times n)$-Matrix, dann ist

$$P(\lambda) := \det(A - \lambda\,I_n)$$

das **charakteristische Polynom**. Die Nullstellen des charakteristischen Polynoms sind die Eigenwerte der Matrix A.

(2) Zu jedem Eigenwert λ_i werden Eigenvektoren $\vec{x}_i$ bestimmt, indem man das LGS

$$(A - \lambda\,I_n)\,\vec{x}_i = 0$$

löst.

Allgemein gilt

> **Satz:** Besitzt die $(n \times n)$-Matrix A eine Basis von Eigenvektoren $\vec{x}_1, \vec{x}_2,$ ..., $\vec{x}_n$ zu den Eigenwerten $\lambda_1, \ldots, \lambda_n \in \mathbb{C}$, so bilden die Vektorfunktionen
>
> $$\boxed{\vec{\varphi}_k(t) = \vec{x}_k\, e^{\lambda_k\, t}} \qquad (k = 1, \ldots, n)$$
>
> ein Lösungs-Fundamentalsystem des homogenen LDGS
>
> $$\vec{y}'(t) = A\,\vec{y}(t)\ .$$

❯ 12.2.2 Eigenwerte und Eigenvektoren

Zur Berechnung des Eigenwertproblems stehen in MAPLE die Befehle **CharacteristicPolynomial**, **Eigenvalues** und **Eigenvectors** zur Verfügung. Sie befinden sich im **LinearAlgebra**-Paket, das hierfür geladen werden muss.

Beispiel 12.4. Gesucht sind die Eigenwerte und Eigenvektoren der Matrix

$$A := \begin{pmatrix} 3 & 1 & 1 \\ 1 & 3 & -1 \\ 0 & 0 & 4 \end{pmatrix}$$

> with(LinearAlgebra):
> A:=Matrix([[3, 1, 1], [1, 3, -1], [0, 0, 4]]):

Das charakteristische Polynom ist in MAPLE als $\det(\lambda I - A)$ festgelegt. Damit ist es bis auf das Vorzeichen mit unserer Notation gleich. Die Eigenwerte ändern sich aber durch diese Festlegung nicht! Das charakteristische Polynom wird bestimmt durch den Befehl **CharacteristicPolynomial**

> P(lambda) := CharacteristicPolynomial(A, lambda);

$$P(\lambda) := \lambda^3 - 10\,\lambda^2 + 32\,\lambda - 32$$

Die Eigenwerte sind die Nullstellen des charakteristischen Polynoms. Mit dem **solve**-Befehl lösen wir $P(\lambda) = 0$:

> solve(P(lambda)=0, lambda);

$$2,\ 4,\ 4$$

und finden 2 als einfache und 4 als doppelte Nullstelle.

12.2 Lineare Differenzialgleichungssysteme

⚠ **Achtung:** Sind die Nullstellen des charakteristischen Polynoms keine ganzen oder gebrochenrationalen Zahlen, verwendet man zur Lösung von $P(\lambda) = 0$ besser den **fsolve**-Befehl mit der Option '**complex**'. Dann werden **alle** n Nullstellen des charakteristischen Polynoms näherungsweise bestimmt:
> fsolve(P(lambda)=0, lambda, complex);

Die zugehörigen Eigenvektoren bestimmt man durch Lösen des homogenen linearen Gleichungssystems $(A - \lambda I)\,\vec{x} = \vec{0}$ mit dem **LinearSolve**-Befehl
> LinearSolve(A-2, <0, 0, 0>);

$$\left[-\_t_1,\ \_t_1,\ 0\right]$$

Ein zum Eigenwert $\lambda = 2$ gehörender Eigenvektor ist dann z.B.
> x1:=subs(_t[1]=1, %);

$$x1 := \left[-1,\ 1,\ 0\right]$$

Zum Eigenwert $\lambda = 4$ gehörende Eigenvektoren sind die Lösungen der Gleichung $(A - 4I)\,\vec{x} = \vec{0}$.

Alternativ können die **Eigenvalues**- und **Eigenvectors**-Befehle verwendet werden. Die Berechnung der Eigenwerte erfolgt dann direkt mit **Eigenvalues**
> Eigenvalues(A);

$$2,\ 4,\ 4$$

und die der Eigenvektoren mit **Eigenvectors**
> e:=Eigenvectors(A, output=list);

$$e := \left[\,2,\ 1,\ \{[1,\ -1,\ 0]\}\,\right],\ \left[\,4,\ 2,\ \{[1,\ 1,\ 0],\ [1,\ 0,\ 1]\}\,\right]$$

Das Ergebnis von **Eigenvectors** besteht aus einer Sequenz von Listen. Jede Liste hat den Aufbau: Eigenwert, Vielfachheit, Basis des Eigenraumes.

Der Eigenwert 2 hat die Vielfachheit 1 und der zugehörige Eigenvektor ist
> x1:=e[1] [3] [1];

$$x1 := \left[1,\ -1,\ 0\right]$$

e[1] [3] [1] wird von Innen nach Außen gelesen: Wähle die 1. Komponente der Sequenz e, also [2, 1, {[1 -1 0]}]. Davon nehme die 3. Stelle, e[1] [3] = {[1, -1, 0]} und selektiere das erste Element [1, -1, 0]. Analog erhält man zwei linear unabhängige Eigenvektoren zum Eigenwert 4 durch
> x2:=e[2] [3] [1];
> x3:=e[2] [3] [2];

$$x2 := \left[1,\ 1,\ 0\right],\quad x3 := \left[1,\ 0,\ 1\right] \qquad \square$$

Anwendungsbeispiel 12.5 (Gekoppelte Pendel mit Reibung mit MAPLE-Worksheet).

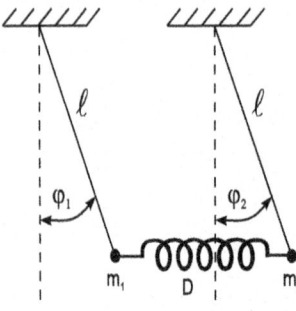

Zwei Fadenpendel der Länge l, an deren Ende jeweils eine Masse m_1 bzw. m_2 hängt, werden durch eine Feder mit Federkonstanten D gekoppelt (siehe Abb. 12.4). Die beiden Massen werden um den Winkel $\varphi_1(t_0)$ bzw. $\varphi_2(t_0)$ ausgelenkt. Gesucht sind die Auslenkungen $\varphi_1(t)$ und $\varphi_2(t)$ der Massen m_1 und m_2 zu Zeiten $t > t_0$.

Abb. 12.4. Gekoppelte Pendel

Um die Modellgleichungen für das System zu erhalten, berücksichtigen wir,

— dass über die Gewichtskraft eine beschleunigende Kraft ausgeht, die für kleine Auslenkungen durch $-m_i\, g\, \varphi_i(t)$ gegeben ist,
— dass die Federeinwirkung proportional zur Relativauslenkung $l\,(\varphi_2(t) - \varphi_1(t))$ der Feder ist,
— dass während der Bewegung auf die Massen eine Reibungskraft proportional zur Geschwindigkeit wirkt $-\gamma\, l\, \dot{\varphi}_i(t)$ mit dem Reibungskoeffizienten γ.

Damit lauten die Bewegungsgleichungen für kleine Auslenkungen φ_1 und φ_2:

$$m_1 l\, \ddot{\varphi}_1(t) = -m_1\, g\, \varphi_1(t) - \gamma\, l\, \dot{\varphi}_1(t) + D\, l\, (\varphi_2(t) - \varphi_1(t))$$
$$m_2 l\, \ddot{\varphi}_2(t) = -m_2\, g\, \varphi_2(t) - \gamma\, l\, \dot{\varphi}_2(t) + D\, l\, (\varphi_1(t) - \varphi_2(t)), \qquad (*)$$

Dies ist ein LDGS **zweiter** Ordnung für die Winkelauslenkungen $\varphi_1(t)$ und $\varphi_2(t)$. Wir reduzieren dieses System von zwei Differenzialgleichungen 2. Ordnung auf ein System von vier Differenzialgleichungen 1. Ordnung. Dazu führen wir die zu $\varphi_1(t)$ und $\varphi_2(t)$ gehörenden Winkelgeschwindigkeiten $\dot{\varphi}_1(t)$ und $\dot{\varphi}_2(t)$ als zusätzliche Größen ein. Zur übersichtlicheren Darstellung setzen wir

$$y_1(t) = \varphi_1(t)$$
$$y_2(t) = \dot{\varphi}_1(t)$$
$$y_3(t) = \varphi_2(t)$$
$$y_4(t) = \dot{\varphi}_2(t).$$

Differenzieren wir diese vier Funktionen $y_i(t)$, so gilt mit $(*)$:

$$\dot{y}_1(t) = \dot{\varphi}_1(t) \;=\; y_2(t)$$

$$\begin{aligned}\dot{y}_2(t) = \ddot{\varphi}_1(t) &= -\tfrac{g}{l}\varphi_1(t) - \tfrac{\gamma}{m_1}\dot{\varphi}_1(t) + \tfrac{D}{m_1}(\varphi_2(t) - \varphi_1(t)) \\ &= -\tfrac{g}{l}y_1(t) - \tfrac{\gamma}{m_1}y_2(t) + \tfrac{D}{m_1}(y_3(t) - y_1(t))\end{aligned}$$

12.2 Lineare Differenzialgleichungssysteme

$$\dot{y}_3(t) = \dot{\varphi}_2(t) = y_4(t)$$

$$\begin{aligned}\dot{y}_4(t) = \ddot{\varphi}_2(t) &= -\frac{g}{l}\varphi_2(t) - \frac{\gamma}{m_2}\dot{\varphi}_2(t) + \frac{D}{m_2}(\varphi_1(t) - \varphi_2(t)) \\ &= -\frac{g}{l}y_3(t) - \frac{\gamma}{m_2}y_4(t) + \frac{D}{m_2}(y_1(t) - y_3(t)).\end{aligned}$$

Definieren wir die Vektorfunktion $\vec{y}(t) := \begin{pmatrix} y_1(t) \\ y_2(t) \\ y_3(t) \\ y_4(t) \end{pmatrix}$ mit $\vec{y}'(t) = \begin{pmatrix} \dot{y}_1(t) \\ \dot{y}_2(t) \\ \dot{y}_3(t) \\ \dot{y}_4(t) \end{pmatrix}$

als die Ableitung, so lässt sich obiges LDGS in Vektornotation schreiben als

$$\vec{y}'(t) = \begin{pmatrix} 0 & 1 & 0 & 0 \\ -\frac{g}{l}-\frac{D}{m_1} & -\frac{\gamma}{m_1} & \frac{D}{m_1} & 0 \\ 0 & 0 & 0 & 1 \\ \frac{D}{m_2} & 0 & -\frac{g}{l}-\frac{D}{m_2} & -\frac{\gamma}{m_2} \end{pmatrix} \begin{pmatrix} y_1(t) \\ y_2(t) \\ y_3(t) \\ y_4(t) \end{pmatrix} = A\,\vec{y}(t)\,.$$

Mit der Matrix A stellt sich obiges Problem abgekürzt dar als $\boxed{\vec{y}'(t) = A\,\vec{y}(t)}$, wenn $\varphi_1(t)$ und $\dot{\varphi}_1(t)$ die Winkelauslenkung bzw. Winkelgeschwindigkeit der ersten Masse und $\varphi_2(t)$ und $\dot{\varphi}_2(t)$ die der zweiten. Zur Vereinfachung setzen wir im Folgenden die beiden Massen gleich ($m = m_1 = m_2$).

⚠ **Achtung:** Man beachte, dass bei der Definition der Matrix A in MAPLE die Federkonstante nicht mit D bezeichnet werden darf, da **D** für den Ableitungsoperator steht.

> with(LinearAlgebra):
> A:= Matrix ([[0, 1, 0, 0], [-g/l-d/m, -gamma/m, d/m, 0],
>   [0, 0, 0, 1], [d/m, 0, -g/l-d/m, -gamma/m]]):

Die Eigenwerte von A sind
> lambda:=Eigenvalues(A, output=list);

$$\lambda := \frac{1}{2}\frac{-l\gamma + \sqrt{l^2\gamma^2 - 4m^2lg}}{ml},\ \frac{1}{2}\frac{-l\gamma - \sqrt{l^2\gamma^2 - 4m^2lg}}{ml},$$

$$\frac{1}{2}\frac{-l\gamma + \sqrt{l^2\gamma^2 - 4m^2lg - 8mdl^2}}{ml},\ \frac{1}{2}\frac{-l\gamma - \sqrt{l^2\gamma^2 - 4m^2lg - 8mdl^2}}{ml}$$

Anhand der Ausdrücke erkennt man, dass für

$$\gamma < 2m\sqrt{\frac{g}{l}} \quad \text{bzw.} \quad \gamma < 2m\sqrt{\frac{g}{l} + 2\frac{D}{m}}$$

die Terme in den Wurzeln negativ werden und dadurch die Eigenwerte komplexe Zahlen sind. Während der Befehl **Eigenvectors**(A) keine brauchbaren Informationen liefert, die Eigenvektoren also nicht berechnet werden, können wir durch explizites Lösen der linearen Gleichungssysteme $(A - \lambda_i I_4)\,\vec{x} = 0$ dennoch die Eigenvektoren zu den Eigenwerten bestimmen

12. Gewöhnliche Differenzialgleichungen

> LinearSolve(A-lambda[1], <0, 0, 0, 0>);

$$\left[t_-[1] \, , \, \frac{1}{2} \frac{\left(-l\,\gamma + \sqrt{l^2\,\gamma^2 - 4\,m^2\,l\,g} \right) t_-[1]}{m\,l} \, , \, t_-[1] \, , \, \frac{1}{2} \frac{\left(-l\,\gamma + \sqrt{l^2\,\gamma^2 - 4\,m^2\,l\,g} \right) t_-[1]}{m\,l} \right]$$

Für $t_-[1] = 1$ lautet ein Eigenvektor $\vec{x}_1$ zum Eigenwert λ_1

$$\vec{x}_1 = (1, \lambda_1, 1, \lambda_1) \; .$$

Analog erhält man Eigenvektoren $\vec{x}_2$, $\vec{x}_3$ und $\vec{x}_4$ zu den Eigenwerten λ_2, λ_3, λ_4:

$$\vec{x}_2 = (1, \lambda_2, 1, \lambda_2),$$
$$\vec{x}_3 = (-1, -\lambda_3, 1, \lambda_3),$$
$$\vec{x}_4 = (-1, -\lambda_4, 1, \lambda_4).$$

Vergleicht man die erste und dritte Komponente der jeweiligen Eigenvektoren (sie repräsentieren die Amplituden φ_1 und φ_2), erkennt man, dass für $\vec{x}_1$ und $\vec{x}_2$ die Pendel φ_1 und φ_2 gleichphasig und für $\vec{x}_3$ und $\vec{x}_4$ gegenphasig schwingen. Das komplexe Fundamentalsystem ist somit gegeben durch

$$\vec{x}_1 e^{\lambda_1 t}, \quad \vec{x}_2 e^{\lambda_2 t}, \quad \vec{x}_3 e^{\lambda_3 t}, \quad \vec{x}_4 e^{\lambda_4 t} \; .$$

Zur graphischen Darstellung des Schwingungsvorgangs wählen wir
> Gamma:=0.05: l:=2: d:=0.2: m:=1: g:=10:
> A := Matrix([[0,1,0,0], [-g/l-d/m,-Gamma/m,d/m,0], [0,0,0,1],
>   [d/m,0, -g/l-d/m,-Gamma/m]]);

$$A := \begin{bmatrix} 0 & 1 & 0 & 0 \\ -5.2 & -.05 & .2 & 0 \\ 0 & 0 & 0 & 1 \\ .2 & 0 & -5.2 & -.05 \end{bmatrix}$$

Die Eigenwerte und Eigenvektoren werden nun mit dem **Eigenvectors**-Befehl bestimmt. Zur übersichtlicheren Zahlendarstellung geben wir nur vier Nachkommastellen an.
> e3 := Eigenvectors(A, output=list): evalf(e3, 4);

$[-.02506 + 2.327\,I, 1, \{[$
$\quad -.3145 + .00289\,I\,,\; .00116 - .730\,I\,,\; .3063 - .00281\,I\,,\; -.00113 + .7125\,I\,]\}],$
$[-.02506 - 2.327\,I, 1, \{[$
$\quad -.3145 - .00289\,I\,,\; .00116 + .730\,I\,,\; .3063 + .00281\,I\,,\; -.00113 - .7125\,I\,]\}],$
$[-.0250 + 2.237\,I, 1, \{[$
$\quad .3116 - .01164\,I\,,\; .01823 + .6985\,I\,,\; .3082 - .01152\,I\,,\; .01803 + .6902\,I\,]\}],$
$[-.0250 - 2.237\,I, 1, \{[$
$\quad .3116 + .01164\,I\,,\; .01823 - .6985\,I\,,\; .3082 + .01152\,I\,,\; .01803 - .6902\,I\,]\}]$

Da die Eigenwerte jeweils paarweise komplex konjugiert auftreten, erhalten wir aus dem zunächst komplexen Fundamentalsystem ein reelles, indem wir zu den folgenden Linearkombinationen übergehen:

$$\vec{y}_1(t) = \frac{1}{2}(\vec{x}_1\, e^{\lambda_1 t} + \vec{x}_2\, e^{\lambda_2 t}) \quad \text{und} \quad \vec{y}_2(t) = \frac{1}{2i}(\vec{x}_1\, e^{\lambda_1 t} - \vec{x}_2\, e^{\lambda_2 t})$$

```
> y1 := t -> 1/2 * (e3[1][3][1] * exp(e3[1][1] * t)
>                             + e3[2][3][1] * exp(e3[2][1] * t)):
> y2 := t -> 1/(2 * I) * (e3[1][3][1] * exp(e3[1][1] * t)
>                             - e3[2][3][1] * exp(e3[2][1] * t)):
> evalc(y1(t)[1]);
```

$$-.3146\, e^{(-.02506\, t)} \cos(2.327\, t) - .002892\, e^{(-.02506\, t)} \sin(2.327\, t)$$

Analog wird $\vec{y}_3(t)$ und $\vec{y}_4(t)$ aus $\vec{x}_3\, e^{\lambda_3 t}$ und $\vec{x}_4\, e^{\lambda_4 t}$ gebildet. Die allgemeine reelle Lösung lautet dann

$$\vec{y}(t) = c_1\, \vec{y}_1(t) + c_2\, \vec{y}_2(t) + c_3\, \vec{y}_3(t) + c_4\, \vec{y}_4(t)$$

bzw. in den einzelnen Komponenten

```
> Phi1 := evalc( c1 * y1(t)[1] + c2 * y2(t)[1] + c3 * y3(t)[1] + c4 * y4(t)[1]):
> Phi1 := unapply(Phi1,t):
> Phi2 := evalc( c1 * y1(t)[3] + c2 * y2(t)[3] + c3 * y3(t)[3] + c4 * y4(t)[3]):
> Phi2 := unapply(Phi2,t):
```

Entsprechend bildet man Phi1s aus der zweiten Komponente von $\vec{y}(t)$ und Phi2s aus der vierten Komponente. Um das Anfangswertproblem zu lösen, muss man noch die Anfangsbedingungen berücksichtigen:

```
> Phi10:=-0.1: Phi20:=0.: Omega10:=0.: Omega20:=0:
```

legen ein lineares Gleichungssystem für die vier Konstanten c_1, c_2, c_3, c_4 fest, das mit dem **solve**-Befehl gelöst wird:

```
> eq1 := Phi1(0) = Phi10:      eq2 := Phi2(0) = Phi20:
> eq3 := Phi1s(0) = Omega10:   eq4 := Phi2s(0) = Omega20:
> sol:=solve( {eq1,eq2,eq3,eq4}, {c1,c2,c3,c4});
> assign(sol);
```

$$sol := \{\, c3 = -.1591,\ c1 = .1602,\ c4 = -.004156,\ c2 = .000258 \,\}$$

Mit dem **plot**-Befehl erhält man den zeitlichen Verlauf der Lösung $\varphi_1(t)$
```
> plot(Phi1(t), t=0..150, numpoints=1500);
```

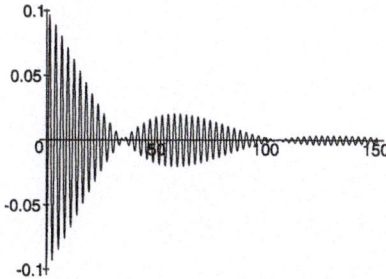

Abb. 12.5. Schwebung beim Doppelpendel mit Reibung

12.2.3 Berechnung inhomogener LDGSysteme

Die Berechnung spezieller Lösungen bzw. der Lösung eines inhomogenen LDGS

$$\vec{y}'(t) = A\,\vec{y}(t) + \vec{f}(t)$$

mit Anfangsbedingung $\vec{y}(t_0) = (y_1(t_0), \ldots, y_n(t_0))$ erfolgt in zwei Schritten:

(1.) Sei $(\vec{\varphi}_1(t), \vec{\varphi}_2(t), \ldots, \vec{\varphi}_n(t))$ ein Lösungs-Fundamentalsystem des homogenen Problems, d.h.

$$\vec{\varphi}_i'(t) = A\,\vec{\varphi}_i(t) \qquad (i = 1, \ldots, n) \ . \qquad (*)$$

Man beachte, dass die Lösungsvektorfunktion $\vec{\varphi}_i(t)$ aus n Komponenten $\vec{\varphi}_i(t) = (\varphi_{1i}(t), \varphi_{2i}(t), \ldots, \varphi_{ni}(t))^t$ besteht! Aus den n Basisfunktionen $\vec{\varphi}_1(t), \ldots, \vec{\varphi}_n(t)$ bilden wir die Matrix

$$\Phi(t) := (\vec{\varphi}_1(t), \ldots, \vec{\varphi}_n(t)),$$

deren Spalten aus den Basisfunktionen gebildet werden:

$$\Phi(t) = \begin{pmatrix} \varphi_{11}(t) & \varphi_{12}(t) & \cdots & \varphi_{1n}(t) \\ \varphi_{21}(t) & \varphi_{22}(t) & \cdots & \varphi_{2n}(t) \\ \vdots & \vdots & & \vdots \\ \varphi_{n1}(t) & \varphi_{n2}(t) & \cdots & \varphi_{nn}(t) \end{pmatrix}.$$

Damit ist $\Phi(t)$ eine quadratische, invertierbare $(n \times n)$-Matrix, denn

$$\det(\Phi(t)) = \det(\vec{\varphi}_1(t), \ldots, \vec{\varphi}_n(t)) \neq 0,$$

da das Fundamentalsystem $\vec{\varphi}_1, \ldots, \vec{\varphi}_n$ linear unabhängig ist.

(2.) Wie man durch direktes Differenzieren und Einsetzten in die DG nachprüfen kann, ist die Lösung des inhomogenen Problems dann

$$\Rightarrow \vec{y}(t) = \underbrace{\Phi(t)\,\vec{c}}_{\text{homogene Lösung}} + \underbrace{\Phi(t) \int_{t_0}^{t} \Phi^{-1}(\xi)\,\vec{f}(\xi)\,d\xi}_{\text{eine spezielle Lösung}}.$$

Der konstante Vektor $\vec{c} = (c_1, \ldots, c_n)^t$ muss so gewählt werden, dass die Vektorgleichung $\vec{y}(t_0) = \Phi(t_0)\,\vec{c} = c_1\vec{\varphi}_1(t_0) + \ldots + c_n\vec{\varphi}_n(t_0)$ erfüllt wird.

Anwendungsbeispiel 12.6 (Schwingung einer Karosserie, mit MAPLE-Worksheet).

Die Idee zu diesem Beispiel stammt aus dem Lehrbuch von Brauch, Dreyer, Haacke; Mathematik für Ingenieure, Teubner Verlag, Stuttgart, 1990, S. 588ff.

Ein Kraftfahrzeug überfährt eine Schwelle der Höhe h. Es sind die Schwingungen $x_1(t)$ der Karosserie zu untersuchen. Das System kann näherungsweise durch Abb. 12.6 dargestellt werden.

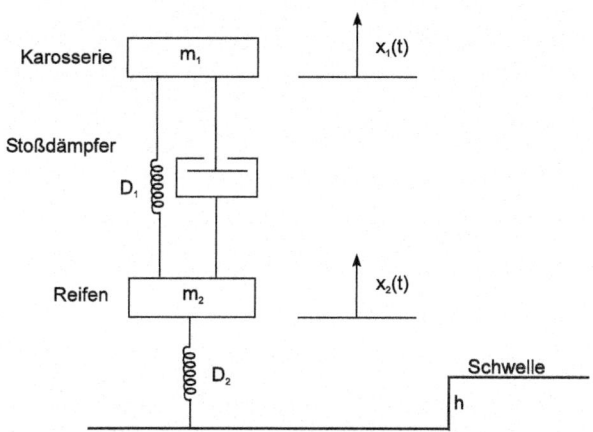

Abb. 12.6. Schwingungen einer Karosserie

Wegen der Relativbewegungen der beiden Massen entsteht ein inhomogenes, lineares Differenzialgleichungssystem

$$m_1 \ddot{x}_1(t) + \gamma (\dot{x}_1(t) - \dot{x}_2(t)) + D_1 (x_1(t) - x_2(t)) = 0$$

$$m_2 \ddot{x}_2(t) + \gamma (\dot{x}_2(t) - \dot{x}_1(t)) + D_1 (x_2(t) - x_1(t)) + D_2 (x_2(t) - h) = 0 \ .$$

Die Anfangsbedingungen sind dabei

$$x_1(0) = x_2(0) = 0, \quad \dot{x}_1(t) = \dot{x}_2(t) = 0 \ .$$

Setzen wir $y_1(t) = x_1(t)$, $y_2(t) = \dot{x}_1(t)$, $y_3(t) = x_2(t)$, $y_4(t) = \dot{x}_2(t)$ erhalten wir ein LDGS 1. Ordnung:

$$\vec{y}\,'(t) = \begin{pmatrix} y_1'(t) \\ y_2'(t) \\ y_3'(t) \\ y_4'(t) \end{pmatrix} = \begin{pmatrix} \dot{x}_1(t) \\ \ddot{x}_1(t) \\ \dot{x}_2(t) \\ \ddot{x}_2(t) \end{pmatrix} =$$

12. Gewöhnliche Differenzialgleichungen

$$= \begin{pmatrix} y_2(t) \\ -\frac{\gamma}{m_1} y_2(t) + \frac{\gamma}{m_1} y_4(t) - \frac{D_1}{m_1} y_1(t) + \frac{D_1}{m_1} y_3(t) \\ y_4(t) \\ -\frac{\gamma}{m_2} y_4(t) + \frac{\gamma}{m_2} y_2(t) - \frac{D_1}{m_2} y_3(t) + \frac{D_1}{m_2} y_1(t) - \frac{D_2}{m_2} y_3(t) \end{pmatrix} + \begin{pmatrix} 0 \\ 0 \\ 0 \\ \frac{D_2}{m_2} \cdot h \end{pmatrix}$$

$$\Rightarrow \vec{y}'(t) = \begin{pmatrix} 0 & 1 & 0 & 0 \\ -\frac{D_1}{m_1} & -\frac{\gamma}{m_1} & \frac{D_1}{m_1} & \frac{\gamma}{m_1} \\ 0 & 0 & 0 & 1 \\ \frac{D_1}{m_2} & \frac{\gamma}{m_2} & -\frac{D_1+D_2}{m_2} & -\frac{\gamma}{m_2} \end{pmatrix} \vec{y}(t) + \begin{pmatrix} 0 \\ 0 \\ 0 \\ \frac{D_2}{m_2} \cdot h \end{pmatrix}$$

kurz:

$$\vec{y}'(t) = A\vec{y}(t) + \vec{f}(t) \ .$$

Die Lösung dieses Problems mit verschwindenden Anfangsbedingungen ist nach der allgemeinen Lösungsformel für inhomogene Probleme gegeben durch

$$\vec{y}(t) = \Phi(t) \int_0^t \Phi^{-1}(\xi) \, \vec{f}(\xi) \, d\xi \ , \qquad (*)$$

wenn die Spalten der Matrix $\Phi(t) = (\vec{\varphi}_1(t) \, , \, \ldots, \vec{\varphi}_4(t))$ aus einem Fundamentalsystem von $\vec{y}'(t) = A\vec{y}(t)$ bestehen und $\vec{f} = (0, \ 0, \ 0, \ \frac{D_2}{m_2} \cdot h)^t$.

Die Nullstellen des charakteristischen Polynoms der Matrix A können für allgemeine Parameter nicht berechnet werden:

> with(LinearAlgebra):
> A := Matrix([[0,1,0,0], [-D1/m1,-Gamma/m1,D1/m1,Gamma/m1], [0,0,0,1],
>   [D1/m2,Gamma/m2,-(D1+D2)/m2,-Gamma/m2]]);
> cp := CharacteristicPolynomial(A,lambda):
> cp := sort(cp);

$$A := \begin{bmatrix} 0 & 1 & 0 & 0 \\ -\frac{D1}{m1} & -\frac{\Gamma}{m1} & \frac{D1}{m1} & \frac{\Gamma}{m1} \\ 0 & 0 & 0 & 1 \\ \frac{D1}{m2} & \frac{\Gamma}{m2} & -\frac{D1+D2}{m2} & -\frac{\Gamma}{m2} \end{bmatrix}$$

$cp := (\lambda^4 \, m1 \, m2 + \lambda^3 \, \Gamma \, m1 + \lambda^3 \, \Gamma \, m2 + \lambda^2 \, D1 \, m1 + \lambda^2 \, D1 \, m2 + \lambda^2 \, m1 \, D2$
$+ \, \lambda \, \Gamma \, D2 + \, D1 \, D2) \, / \, (\, m1 \ m2\,)$

Wir werden daher für spezielle Parameter D_1, D_2, m_1, m_2 und γ mit MAPLE ein Lösungs-Fundamentalsystem berechnen und anschließend die Matrix $\Phi(t)$ aufstellen, um Formel $(*)$ anwenden zu können.

> m1:=1000: m2:=50: D1:=40000: D2:=50000: Gamma:=16000: h:=0.01:

12.2 Lineare Differenzialgleichungssysteme

> A;

$$A := \begin{bmatrix} 0 & 1 & 0 & 0 \\ -40.00000000 & -16.00000000 & 40.00000000 & 16.00000000 \\ 0 & 0 & 0 & 1 \\ 800.0000000 & 320.0000000 & -1800.000000 & -320.0000000 \end{bmatrix}$$

Zur übersichtlicheren Gestaltung geben wir im Folgenden die Eigenwerte und Eigenvektoren nur mit einer Genauigkeit von 4 Dezimalstellen aus.

> e := evalf(Eigenvectors(A, output=list), 4);

$$\begin{aligned} e := \quad & [-2.993, 1, \{[.009493, -.02828, -.001683, .00504]\}], \\ & [-1.226 + 6.262\,I, 1, \{[-.004443 - .009036\,I, \\ & \quad .06181 - .01657\,I\,, -.0004444 - .008458\,I, .05343 + .0076\,I]\}], \\ & [-1.226 - 6.262\,I, 1, \{[-.004443 + .009036\,I, \\ & \quad .06181 + .01657\,I, -.0004444 + .008458\,I, .05343 - .0076\,I]\}], \\ & [-330.5, 1, \{[.0001435, -.04830, -.002896, .9576]\}] \end{aligned}$$

Damit haben wir die vier Eigenwerte der Matrix -330.5, -2.993, $-1.226 + 6.262\,i$, $-1.226 - 6.262\,i$ mit der Vielfachheit 1 gefunden. Der MAPLE-Befehl **Eigenvectors** berechnet die vier Eigenwerte numerisch, daher sind auch die Eigenvektoren nur näherungsweise bekannt! Ein Lösungs-Fundamentalsystem lautet dann

$$\vec{x}_1\,e^{\lambda_1 t}\,,\quad \vec{x}_2\,e^{\lambda_2 t}\,,\quad \vec{x}_3\,e^{\lambda_3 t}\,,\quad \vec{x}_4\,e^{\lambda_4 t}\,.$$

Aus diesem Fundamentalsystem bilden wir die Matrix $\Phi(t)$:
> Phi := Matrix([(e[1][3][1] * exp(e[1][1] * t)) ,
>   (e[2][3][1] * exp(e[2][1] * t)) ,
>   (e[3][3][1] * exp(e[3][1] * t)),
>   (e[4][3][1] * exp(e[4][1] * t))]):

Die Inverse berechnet man mit dem **MatrixInverse**-Befehl
> PhiInv := MatrixInverse(Phi):

Definieren wir nun die rechte Seite des LDGS
> f := <0,0,0,h * D2/m2>:
> #f:=<0,0,0,D2/m2 * (0.005 * sin(1/2 * Pi * v0 * t))>;

können wir die Matrix-Vektor-Multiplikation $\Phi^{-1}(t)\,\vec{f}(t)$ mit dem .-Operator ausführen. Die Variable t wird durch ξ ersetzt

12. Gewöhnliche Differenzialgleichungen

> (PhiInv . f): v1:=subs(t=xi,%);

$$v1 := \left[\frac{-.5598 - .00007486\, I}{e^{(-2.993\,\xi)}}, \frac{3.321 + 1.846\, I}{e^{((-1.226+6.262\, I)\,\xi)}}, \frac{3.321 - 1.846\, I}{e^{((-1.226-6.262\, I)\,\xi)}},\right.$$
$$\left.\frac{10.09 - .0004177\, I}{e^{(-330.5\,\xi)}}\right]$$

und über ξ integriert. Das Zwischenergebnis ist der Vektor
> yz := map (int, v1, xi=0..t);

$$yz := \left[\frac{-.1870 - .00002501\, I}{e^{(-2.993\,t)}} + .1870 + .00002501\, I,\right.$$
$$(-.1839 + .5663\, I)\, e^{((1.226-6.262\, I)\,t)} + .1839 - .5663\, I,$$
$$(-.1839 - .5663\, I)\, e^{((1.226+6.262\, I)\,t)} + .1839 + .5663\, I,$$
$$\left.\frac{.03053 - .1264\, 10^{-5}\, I}{e^{(-330.5\,t)}} - .03053 + .1264\, 10^{-5}\, I\right]$$

⚠ **Achtung:** Man beachte, dass vektorwertige Funktionen nicht direkt mit dem **int**-Befehl integriert werden können. Daher muss entweder die Integration für jede einzelne Komponente des Vektors $\vec{v}_1$ durchgeführt werden oder man verwendet den Abbildungsoperator **map**, um den **int**-Befehl auf jede Komponente des Vektors anzuwenden.

Der Lösungsvektor $\vec{Y}(t)$ folgt durch Multiplikation von $\Phi(t)$ mit $y_z(t)$:
> Y:=(Phi . yz):

Von dem Lösungsvektor ist für die Diskussion nur die erste Komponente von Interesse, da die Auslenkung der Karosserie $x_1(t) = Y_1(t)$:
> evalc(Y[1]):
> x1:=simplify(%);

$$x1 := .01010 + .001775\, e^{(-2.993\,t)} - .01187\, e^{(-1.226\,t)}\, \cos(6.262\,t)$$
$$- .001708\, e^{(-1.226\,t)} \sin(6.262\,t) - .4381\, 10^{-5}\, e^{(-330.5\,t)} - .2376\, 10^{-6}\, I$$
$$+ .2374\, 10^{-6}\, I\, e^{(-2.993\,t)} + .1814\, 10^{-9}\, I\, e^{(-330.5\,t)}$$

Anhand der Lösungsdarstellung erkennt man, dass durch Rundungsfehler die Lösung auch komplexe Anteile enthält. Führt man die gesamte Rechnung mit 20 Stellen durch (d.h. > **Digits:=**20), so sind die komplexen Terme mit dem Faktor 10^{-21} vertreten. Daher setzen wir sie auf Null
> x1:=subs(I=0, x1);

$$x1 := .01010 + .001775\, e^{(-2.993\,t)} - .01187\, e^{(-1.226\,t)}\, \cos(6.262\,t)$$
$$- .001708\, e^{(-1.226\,t)} \sin(6.262\,t) - .4381\, 10^{-5}\, e^{(-330.5\,t)}$$

und stellen die Lösung graphisch dar
> plot(x1, t=0..5, numpoints=300);

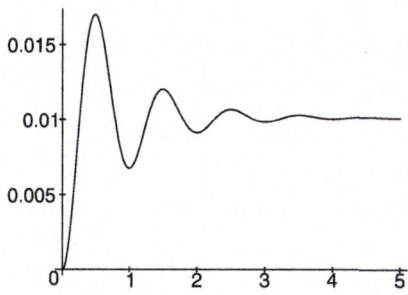

Abb. 12.7. Schwingungen einer Karosserie bei einer Stufe □

Anwendungsbeispiel 12.7 (Schwingung einer Karosserie 2, mit MAPLE-Worksheet).

In Abänderung des vorigen Beispiels 12.6 stellen wir uns vor, dass statt der Schwelle Bodenunebenheiten der Form $x(z) = 0.05 \sin(k\, z)$ mit $k = \frac{1}{2}\pi$ vorliegen. Auf einen Meter kommen so vier Maxima und Minima. Wenn das Auto mit konstanter Geschwindigkeit v_0 auf dem Bodenbelag fährt, wie reagiert dann das Karosseriesystem? Wir betrachten die Fälle $v_0 = 5\,\frac{km}{h}$, $10\,\frac{km}{h}$, $20\,\frac{km}{h}$ und $40\,\frac{km}{h}$. Für konstantes v_0 ist $z(t) = v_0 \cdot t$, so dass

$$h(t) = 0.05 \sin(\tfrac{1}{2}\pi \cdot v_0 \cdot t).$$

Wir wiederholen mit MAPLE denselben Rechenvorgang aus Beispiel 12.6, mit der einzigen Änderung, dass wir bei der Definition des Vektors f in der vierten Komponente h durch $h(t)$ ersetzen. Das Endergebnis $x_1(t)$ enthält dann den noch unbestimmten Parameter v_0, der im Anschluss auf $5 \cdot \frac{10}{36}\,\frac{m}{s}$ usw. gesetzt wird:
> x1 := simplify(subs(l=0, Y[1]));

$x1 := .001000(.6400\,10^{12}\,\sin(1.571\,v0\,t) - .2625\,10^{10}\,v0\,\cos(1.571\,v0\,t)$
$\quad + .5803\,10^{8}\,v0^5 \cos(1.571\,v0\,t) + .1323\,10^{7}\,e^{(-330.5\,t)}\,v0$
$\quad - .5913\,10^{11}\,e^{(-2.993\,t)}\,v0 - 4908.\,e^{(-2.993\,t)}\,v0^7 - .217\,10^{9}\,e^{(-2.993\,t)}\,v0^5$
$\quad + 1339.\,e^{(-330.5\,t)}\,v0^7 - 36050.\,e^{(-330.5\,t)}\,v0^5 + 215900.\,e^{(-330.5\,t)}\,v0^3$
$\quad + .6635\,10^{10}\,e^{(-2.993\,t)}\,v0^3 + .1754\,10^{12}\,\sin(1.571\,v0\,t)\,v0^2$
$\quad - 5.\,v0^7 \cos(1.571\,v0\,t) - .1273\,10^{11}\,\sin(1.571\,v0\,t)\,v0^4$
$\quad - 5750.\,\sin(1.571\,v0\,t)\,v0^6 - .2423\,10^{11}\,v0^3 \cos(1.571\,v0\,t)$
$\quad + 3550.\,e^{(-1.226\,t)}\,v0^7 + .6185\,10^{11}\,e^{(-1.226\,t)}\,v0 + .176\,10^{11}\,e^{(-1.226\,t)}\,v0^3$
$\quad + .1575\,10^{9}\,e^{(-1.226\,t)}\,v0^5)/($

12. Gewöhnliche Differenzialgleichungen

$.1087\,10^{12} + .1574\,10^{11}\,v0^2 - .3453\,10^{10}\,v0^4 + .1282\,10^9\,\,v0^6 + 2899.\,v0^8\,)$

Mit

```
> xp2 := subs(v0=5 * 10/36,x1):  p2:= plot(xp2,t=0..10,color='green'):
> xp3 := subs(v0=10 * 10/36,x1): p3:= plot(xp3,t=0..10,color='blue'):
> xp4 := subs(v0=20 * 10/36,x1): p4:= plot(xp4,t=0..10,color='red'):
> xp5 := subs(v0=40 * 10/36,x1): p5:= plot(xp5,t=0..10,color='black'):
```

folgt die graphische Darstellung
```
> with(plots):
> display({p2,p3,p4,p5});
```

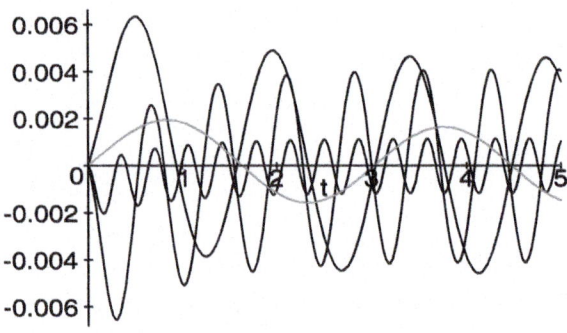

Abb. 12.8. Schwingungen einer Karosserie bei Bodenunebenheiten

Hierbei erkennt man, dass je größer die Geschwindigkeit wird, desto höher die Schüttelfrequenz ist. Mit höherer Frequenz nimmt die Maximalamplitude ab. Eine Ausnahme bildet $v_0 = 10 \cdot \frac{10}{36}\,\frac{m}{s} = 2.77\,\frac{m}{s}$. Hier ist die zugehörige Frequenz $\omega = \frac{1}{2}\,\pi\,v_0 = 4.36\,\frac{1}{s}$ nahe der Resonanzfrequenz von $6.265\,\frac{1}{s}$. Wählt man $v_0 = 12\,\frac{km}{h}$, so ist $\omega = 5.23\,\frac{1}{s}$ und der Maximalwert der Amplitude sogar 0.04. □

12.3 Lösen von DG n-ter Ordnung

Das Lösen von Differenzialgleichungen höherer Ordnung erfolgt mit MAPLE ebenfalls durch den **dsolve**-Befehl, der in 12.1 schon für DG 1. Ordnung verwendet wurde. Für die n-te Ableitung einer Funktion $y^{(n)}(x)$ muss entsprechend der Syntax des **diff**-Befehls **diff**$(y(x), x\$n)$ gesetzt werden.

Beispiel 12.8 (Mit MAPLE-Worksheet). Gesucht ist die Lösung der Differenzialgleichung

$$y'''(x) - 2y''(x) + y'(x) = 1 + e^x \cos(2x) \ .$$

> DG:= diff(y(x),x$3) - 2 * diff(y(x),x$2) + diff(y(x),x) = 1+exp(x) * cos(2 * x):
> dsolve(DG, y(x));

$$y(x) = \frac{3}{10} e^x - \frac{1}{10} \left(\cos(x) + 2 \sin(x) \right) e^x \cos(x) + x \\ + \_C1 \, e^x + \_C2 \left(e^x x - e^x \right) + \_C3$$

An der Lösungsdarstellung erkennt man, dass die Lösung der Differenzialgleichung sich aus zwei Anteilen zusammensetzt: Der allgemeinen Lösung des homogenen Problems

$$y_h(x) = \_C1 \, e^x + \_C2 \left(e^x x - e^x \right) + \_C3$$

mit 3 freien Parametern $\_C1$, $\_C2$, $\_C3$ und einer partikulären Lösung

$$y_p(x) = \frac{3}{10} e^x - \frac{1}{10} \left(\cos(x) + 2 \sin(x) \right) e^x \cos(x) + x \ . \qquad \square$$

Anfangsbedingungen AB werden mit der erweiterten Form des **dsolve**-Befehls berücksichtigt.

> **dsolve**$(\{DG, AB\}, y(var))$:

⚠ **Achtung:** Zur Spezifikation der Anfangsbedingungen ist bei Differenzialgleichungen n-ter Ordnung der **diff**-Befehl nicht mehr ausreichend. Denn um z.B. die Anfangsbedingung $y'(x_0) = y_0$ in MAPLE festzusetzen, kann **nicht** die Syntax
> diff(y(x0), x) = y0;

verwendet werden, da $y(x_0)$ ein konstanter Ausdruck und **diff** auf einen konstanten Ausdruck angewendet immer Null ergibt! Stattdessen benutzt man den **D**-Operator, der eine Funktion y differenziert:
> D(y);

Das Ergebnis des **D**-Operators ist wieder eine Funktion, die an einer Stelle x_0 auswertbar ist. Die n-te Ableitung einer Funktion bestimmt sich durch
> (D@@n)(y);

Beispiel 12.9 (Mit MAPLE-Worksheet). Gesucht ist die Lösung der Differenzialgleichung
$$y^{(4)}(x) + 2\,y''(x) + y(x) = 25\,e^{2x}$$
mit den Anfangsbedingungen $y(0) = 0$, $y'(0) = 1$, $y''(0) = 0$, $y'''(0) = 3$.

> DG := diff(y(x), x\$4)+2 * diff(y(x), x\$2)+y(x) = 25 * exp(2 * x):
> AB := y(0)=0, D(y)(0)=1, (D@@2)(y)(0)=0, (D@@3)(y)(0)=3:
> dsolve({DG, AB}, y(x));

$$y(x) = e^{2x} - 4\sin(x) - \cos(x) - \frac{5}{2}\sin(x)\,x + 3\cos(x)\,x \qquad \square$$

Anwendungsbeispiel 12.10 (Balkenbiegung, mit MAPLE-Worksheet). Ein homogener Balken (Länge L, Querschnitt A, Flächenträgheitsmoment I, Elastizitätsmodul E), der auf der x-Achse auf verschiedene Arten unterstützt wird, biegt sich unter dem Einfluss von vertikalen Lasten. $y(x)$ ist die Auslenkung des Balkens an der Stelle x.

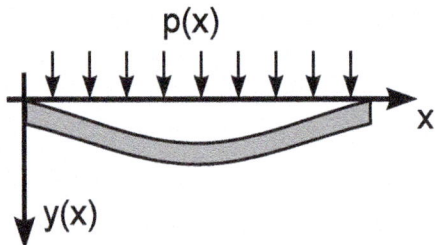

Abb. 12.9. Balken unter Last

Für kleine Auslenkungen des Balkens ist das Biegemoment $M(x)$ an der Stelle x gegeben durch:
$$M(x) = -E\,I\,\frac{d^2 y(x)}{dx^2}\,.$$

Aufgrund der Beziehung
$$M''(x) = -p(x)$$
folgt
$$(E\,I\,y''(x))'' = p(x)\,.$$

12.3 Lösen von DG n-ter Ordnung

Ist der Balken außerdem auf einen stützenden Untergrund gelagert, so greift in jedem Punkt die stützende Kraft $\beta y(x)$ an. Dies liefert die Differenzialgleichung 4. Ordnung

$$y^{(4)}(x) + \frac{\beta}{EI} y(x) = \frac{1}{EI} p(x).$$

Setzen wir $\omega^4 = \frac{\beta}{EI}$ und $q(x) = \frac{p(x)}{EI}$, lautet die Differenzialgleichung

$$y^{(4)}(x) + \omega^4 y(x) = q(x) \ .$$

Unter der Annahme, dass der Balken sich nur unter seinem Eigengewicht biegt, ist $q(x) = const = q$.

```
> w:=2:
> DG := diff(y(x), x$4)+w^4*y(x)=q:
> dsolve(DG, y(x)):
> y := unapply(rhs(%), x);
```

$$y := x \to \frac{q}{16} + \_C1\, e^{\sqrt{2}\,x} \sin\left(\sqrt{2}\,x\right) + \_C2\, e^{\sqrt{2}\,x} \cos\left(\sqrt{2}\,x\right)$$

$$\_C3\, e^{-\sqrt{2}\,x} \sin\left(\sqrt{2}\,x\right) + \_C4\, e^{-\sqrt{2}\,x} \cos\left(\sqrt{2}\,x\right)$$

Die Lösung enthält vier freie Parameter, die aus den **Randbedingungen** bestimmt werden. Einige in den Anwendungen auftretenden Randbedingungen sind z.B.

- gelenkig gelagertes Ende: $y = y'' = 0$
- fest eingespanntes Ende: $y = y' = 0$
- freies Ende: $y'' = y''' = 0.$

Vier Randbedingungen erhält man jeweils aus zwei dieser Fälle, wodurch sich die Konstanten $\_C1, \_C2, \_C3, \_C4$ ergeben. Wir führen nur den Fall durch, dass beide Enden gelenkig gelagert sind:

$$y(0) = y''(0) = 0 \quad \text{und} \quad y(L) = y''(L) = 0 \ .$$

(Andere Fälle behandelt man analog.)

```
> AB := y(0)=0, (D@@2)(y)(0)=0, y(L)=0, (D@@2)(y)(L)=0;
> dsolve(DG, AB, y(x)):
> assign(%):
> y(x):
```

Setzen wir zur graphischen Darstellung

> L := 1:

kann die Lösung $y(x)$ in einem 3-dimensionalen Schaubild in Abhängigkeit des Parameters q dargestellt werden:
> plot3d(y(x), q=0..4, x=0..L, style=hidden, axes=BOXED, color=black);

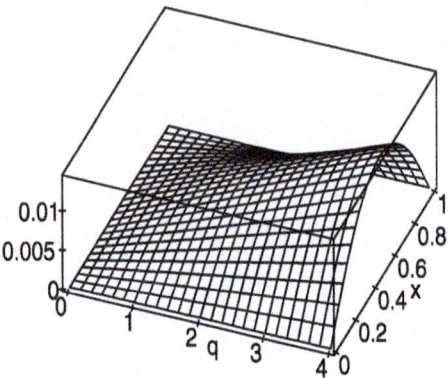

Abb. 12.10. Darstellung der Lösung $y(x)$ über dem Parameter q

Für feste Wahl des Parameters q erkennt man den Parabelcharakter der Lösung
> q := 2:
> plot(y(x), x=0..L, title='Balkenbiegung');

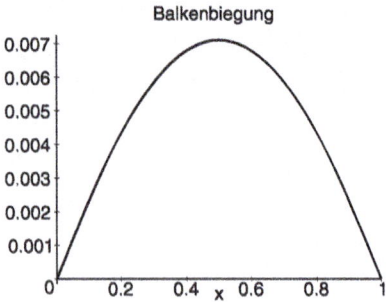

Abb. 12.11. Balkenbiegung unter Last

Analog dem Vorgehen bei der Balkenbiegung unter Eigenlast werden auch andere Inhomogenitäten behandelt. □

12.4 Zusammenstellung der MAPLE-Befehle

Ableitungsbefehle von MAPLE

diff$(y(x), x)$	Ableitung des Ausdrucks $y(x)$ nach x.
diff$(y(x), x\$n)$	n-te Ableitung des Ausdrucks $y(x)$ nach x.
D(f)	Ableitung der Funktion f.
(D@@n)(f)	n-te Ableitung der Funktion f.
(D@@n)$(f)(x0)$	n-te Ableitung der Funktion f an der Stelle x_0.

Lösen von DG n-ter Ordnung

dsolve$(DG, y(x))$ Lösen der DG für $y(x)$.
dsolve$(\{DG, init\}, y(x))$ Lösen der DG mit Anfangsbedingung *init* für $y(x)$.

Zusätzliche Optionen unterstützen bzw. ergänzen den **dsolve**-Befehl:

explicit   Erzwingt, dass -falls die Lösung implizit gegeben ist- explizit nach der gesuchten Funktion aufgelöst wird.

laplace   Die Laplace-Transformation wird zum Lösen von Anfangswertproblemen herangezogen. Der Anfangswert muss dann allerdings bei $x_0 = 0$ gegeben sein. (Ein Vorteil der *laplace*-Option ist, dass die DG die Dirac- oder Heaviside-Funktion enthalten darf.)

series   Die Lösung der DG wird in eine Taylor-Reihe bei $x_0 = 0$ entwickelt und standardmäßig bis zur Ordnung 6 berechnet. Der Anfangswert muss ebenfalls bei $x_0 = 0$ gegeben sein.

numeric   Die DG mit Anfangsbedingung wird numerisch gelöst.

Lösen von LDGS 1. Ordnung

dsolve$(\{DG1, ..., DGn, init\}, \{y1(x), ..., yn(x)\})$
    Lösen des Differenzialgleichungssystem DG_1 bis DG_n mit Anfangsbedingungen *init* für die Funktionen $y_1(x), ..., y_n(x)$.

> **Eigenwert-Befehle von MAPLE**
>
> **with(LinearAlgebra)**   Linear-Algebra-Paket.
>
> **Matrix**$(3, 3, [a11, a12, a13, a21, a22, a23, a31, a32, a33])$
> **Matrix**$([[a11, a12, a13], [a21, a22, a23], [a31, a32, a33]])$
>
> $$\text{Definition der Matrix } A = \begin{bmatrix} a_{11} & a_{12} & a_{13} \\ a_{21} & a_{22} & a_{23} \\ a_{31} & a_{32} & a_{33} \end{bmatrix}.$$
>
> **CharacteristicMatrix**(M, x)
>   Berechnet die charakteristische Matrix $x \cdot I - M$.
>
> **CharacteristicPolynomial**(M, x)
>   Berechnet das charakteristische Polynom $P(x) = \det(x \cdot I - M)$.
>
> **Eigenvalues**$(M, \text{output=list})$
>   Berechnet die Eigenwerte der Matrix M. Wenn M floating point oder komplexe Zahlen als Elemente besitzt, wird eine numerische Methode verwendet. Möglich auch **evalf(Eigenvalues(M))**.
>
> **Eigenvectors**$(M, \text{output=list})$
>   Berechnet die Eigenwerte und Eigenvektoren der Matrix M (siehe **Eigenvalues**.)

MAPLE-Worksheets zu Kapitel 12

Differenzialgleichungen erster Ordnung:
— Differenzialgleichungen erster Ordnung mit MAPLE
— Richtungsfelder mit MAPLE
— Beispiele mit MAPLE

Lineare Differenzialgleichungssysteme:
— Eigenwerte und Eigenvektoren mit MAPLE
— Beispiele mit MAPLE

Lineare Differenzialgleichungen n-ter Ordnung:
— Differenzialgleichungen n-ter Ordnung mit MAPLE
— Beispiele mit MAPLE

13. Numerisches Lösen von Differenzialgleichungen

Viele in technischen Anwendungen auftretende nichtlineare Differenzialgleichungen oder lineare Differenzialgleichungssysteme sind nicht geschlossen lösbar. In beiden Fällen ist man auf numerische Näherungsverfahren angewiesen.

13.1 Streckenzugverfahren von Euler

Wir gehen von dem Anfangswertproblem (AWP)

$$y'(t) = f(t, y(t)) \quad \text{mit} \quad y(t_0) = y_0 \tag{1}$$

aus und werden dieses AWP für Zeiten $t_0 \leq t \leq T$ numerisch lösen. Dazu zerlegen wir das Intervall $[t_0, T]$ in N Teilintervalle der Länge

$$h = dt = \frac{T - t_0}{N} \quad \text{(Schrittweite)}$$

mit den Zwischenzeiten

$$t_j = t_0 + j \cdot dt \quad j = 0, \ldots, N.$$

Wir berechnen die Lösung zu diesen diskreten Zeiten $t_0, t_1, t_2, \ldots, t_N$: Für den Startwert (t_0, y_0) kennen wir nach Gl. (1) die exakte Steigung $\tan \alpha$ der Lösungsfunktion

$$y'(t_0) = \tan \alpha = f(t_0, y_0) \, .$$

Für eine kleine Schrittweite h wird die Funktion y im Intervall $[t_0, t_0 + h]$ durch ihre Tangente angenähert (Linearisierung) (siehe Abb. 13.1 a). Für den Funktionswert $y(t_1)$ gilt dann näherungsweise

$$y(t_1) = y(t_0 + h) \approx y(t_0) + y'(t_0) \cdot h \, .$$

Wir setzen

$$\boxed{y_1 := y_0 + f(t_0, y_0) \, h.}$$

Damit hat man den Funktionswert $y(t_1)$ zum Zeitpunkt t_1 durch y_1 angenähert. Ausgehend von diesem Wert y_1 berechnet man mit (1) die Steigung $y'_1 = f(t_1, y_1)$. Nun verwendet man y_1 und y'_1 für die Berechnung eines Näherungswertes für den nächsten Zeitpunkt $t_2 = t_1 + h$:

$$y(t_2) = y(t_1 + h) \approx y(t_1) + y'(t_1) \, h \, . \quad \text{(Linearisierung)}$$

Auch hier setzen wir

$$\boxed{y_2 := y_1 + f(t_1, y_1) \, h.}$$

Allgemein wird das Näherungsverfahren beschreiben durch:

$$y_{i+1} = y_i + h f(t_i, y_i) \quad i = 0, 1, 2, \ldots, N-1.$$

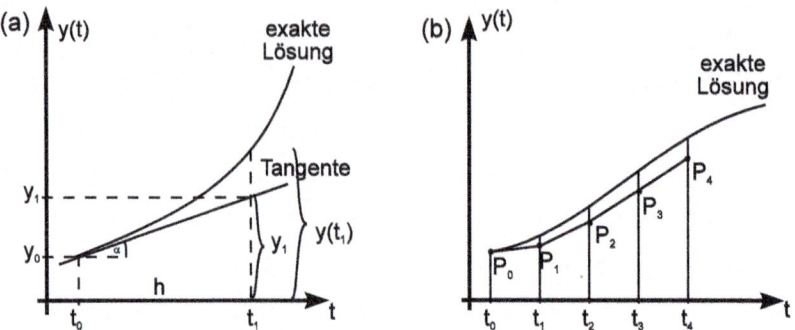

Abb. 13.1. a) 1. Schritt des Polygonzugverfahrens   b) Polygonzugverfahren nach Euler

Die Lösungskurve setzt sich aus geradlinigen Strecken zusammen, so dass die Näherung in Form eines Streckenzugs vorliegt (siehe Abb. 13.1 b). Dieses Verfahren heißt gemäß seiner geometrischen Bedeutung, das **Polygonzugverfahren** bzw. auch das **Euler-Verfahren**.

Beispiel 13.1 (Mit MAPLE-Worksheet). Das Anfangswertproblem

$$y'(t) = y(t) + e^t \quad \text{mit} \quad y(0) = 1$$

besitzt die exakte Lösung $y(t) = (t+1) e^t$. Wir berechnen mit dem Euler-Verfahren Näherungslösungen dieser Differenzialgleichungen im Intervall $0 \leq t \leq 0.2$ für Schrittweiten $h = 0.05$ und $h = 0.025$ und vergleichen die Ergebnisse mit der exakten Lösung.

In MAPLE lässt sich das Euler-Verfahren einfach in Form einer Schleifenkonstruktion realisieren. Für die gegebene Differenzialgleichung lautet die Iteration

```
> t0 := 0: T := 0.2: N := 4: dt := (T-t0)/N:
> y[0]:=1: t:=t0:
> for i from 1 to N
> do
>    y[i] := evalf(y[i-1] + dt * (y[i-1]+exp(t)));
>    t := t+dt;
>    print(t, y[i]);
> end do:
```

In nachfolgender Tabelle sind die Näherungswerte für $h = 0.05$ und $h = 0.025$ zusammen mit den exakten Werten angegeben. Der Vergleich zeigt, dass die Näherungswerte bei kleineren Schrittweiten (3. Spalte) sich verbessern.

Tabelle: Näherungswerte und exakte Werte der Lösung

t	$y\ (h = 0.05)$	$y\ (h = 0.025)$	y exakt
0.00	1.000 000	1.000 000	1.000 000
0.05	1.100 000	1.101 883	1.103 835
0.10	1.207 564	1.211 552	1.215 688
0.15	1.323 201	1.329 535	1.336 109
0.20	1.447 453	1.456 396	1.465 683

Die Näherungswerte der Lösung $y_1, \ldots, y_N$ werden anschließend mit dem **plot**-Befehl graphisch dargestellt. Hierfür müssen sie als Liste von Wertepaaren in der Form

$$[[t_0, y_0]\ ,\ [t_1, y_1]\ ,\ \ldots\ ,\ [t_N, y_N]]$$

der **plot**-Routine übergeben werden:
> plot([seq([n * dt+t0, y[n]], n = 0..N)]); □

13.2 Verfahren höherer Ordnung

Um Verfahren höherer Genauigkeit bei gleicher Schrittweite h herzuleiten, formuliert man das AWP

$$y'(t) = f(t, y(t)) \quad \text{mit} \quad y(t_0) = y_0 \quad (1)$$

als äquivalentes Integralproblem

$$y(t) = y_0 + \int_{t_0}^{t} f(\tau, y(\tau))\, d\tau. \quad (2)$$

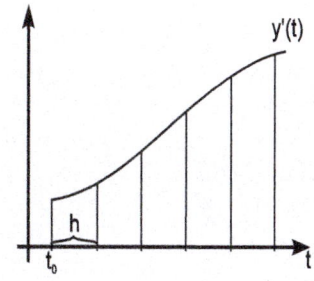

Abb. 13.2. Numerische Integration

Es stellt sich somit die Notwendigkeit, bei gegebener Unterteilung des Zeitintervalls, das Integral numerisch auszuwerten. Im Folgenden ersetzen wir das Integral in (2) durch Näherungsformeln:

⊙ Euler-Verfahren.
Die einfachste, numerische Integrationsmethode ist, die zu integrierende Funktion in jedem Teilintervall durch eine Konstante, nämlich dem Funktionswert an der linken Intervallgrenze zu ersetzen. Dies liefert das in Abschnitt 13.1 diskutierte Euler-Verfahren:

13. Numerisches Lösen von Differenzialgleichungen

Algorithmus (Euler-Verfahren).

$dt := \frac{T-t_0}{N}; \quad t := t_0; \quad y[0] := y0;$

for i from 1 to N
do
$\quad y[i] := y[i-1] + dt * f(t, y[i-1]);$
$\quad t := t + dt;$
end do:

> **Prädiktor-Korrektor-Verfahren.**

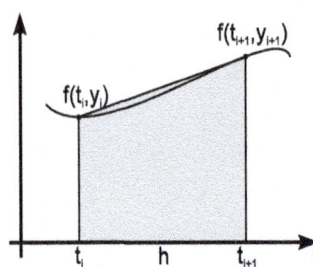

Abb. 13.3. Trapezregel

Eine bessere Approximation an das Integral stellt die Trapez-Regel dar: Wir ersetzen die Fläche über jedem Zeitintervall durch die Trapezfläche

$$\frac{1}{2} h \left(f(t_i, y_i) + f(t_{i+1}, y_{i+1}) \right) .$$

$$\Rightarrow y_{i+1} = y_i + \frac{1}{2} h \left(f(t_i, y_i) + f(t_{i+1}, y_{i+1}) \right) .$$

Dies ist eine *implizite* Gleichung für die unbekannte Größe y_{i+1}, denn bekannt ist zunächst nur eine Näherung für den linken Funktionswert y_i. Also muss man sich einen Schätzwert $\tilde{y}_{i+1}$ verschaffen und damit $f(t_{i+1}, \tilde{y}_{i+1})$ auswerten. Dies ist entweder durch ein Iterationsverfahren möglich oder man berechnet $\tilde{y}_{i+1}$ nach dem Euler-Verfahren

$$\boxed{\tilde{y}_{i+1} := y_i + h \cdot f(t_i, y_i).} \qquad \text{(Prädiktor)}$$

Mit diesem Schätzwert $\tilde{y}_{i+1}$ wertet man $f(t_{i+1}, \tilde{y}_{i+1})$ aus und korrigiert gemäß

$$\boxed{y_{i+1} := y_i + \frac{1}{2} h \left(f(t_i, y_i) + f(t_{i+1}, \tilde{y}_{i+1}) \right).} \qquad \text{(Korrektor)}$$

Man bezeichnet dieses Verfahren als **Prädiktor-Korrektor-Verfahren**.

Algorithmus (Prädiktor-Korrektor-Verfahren).

$dt := \frac{T-t_0}{N}; \quad y[0] := y0; \quad t := t_0;$

for i from 1 to N
do
$\quad K_1 := f(t, y[i-1]);$
$\quad K_2 := f(t + dt, y[i-1] + dt\, K_1);$
$\quad y[i] := y[i-1] + 0.5\, h\, (K_1 + K_2);$
$\quad t := t + dt;$
end do:

Runge-Kutta-Formeln.

Eine wesentlich bessere Approximation an das Integral folgt, wenn die Integration mit der Simpson-Regel durchgeführt wird: Dazu führen wir den Zwischenwert $t_{1/2} = t_i + \frac{1}{2}h$ ein und ersetzen die zu integrierende Funktion f durch die Parabel, welche durch die Punkte $(t_i, f(t_i))$, $(t_{1/2}, f(t_{1/2}))$, $(t_{i+1}, f(t_{i+1}))$ definiert wird. Diese Parabel wird anschließend integriert gemäß

$$y(t_{i+1}) = y(t_i) + \int_{t_i}^{t_{i+1}} f(\tau, y(\tau))\, d\tau$$

$$\approx y(t_i) + \frac{1}{6}h\left(f(t_i, y_i) + 4f(t_{1/2}, y_{1/2}) + f(t_{i+1}, y_{i+1})\right).$$

$$\Rightarrow y_{i+1} = y_i + \frac{1}{6}h\left(f(t_i, y_i) + 4f(t_{1/2}, y_{1/2}) + f(t_{i+1}, y_{i+1})\right).$$

Auch bei dieser Formel müssen für $y_{1/2}$ und y_{i+1} Schätzungen vorgenommen werden. Eine Methode mit hoher Genauigkeit erhält man durch gewichtete Mittelwerte

$$K_1 := f(t_i, y_i)$$
$$K_2 := f\left(t_i + \tfrac{1}{2}h,\, y_i + \tfrac{1}{2}h K_1\right)$$
$$K_3 := f\left(t_i + \tfrac{1}{2}h,\, y_i + \tfrac{1}{2}h K_2\right)$$
$$K_4 := f\left(t_i + h,\, y_i + h K_3\right)$$

$$y_{i+1} := y_i + \tfrac{1}{6}h\,(K_1 + 2K_2 + 2K_3 + K_4).$$

Man nennt dieses Verfahren das **Runge-Kutta-Verfahren 4. Ordnung**.

Algorithmus (Runge-Kutta-Verfahren 4. Ordnung).

$dt := \frac{T-t_0}{N};\quad y[0] = y_0;\quad t := t_0;$
for i from 1 to N
do
    $K_1 := f(t, y[i-1]);$
    $K_2 := f(t + 0.5\,dt,\, y[i-1] + 0.5\,dt\, K_1);$
    $K_3 := f(t + 0.5\,dt,\, y[i-1] + 0.5\,dt\, K_2);$
    $K_4 := f(t + dt,\, y[i-1] + dt\, K_3);$
    $y[i] := y[i-1] + \tfrac{1}{6}dt\,(K_1 + 2K_2 + 2K_3 + K_4);$
    $t := t + dt;$
end do:

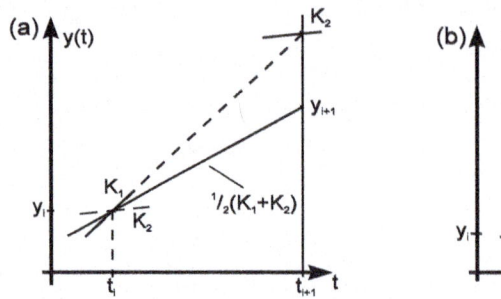 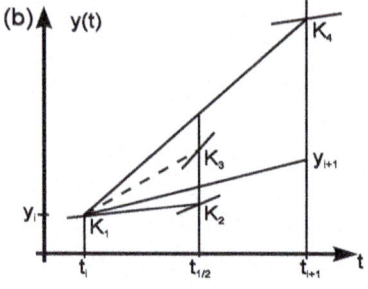

Abb. 13.4. a) Prädiktor-Korrektor-Verfahren   b) Runge-Kutta-Verfahren

⊙ **Die Maple-Prozedur DEsolve.**
Das Euler-, das Prädiktor-Korrektor- sowie das Runge-Kutta-Verfahren sind algorithmisch in der unten beschriebenen MAPLE-Prozedur **DGsolve** umgesetzt. **DGsolve** löst beliebige Differenzialgleichungen 1. Ordnung der Form

$$y'(t) = f(t, y(t)); \quad y(t_0) = y_0$$

im Intervall $t_0 \leq t \leq T$ numerisch mit einem der drei diskutierten Verfahren und stellt die Lösung graphisch dar. Der Aufruf erfolgt durch die Angabe der Differenzialgleichung, der gesuchten Funktion, des Bereichs in dem die Lösung berechnet werden soll, des Anfangswerts, der Anzahl der Rechenschritte sowie die Auswahl des Verfahrens:

> DGsolve(DG, y(x), x=x_min..x_max, y(x_min)= 0, N=60, verfahren);

Für die Verfahren kann man wählen zwischen
- *euler*:   Euler-Verfahren
- *impeuler*: Prädiktor-Korrektor-Verfahren
- *ruku*:   Runge-Kutta-Verfahren 4. Ordnung

```
> DGsolve := proc()
> # Prozedur zum numerischen Lösen von Differenzialgleichungen 1. Ordnung
> # und der graphischen Darstellung der Lösung.
>
> local DG, func, var, var_min, var_max, rs, N,
>        dt, i, n, ti, y, K1, K2, K3, K4;
>
> DG := args[1]:
> func := args[2]:
> var := op(1, args[3]):
> var_min := op(1, op(2, args[3])):
> var_max := op(2, op(2, args[3])):
> y[0] := op(2, args[4]):
> N := op(2, args[5]);
```

```
> rs := solve(DG, diff(func, var));
> dt := (var_max - var_min)/N:
> i := 0:
>
> if args[6] = ruku
> then
>    print('Lösen der DG mit dem Runge-Kutta-Verfahren'):
>    for ti from var_min by dt to var_max
>    do i:=i+1:
>       K1:=subs({func=y[i-1], var=ti}, rs):
>       K2:=subs({func=y[i-1]+0.5*dt*K1, var=ti+0.5*dt}, rs):
>       K3:=subs({func=y[i-1]+0.5*dt*K2, var=ti+0.5*dt}, rs):
>       K4:=subs({func=y[i-1]+dt*K3, var=ti+dt}, rs):
>       y[i]:=evalf(y[i-1] + 1/6*dt*(K1+2*K2+2*K3+K4)):
>    end do:
>
> elif args [6] = impeuler
> then
>    print('Lösen der DG mit dem Prädiktor-Korrektor-Verfahren'):
>    for ti from var_min by dt to var_max
>    do i:=i+1:
>       K1:=subs({func=y[i-1], var=ti}, rs):
>       K2:=subs({func=y[i-1]+dt*K1, var=ti+dt}, rs):
>       y[i]:=evalf(y[i-1] + 0.5*dt*(K1+K2)):
>    end do:
>
> else
>    print('Lösen der DG mit dem Euler-Verfahren'):
>    for ti from var_min by dt to var_max
>    do i:=i+1:
>       y[i]:=evalf(y[i-1]+dt*(subs({func=y[i-1], var=ti}, rs))):
>    end do:
> end fi:
>
> plot([seq([n*dt+var_min, y[n]], n=0..N)]);
> end:
```

Beispiel 13.2 (Mit MAPLE-Worksheet). Gesucht ist eine numerische Lösung der Differenzialgleichung

$$y'(x) + \frac{1}{30} y^3(x) = \sin(x)\, e^{\frac{y(x)}{10}} \; ; \quad y(0) = 1$$

im Bereich $0 \leq x \leq 20$. Für die Unterteilung des Intervalls wähle man $N = 60$ und nehme das Euler-Verfahren.

```
> DG := diff(y(x), x)+1/30 * (y(x))^3 = sin(x) * exp(y(x)/10):
> DGsolve(DG, y(x), x = 0..20, y(0) = 1, N = 60, euler);
```

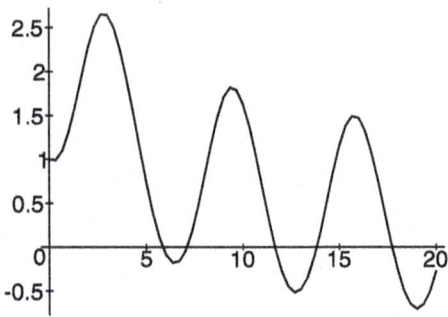

Abb. 13.5. Numerisch mit dem Euler-Verfahren ermittelte Lösung □

Bemerkung: Bei der Prozedur **DGsolve** wird der **args**-Befehl verwendet, um die aktuellen Argumente beim Aufruf zu erfassen. z.B. für
```
> DGsolve(DG, y(x), x=0..20, y(0)=1, N=60, ruku):
```
ist args[1] die Differenzialgleichung, args[2] der Name für die gesuchte Funktion. args[3] ist der Ausdruck $x = 0..20$, der aus zwei Operanden besteht: Der erste Operand ist die Variable x, op(1, args[3]), und der zweite ist der Bereich 0..20, op(2, args[3]). Die untere Intervallgrenze 0 wiederum ist der erste Operand, die obere Intervallgrenze 20 der zweite. args[4] bis args[6] werden entsprechend verwendet. Definiert man in der Prozedur y nicht als lokale, sondern als globale Variable > global y, so stehen die numerischen Werte $y[i]$ auch außerhalb der Prozedur **DGsolve** zur Verfügung.

13.3 Numerisches Lösen von DG mit dsolve

Anfangswertprobleme werden in MAPLE numerisch mit dem **dsolve**-Befehl gelöst, wenn die Option '**numeric**' gesetzt wird. Beim numerischen Lösen von DG ist zu beachten, dass alle Parameter als Zahlenwerte vorliegen und die Anfangsbedingung(en) AB vorgegeben werden müssen.

```
> dsolve({DG, AB}, y(x), numeric)
```

Zur Lösung der Differenzialgleichung wird standardmäßig ein spezielles Runge-Kutta-Verfahren, RKF45 [E. Fehlberg, Computing 6, 61-71, 1970], verwendet. Mit **odeplot** werden dann die Ergebnisse von **dsolve** graphisch dargestellt.

Anwendungsbeispiel 13.3 (Pendelgleichung, mit MAPLE-Worksheet).
Wir wenden den **dsolve**-Befehl mit der Option *numeric* auf die Pendelgleichung

$$\varphi''(t) + \tfrac{g}{l} \sin \varphi(t) = 0$$

für eine große Anfangsauslenkung $\varphi(0) = 30°$ und $\varphi'(0) = 0$ an.
> DG := diff(phi(t),t$2) + g/l * sin(phi(t)) = 0:
> AB := phi(0)=30 * Pi/180, D(phi)(0)=0:

> g :=9.81: l:=1:
> F := dsolve({DG, AB}, phi(t), 'numeric');
$$F := \mathrm{proc}(\mathrm{rkf45\_x}) \ldots \mathrm{end\ proc}$$

Das Ergebnis von **dsolve** besteht bei der Option *numeric* aus einer Prozedur, welche zum Zeitpunkt t eine Liste von Zeitpunkt, Funktionswert sowie der Ableitung liefert.
> F(0);
$$\left[t = 0,\ \phi(t) = .5235987758,\ \frac{\partial}{\partial t} \phi(t) = 0 \right]$$

> F(1);
$$\left[t = 1,\ \phi(t) = -.5225689325816141,\ \frac{\partial}{\partial t} \phi(t) = -.1004683124054779 \right]$$

Die graphische Darstellung der Funktion $\varphi(t)$ erfolgt mit dem **odeplot**-Befehl.
> with(plots):
> odeplot(F, [t,phi(t)], 0..3, title='Numerische Lösung', thickness=2);

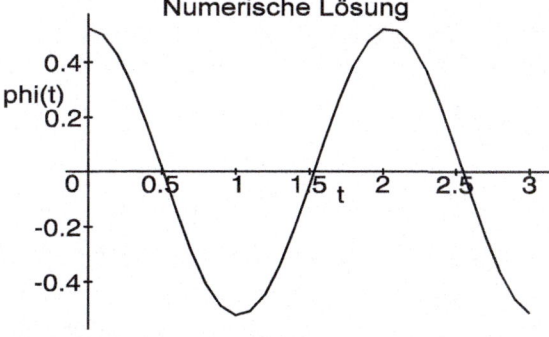

Abb. 13.6. Numerische Lösung der Pendelgleichung   □

Anwendungsbeispiel 13.4 (Fluggleichung, mit MAPLE-Worksheet).

Ein Körper der Masse m wird von der Erde mit einer Geschwindigkeit v_0 senkrecht nach oben abgeschossen. Aus dem Gravitationsgesetz folgt für die Erdanziehungskraft in der Höhe h über dem Erdboden

$$F_g = f \frac{mM}{(R+h(t))^2},$$

wenn f die Gravitationskonstante, M die Erdmasse und R der Erdradius ist. Setzt man die Erdbeschleunigung $g = f\frac{mM}{R^2}$ in die Gleichung ein, folgt nach dem Newtonschen Bewegungsgesetz für die Beschleunigung in der Höhe $h(t)$

$$h''(t) = -g \frac{R^2}{(R+h(t))^2}.$$

Mit den Anfangsbedingungen $h(0) = R$, $h'(0) = v_0$ und $R = 6370\,km$, $v_0 = 500\,km/h$ folgt die numerische Lösung durch

> DG := diff(h(t),t$2) = -g * R^2/(R+h(t))^2:
> AB := h(0)=0, D(h)(0)=v0:
> g:=9.81 * 3.6: R:=6370: v0:=500:

> F := dsolve({DG, AB}, h(t), 'numeric'):
> with(plots):
> p1 := odeplot(F, [t,h(t)], 0..80, labels=[t,h], thickness=2):

Zum Vergleich wird das Weg-Zeit-Gesetz für eine gleichförmig beschleunigte Bewegung $h_g(t) = -\frac{1}{2}g\,t^2 + v_0\,t$ in das Diagramm mit aufgenommen.
> p2 := plot(-g/2 * t^2+v0 * t, t=0..80, color=red):
> display([p1,p2]);

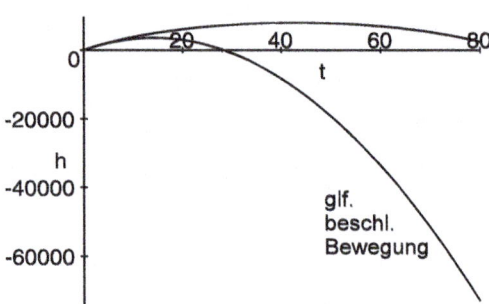

Abb. 13.7. Lösung der Fluggleichung und Vergleich mit Wurfparabel

Aufgrund der Ortsabhängigkeit der Erdanziehung, die nach oben hin abnimmt, verweilt die Masse m länger in der Luft, als durch eine gleichförmig beschleunigte Bewegung angenommen wird. □

Anwendungsbeispiel 13.5 (Flussgleichung, mit MAPLE-Worksheet).

Aus einem Behälter mit konstanter Querschnittsfläche $A = \pi R^2$ fließt eine Flüssigkeit reibungsfrei durch eine Öffnung am Boden mit Querschnitt $a = \pi r^2$. Gesucht ist die Wasserhöhe im Behälter $h(t)$ als Funktion der Zeit.

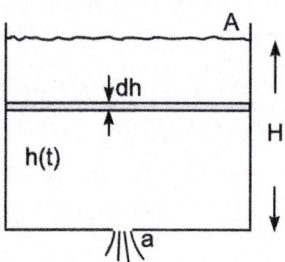

Beim Auslaufen eines kleinen Volumens $dV = A \cdot dh$ nimmt die potentielle Energie um $\rho\, g\, dV\, h(t)$ ab (ρ: Dichte der Flüssigkeit, g: Erdbeschleunigung). Die kinetische Energie nimmt um $\frac{1}{2} dV\, \rho\, v^2(t)$ zu, wenn $v(t)$ die Ausflussgeschwindigkeit zum Zeitpunkt t ist. Der Energieerhaltungssatz $\frac{1}{2} dV\, \rho\, v^2(t) = \rho\, g\, dV\, h(t)$ liefert

Abb. 13.8. Fluss aus Behälter

$$v(t) = \sqrt{2\, g\, h(t)} \qquad (\text{Torricelli-Gesetz}).$$

In einem kleinen Zeitintervall dt fällt der Pegel um dh ab. Das Volumen im Behälter nimmt somit um $dV = -A\, dh = -\pi R^2\, dh$ ab (Minuszeichen, da Abnahme). In der gleichen Zeit fließt durch die Öffnung am Boden das gleiche Volumen, jetzt aber mit Grundfläche $\pi\, r^2$ und der Höhe $v\, dt = \sqrt{2\, g\, h(t)}\, dt$. Da beide Volumina gleich sind, gilt $\pi\, r^2 \sqrt{2\, g\, h(t)}\, dt = -\pi R^2\, dh$

$$\Rightarrow \quad h'(t) = -\frac{r^2}{R^2} \sqrt{2\, g\, h(t)} \text{ mit } h(0) = H\,.$$

Die graphische Darstellung der numerische Lösung erhält man durch
```
> DG := diff(h(t),t)=-r^2/R^2 * sqrt(2*g*h(t)):
> AB := h(0)=H:
> g:=9.81: R:=0.1: r:=0.01: H:=1:

> F := dsolve({DG, AB}, h(t), 'numeric'):
> with(plots):
> odeplot(F, [t,h(t)], 0..50, thickness=2);
```

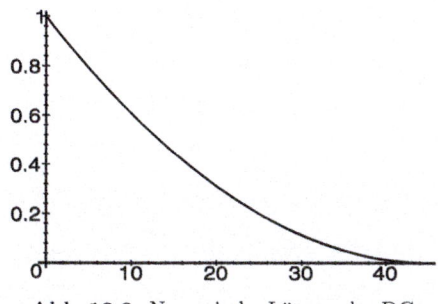

Abb. 13.9. Numerische Lösung der DG

□

Numerisches Lösen von LDGS mit Maple

Mit Beispiel 13.6 wird gezeigt, wie mit dem **dsolve**-Befehl zusammen mit der **numeric**-Option auch lineare Differenzialgleichungssysteme (LDGS) numerisch gelöst werden können:

Anwendungsbeispiel 13.6 (Gekoppelter Schwingkreis, mit Maple-Worksheet).

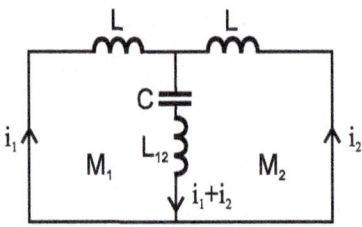

Die beiden gedämpften Schwingkreise sind durch die gegenseitige Induktivität L und den Kondensator C gekoppelt. Nach den Kirchhoffschen Regeln gilt für die Maschen M_1 und M_2

$$L\,i_1' + \tfrac{1}{C}(q_1 + q_2) + L_{12}(i_1' + i_2') = 0\,,$$
$$L\,i_2' + \tfrac{1}{C}(q_1 + q_2) + L_{12}(i_1' + i_2') = 0\,.$$

Abb. 13.10. Gekoppelter Schwingkreis

Mit $i_{1/2} = q_{1/2}'$ erhält man das System

$$(L + L_{12})\,q_1''(t) + \tfrac{1}{C}(q_1(t) + q_2(t)) + L_{12}\,q_2''(t) = 0\,,$$

$$L_{12}\,q_1''(t) + \tfrac{1}{C}(q_1(t) + q_2(t)) + (L + L_{12})\,q_2''(t) = 0\,.$$

Setzt man also
```
> DG1 := (L+L12) * diff(q1(t),t$2) + 1/C * (q1(t)+q2(t))+L12 * diff(q2(t),t$2) = 0:
> DG2 := L12 * diff(q1(t),t$2) + 1/C * (q1(t)+q2(t))+(L+L12) * diff(q2(t),t$2) = 0:
```

mit den Anfangsbedingungen
```
> AB:=q1(0)=0, D(q1)(0)=0, q2(0)=220 * C, D(q2)(0)=0:
```

und den Parametern
```
> L:=50e-3: L12:=75e-3: C:=50e-9:
```

liefert die Prozedur **dsolve**
```
> F:=dsolve({DG1,DG2, AB},{q1(t),q2(t)}, 'numeric'):
```

ausgewertet an einer Stelle t_1 eine Liste bestehend aus dem Zeitpunkt t_1 und den Funktionswerten $q_1(t)$, $\frac{d}{dt}q_1(t)$ und $q_2(t)$, $\frac{d}{dt}q_2(t)$ zu diesem Zeitpunkt t_1:
```
> F(0.001);
```

$$[t = 0.001,\quad q1(t) = -0.5527326248085\,10^{-5},\quad \frac{d}{dt}q1(t) = -0.07778092524124,$$
$$q2(t) = 0.5472673751914\,10^{-5},\quad \frac{d}{dt}q2(t) = -0.07778092524124]$$

Um die Funktion $q_2(t)$ zu selektieren wählen wir die 4. Komponente der Prozedur F; die rechte Seite der Gleichung ergibt dann die Werte von $q_2(t)$:

```
> Q2 := t -> rhs(F(t)[4]):
> plot(Q2, 0..0.005, title='Ladung q2(t)');
```

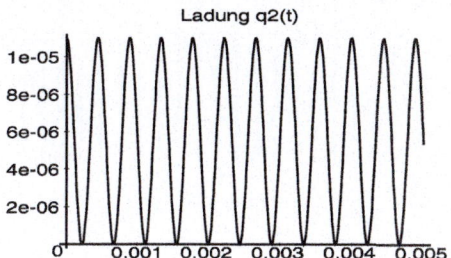

> **Der DEplot-Befehl.**
Eine alternative Möglichkeit, die numerische Lösung direkt graphisch darzustellen, bietet der **DEplot**-Befehl aus dem Paket **DEtools**. Der **DEplot**-Befehl lautet für eine Differenzialgleichung in $y(x)$:
DEplot(DG, y(x), x=a..b, [[y(x0)=y0, D(y)(x0)=.., ...]], stepsize=h)

Wird *stepsize* nicht spezifiziert, so wird standardmäßig $h = \frac{b-a}{20}$ gesetzt. Die Rechenpunkte werden jeweils durch einen Polygonzug verbunden. Sollen mehrere Zwischenpunkte eingefügt werden, muss die Option **iterations** = <*integer*> gesetzt werden, wobei <*integer*> die Anzahl der Integrationsschritte zwischen benachbarten Stützstellen angibt (Standard ist 1). Die Liste [[...]] gibt die Anfangsbedingungen an.

Neben der numerischen Lösung kann gleichzeitig das *Richtungsfeld* dargestellt werden. Es wird durch die Option **arrows** = 'NONE' (Standard) unterdrückt bzw. z.B. durch die Option **arrows** = 'small' aktiviert. Die vielfältigen Optionen von **DEplot** entnimmt man der MAPLE-Hilfe.

Beispiel 13.7 (RC-Kreis, mit MAPLE-Worksheet). Die Darstellung der numerischen Lösung mit Richtungsfeld erfolgt am Beispiel eines RC-Kreises.
```
> with(plots): with(DEtools):
> DG:= diff(U(t),t) = -U(t)/(R*C) + U0/(R*C)*sin(2.*3.14*f*t):
> R:=500: C:=5e-8: f:=1000: U0:=220: w:=2.*3.14*f:
```

Die exakte Lösung der Differenzialgleichung lautet
```
> Uex(t):= U0/(1+(R*C*w)^2)*(sin(w*t)-R*C*w*cos(w*t)
>                              +R*C*w*exp(-t/(R*C))):
> p1:=plot(Uex(t), t=0..2e-3, color=black):
```

und die numerischen Lösungen ergeben sich aus
```
> p2:=DEplot(DG, U(t), t=0..2e-3, [[U(0)=0]], stepsize=5e-5,arrows=small):
> display([p1,p2]);
```

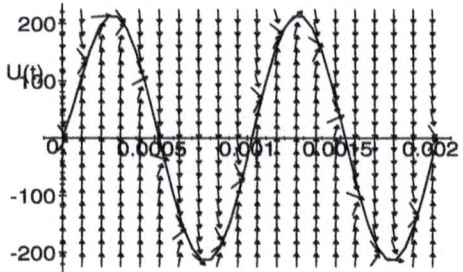

Abb. 13.11. Richtungsfeld der DG und numerische Lösung

13.4 Zusammenstellung der MAPLE-Befehle

Ableitungsbefehle von MAPLE

diff$(y(x), x)$	Ableitung des Ausdrucks $y(x)$ nach x.
diff$(y(x), x\$n)$	n-te Ableitung des Ausdrucks $y(x)$ nach x.
D(f)	Ableitung der Funktion f.
$(\mathbf{D@@n})(f)$	n-te Ableitung der Funktion f.
$(\mathbf{D@@n})(f)(x0)$	n-te Ableitung der Funktion f an der Stelle x_0.

Numerisches Lösen von DG

F:=**dsolve**$(\{DG, AB\}, y(x), numeric)$
  Numerisches Lösen der DG für $y(x)$ mit der Anfangsbedingung AB.

odeplot$(F, [x, y(x)], x = a..b)$
  Zeichnerische Darstellung der Lösung im Intervall $[a, b]$, falls F mit **dsolve** berechnet wird.

DEplot$(DG, y(x), x = a..b, [[y(x0) = y0]], stepsize=h)$
  Darstellen der numerischen Lösung der DG mit Anfangsbedingung $y(x_0) = y_0$ bei einer Schrittweite von h.

F:=**dsolve**$(\{DG1, ..., DGn, AB\}, \{y1(x), ..., yn(x)\}, numeric)$
  Numerisches Lösen des DG-Systems $DG_1, ..., DG_n$ mit den Anfangsbedingungen AB für die Funktionen $y_1(x), ..., y_n(x)$.

MAPLE-Worksheets zu Kapitel 13

– Numerisches Lösen mit **dsolve**
– Numerisches Lösen mit **DEplot**
– Numerisches Lösen mit dem Euler-Verfahren
– Die Prozedur **DEsolve**

14. Laplace-Transformation

14.1 Laplace-Transformation

Die Berechnung der Laplace-Transformierten einer Zeitfunktion $f(t)$

$$\mathcal{L}(f(t)) = F(s) = \int_0^\infty f(t)\, e^{-st}\, dt$$

erfolgt in MAPLE mit dem Befehl

laplace (*ausdruck, t, s*), wobei

ausdruck	der zu transformierende Funktionsausdruck
t	die Variable der Zeitfunktion
s	die Variable der Laplace-Transformierten

ist. Der **laplace**-Befehl ist im Paket **inttrans** (Integral-Transformationen) enthalten. Im Folgenden gehen wir immer davon aus, dass dieses Paket mit **with(inttrans)** aktiviert ist.

Beispiele 14.1 (Mit MAPLE-Worksheet).

① Die Laplace-Transformierte der **Exponentialfunktion**:
> f(t) := exp(5 * (t - t0)):
> with(inttrans):
> laplace (f(t), t, s);

$$\frac{e^{-5\,t0}}{s-5}$$

② Die Laplace-Transformierten von **Sinus** und **Kosinus**:
> laplace (cos(w * t), t, s);

$$\frac{s}{s^2 + w^2}$$

> laplace (sin(w * t), t, s);

$$\frac{w}{s^2 + w^2}.$$

③ Die Laplace-Transformierte der allgemeinen Potenzfunktion t^p ($p > -1$):
> assume(p>-1):
> laplace (t^p, t, s);

$$s^{-p\tilde{}-1}\Gamma\left(p\tilde{} + 1\right)$$

Dabei ist $\Gamma(p+1)$ die **Gamma-Funktion**, die für $p > -1$ durch

14. Laplace-Transformation

$$\Gamma(p+1) := \int_0^\infty x^p\, e^{-x}\, dx$$

definiert ist. Die Gamma-Funktion hat die Eigenschaften

(1) $\Gamma(p+1) = p\Gamma(p)$ (2) $\Gamma(1) = 1$ (3) $\Gamma\left(\dfrac{1}{2}\right) = \sqrt{\pi}$

und der Graph der Gamma-Funktion gegeben ist durch
> plot (GAMMA(x), x = 0..6, y = 0..100);

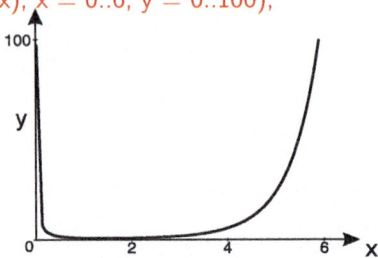

Abb. 14.1. Graph der Gamma-Funktion

Aus den Eigenschaften (1) und (2) folgt für $n \in \mathbb{N}$: $\boxed{\Gamma(n+1) = n!}$. D.h. die Gamma-Funktion ist eine Verallgemeinerung der Fakultät auf positive reelle Zahlen. □

⊙ Inverse Laplace-Transformation

Die zur Laplace-Transformation gehörende Rücktransformation (inverse Laplace-Transformation) lautet in MAPLE

> **invlaplace** (ausdruck, s, t), wobei

ausdruck	der Funktionsausdruck der Bildfunktion
s	die Variable der Bildfunktion
t	die Variable der zugehörigen Zeitfunktion.

Auch der Befehl **invlaplace** muss mit **with(inttrans)** geladen werden.

Beispiele 14.2 (Mit MAPLE-Worksheet).

(1) > F(s) := 1 / (s^2 + a):
     > with(inttrans):
     > invlaplace (F(s), s, t);

$$\frac{\sin(\sqrt{a}\, t)}{\sqrt{a}}$$

(2) > F(s) := s / (s^2 - a):
     > invlaplace (F(s), s, t);

$$\cosh(\sqrt{a}\, t)$$ □

14.2 Anwendungen der Laplace-Transformation

Anwendungsbeispiel 14.3 (RL-Wechselstrom-Kreis, mit MAPLE-Worksheet).

Gegeben ist der in Abb. 14.2 dargestellte RL-Stromkreis. Zum Zeitpunkt $t = 0$ wird eine Wechselspannung $U_0 \sin(\omega t)$ ein- und zum Zeitpunkt $t = T$ wieder abgeschaltet. Es soll sowohl die Laplace-Transformierte des Stromes, $I(s) = \mathcal{L}(I(t))$, als auch der Stromverlauf $I(t)$ berechnet werden. Für den Strom $I(t)$ gilt die Anfangsbedingung $I(0) = 0$.

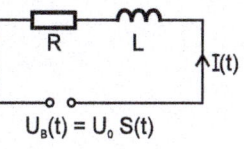

Abb. 14.2. RL-Kreis

Der Maschensatz liefert die das System beschreibenden Differenzialgleichung

$$L I'(t) + R I(t) = U_0 \sin(\omega t) \cdot (S(t) - S(t - T))$$

mit der in Abb. 14.3 dargestellten Inhomogenität.

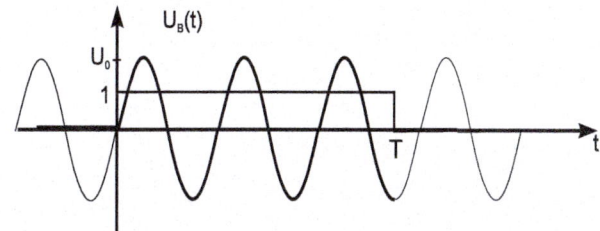

Abb. 14.3. Inhomogenität: $U_0 \sin(\omega t)(S(t) - S(t - T))$

1./2. Schritt: Anwendung der Laplace-Transformation auf die Differenzialgleichung und Auswertung mit dem **laplace**-Befehl.

```
> U(t) := U0 * sin(w * t) * (Heaviside(t) - Heaviside(t-T)):
> deq := L * diff(i(t), t) + R * i(t) = U(t):
> assume(T > 0):
> with(inttrans):
> laplace(deq, t, s);
```

$$\text{laplace}(i(t), t, s) \, s - i(0) + \frac{R}{L} \text{laplace}(i(t), t, s) =$$
$$\frac{U_0}{L} \left(\frac{w}{s^2 + w^2} - e^{(-sT\~)} \left(\frac{\cos(w T\~) w}{s^2 + w^2} + \frac{\sin(w T\~) s}{s^2 + w^2} \right) \right)$$

⚠ **Achtung:** Es ist zu beachten, dass der Strom nicht mit I bezeichnet werden darf, da in MAPLE I als systemvordefinierte Größe vorliegt: $I = \sqrt{-1}$.

⚠ **Achtung:** Desweiteren muss MAPLE mit **assume** mitgeteilt werden, dass $T > 0$, denn ansonsten kann die Laplace-Transformierte von $S(t - T)$ nicht

14. Laplace-Transformation

berechnet werden. Die Markierung ~ bei $T^\sim$ im Ergebnis erinnert daran, dass für den Parameter T Einschränkungen angenommen wurden.

3. Schritt: Auflösen nach der Laplace-Transformierten durch **solve** und setzen der Anfangsbedingung.

```
> solve(%, laplace (i(t), t, s)):
> i(s) := simplify(%);
> i(0) := 0;
```

$$i(s) := \left(i(0)\, L s^2 + i(0)\, L w^2 + U0\, w - s\, U0\, e^{-T^\sim s} \sin(T^\sim w) \right.$$
$$\left. - U0\, w\, e^{-T^\sim s} \cos(T^\sim w) \right) / \left(s^3 L + s^2 R + w^2 s L + w^2 R \right)$$

4. Schritt: Berechnung der zugehörigen Zeitfunktion durch **invlaplace**:

```
> i(t) := invlaplace(i(s), s, t):
> i(t) := simplify(%);
```

$$i(t) := \frac{U_0}{L^2 w^2 + R^2} \left[R \sin(wt) - L \cos(wt)\, w + L w\, e^{-\frac{R}{L}t} \right.$$

$$- \sin(T^\sim w)\, \text{Heaviside}(t - T^\sim)$$
$$\left(R \cos(w(t - T^\sim)) + L w \sin(w(t - T^\sim)) - R e^{-\frac{R}{L}(t-T^\sim)} \right)$$

$$- \cos(T^\sim w)\, \text{Heaviside}(t - T^\sim)$$
$$\left. \left(R \sin(w(t - T^\sim)) - L w \cos(w(t - T^\sim)) + L w\, e^{-\frac{R}{L}(t-T^\sim)} \right) \right]$$

Graphische Darstellung mit dem **plot**-Befehl.

```
> parameter := { w = 20, U0 = 3, T = 2, L = 1, R = 5 }:
> plot( subs(parameter, i(t)), t = 0..4);
```

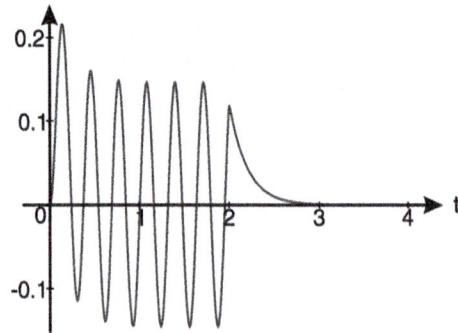

Abb. 14.4. Stromverlauf im RL-Kreis für eine Anregung aus Abb. 14.2

Interpretation: Nach einer Einschwingphase fließt ein Wechselstrom mit gleicher Frequenz wie die der eingespeisten Wechselspannung. Bei $T = 2$ wird die Spannungsquelle abgeschaltet, der Strom nimmt dann exponentiell ab. □

14.2 Anwendungen der Laplace-Transformation

Anwendungsbeispiel 14.4 (RC-Kreis, mit MAPLE-Worksheet).

Gesucht ist die Ladung $q(t)$ am Kondensator, wenn an das RC-Glied die in Abb. 14.5 dargestellte Dreieckspannung $U(t)$ angelegt wird.

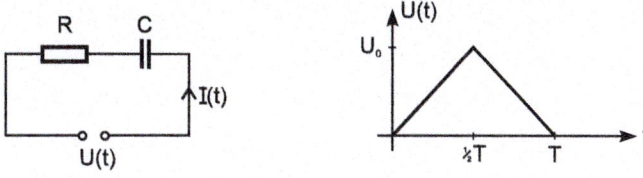

Abb. 14.5. RC-Kreis mit Dreiecksanregung

Nach dem Maschensatz gilt

$$RI + \frac{1}{C}q(t) = U(t)$$

bzw. mit der Beziehung $I(t) = q'(t)$:

$$\boxed{Rq'(t) + \frac{1}{C}q(t) = U(t).}$$

1./2. Schritt: Anwenden der Laplace-Transformation auf die Differenzialgleichung und Auswertung.

⚠ **Achtung:** Man beachte, dass die Laplace-Transformierte von $U(t)$ nur berechnet wird, wenn zuvor $U(t)$ mit dem **simplify**-Befehl vereinfacht wurde!
> alias(S=Heaviside):
> U(t) := (S(t) - S(t - T/2)) * 2 * U0/T * t +
        (S(t - T/2) - S(t - T)) * (-2 * U0/T) * (t - T):
> U(t) := simplify(U(t)):
> deq := R * diff (q(t), t) + 1/C * q(t) = U(t):
> assume(T > 0):
> with(inttrans):
> laplace (deq, t, s): simplify(%);

$$R\left(\text{laplace}(q(t), t, s)\, s - q(0)\right) + \frac{1}{C}\text{laplace}(q(t), t, s) =$$

$$-\frac{2\,U0}{T\tilde{\ }}\frac{1}{s^2}\left(-1 + 2\,e^{-\frac{T\tilde{\ }}{2}s} - e^{-T\tilde{\ }s}\right)$$

Die Markierung ˜ bei $T\tilde{\ }$ im Ergebnis erinnert daran, dass für den Parameter T Einschränkungen angenommen wurden.

3. Schritt: Auflösen nach $Q(s) = \mathcal{L}(q(t))$.
> Q(s) := solve(%, laplace(q(t), t, s)):
> Q(s) := simplify(Q(s)):

4. Schritt: Berechnung der zugehörigen Zeitfunktion.
> q(t) := invlaplace (Q(s), s, t);

$$q(t) := \frac{C}{T^\sim} \left[\frac{q(0) T^\sim}{C} e^{-\frac{t}{RC}} + 2 U_0 \left(-RC + t + RC e^{-\frac{t}{RC}} \right) \right.$$

$$-4 U_0 \left(-RC + t - \tfrac{1}{2} T^\sim + RC e^{-\frac{(t-T^\sim/2)}{RC}} \right) S\left(t - \tfrac{T^\sim}{2}\right)$$

$$\left. + 2 U_0 \left(-RC + t - T^\sim + RC e^{-\frac{(t-T^\sim)}{RC}} \right) S(t - T^\sim) \right]$$

Interpretation: Die Lösung für die Ladung kann man in drei Zeitbereiche aufteilen: $q_1(t)$ für $0 \le t \le \frac{T}{2}$, $q_2(t)$ für $\frac{T}{2} \le t \le T$ und $q_3(t)$ für $t \ge T$. Es gilt

$$q(t) = \begin{cases} q_1(t) = q(0) e^{-\frac{t}{RC}} + 2 \frac{U_0}{T} RC^2 \left(\frac{t}{RC} - 1 + e^{-\frac{t}{RC}} \right) & 0 \le t \le \frac{T}{2} \\[1ex] q_2(t) = q(0) e^{-\frac{t}{RC}} + 2 \frac{U_0}{T} RC^2 \\ \quad \left(1 + \frac{T-t}{RC} + e^{-\frac{t}{RC}} - 2 e^{-\frac{(t-T/2)}{RC}} \right) & \frac{T}{2} \le t \le \tau \\[1ex] q_3(t) = q(0) e^{-\frac{t}{RC}} + 2 \frac{U_0}{T} RC^2 \\ \quad \left(e^{-\frac{t}{RC}} - 2 e^{-\frac{(t-T/2)}{RC}} + e^{\frac{(t-T)}{RC}} \right) & t > T \end{cases}$$

Durch Differenziation erhält man die Ströme für den jeweiligen Zeitbereich, die für $q(0) = 0$ in Abb. 14.6 dargestellt sind.
> Iq(t):=diff(q(t),t):

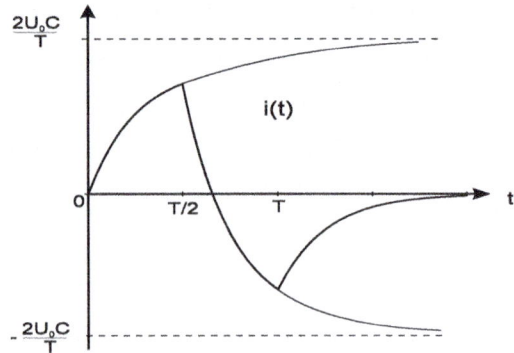

Abb. 14.6. Strom im RC-Kreis bei Dreiecksanregung

Man kann der Darstellung des Stromes in Abb. 14.6 entnehmen, dass sich $I(t)$ im Intervall $[0, T/2]$ aufbaut, dann erfolgt ein Abfall im Intervall $[T/2, T]$ gefolgt von einem exponentiell abklingenden Anteil in $[T, \infty)$. □

14.2 Anwendungen der Laplace-Transformation

Anwendungsbeispiel 14.5 (Elektrisches Netzwerk, mit MAPLE-Worksheet).

Gegeben ist das in Abb. 14.7 dargestellte elektrische Netzwerk. Gesucht sind die Einzelströme $I_1(t)$ und $I_2(t)$ in den beiden Zweigen, wenn die Anfangswerte $I_1(0) = I_2(0) = 0$.

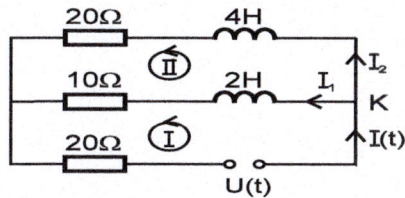

Abb. 14.7. Elektrisches Netzwerk

(i) Wir berechnen das elektrische Netzwerk mit MAPLE für eine angelegte Wechselspannung $U(t) = U_0 \sin(\omega t)$. Die Modellgleichungen für $I_1(t)$ und $I_2(t)$ lauten

```
> U(t) := U0 * sin(w * t):
> deq1 := 20 * (I1(t) + I2(t)) + 2 * diff(I1(t), t) + 10 * I1(t) = U(t):
> deq2 := -10 * I1(t) + 20 * I2(t) - 2 * diff(I1(t), t) + 4 * diff(I2(t), t) = 0:
> init := I1(0) = 0, I2(0) = 0:
```

Durch Anwenden der Laplace-Transformation erhalten wir
```
> with(inttrans):
> laplace ({deq1, deq2}, t, s );
```

$$\{ 30\,\mathrm{laplace}(I1(t),t,s) + 20\,\mathrm{laplace}(I2(t),t,s) + 2\,\mathrm{laplace}(I1(t),t,s)\,s - 2\,I1(0) = \frac{U0\,w}{s^2 + w^2},$$

$$-10\,\mathrm{laplace}(I1(t),t,s) - 2\,\mathrm{laplace}(I1(t),t,s)\,s + 2\,I1(0) + 4\,\mathrm{laplace}(I2(t),t,s)\,s - 4\,I2(0) + 20\,\mathrm{laplace}(I2(t),t,s) = 0\}$$

das lineare Gleichungssystem für die Bildfunktionen $I_1(s)$ und $I_2(s)$. Mit **solve** lösen wir das LGS und setzen mit dem **subs**-Befehl die Anfangsbedingungen *init* ein:
```
> solve (%, {laplace(I1(t), t, s), laplace(I2(t), t, s)}):
> sol := subs(init,%):
> I1(s) := rhs(sol[1]); I2(s) := rhs(sol[2]);
```

$$I1(s) := \frac{1}{2} \frac{5\,U0\,w + U0\,w\,s}{100\,s^2 + 25\,s^3 + 100\,w^2 + 25\,s\,w^2 + s^4 + s^2 w^2}$$

$$I2(s) := \frac{1}{4} \frac{5\,U0\,w + U0\,w\,s}{(5+s)(s^3 + 20\,s^2 + s\,w^2 + 20\,w^2)}$$

Mit dem **invlaplace**-Befehl bestimmt man die Zeitfunktionen $I_1(t)$ und $I_2(t)$:
```
> I1(t) := invlaplace (I1(s), s, t);
```

> I2(t) := invlaplace (I2(s), s, t);

$$I1(t) := \frac{1}{2} \frac{U0 \left(e^{-20t} w - w \cos(wt) + 20 \sin(wt)\right)}{w^2 + 400}$$

$$I2(t) := \frac{1}{4} \frac{U0 \left(e^{-20t} w - w \cos(wt) + 20 \sin(wt)\right)}{w^2 + 400}$$

Für die speziellen Werte $U_0 = 120\,V$ und $w = \frac{1}{20}$ zeichnen wir die Lösung:
> pl1 := subs({U0 = 120, w = 1/20}, I1(t)):
> pl2 := subs({U0 = 120, w = 1/20}, I2(t)):
> plot ({pl1, pl2, pl1 + pl2}, t = 0..200);

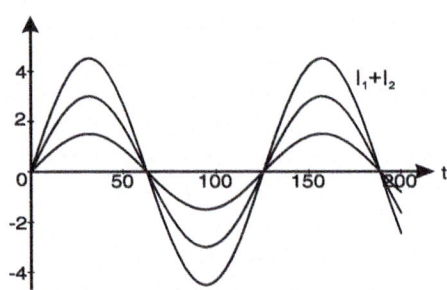

Abb. 14.8. Ströme im elektrischen Netzwerk bei Wechselspannung

(ii) Löst man die gleiche Aufgabe mit einer Rechteckspannung, so muss lediglich die erste Zeile in

> U(t) := U0 * (Heaviside(t) - Heaviside(t-T)): assume(T > 0):

geändert werden. Dann ergeben sich $I_1(t)$ und $I_2(t)$ zu

$$I1(t) = \frac{1}{40} U0(-e^{-20t} + 1 + \text{Heaviside}(t - T^{\sim}) e^{-20t + 20T^{\sim}} - \text{Heaviside}(t - T^{\sim}))$$

$$I2(t) = \frac{1}{80} U0(-e^{-20t} + 1 + \text{Heaviside}(t - T^{\sim}) e^{-20t + 20T^{\sim}} - \text{Heaviside}(t - T^{\sim}))$$

und die graphische Darstellung der Lösung zu

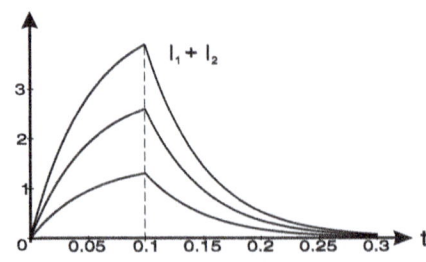

Abb. 14.9. Ströme im elektrischen Netzwerk bei Rechteckspannung

14.3 Zusammenstellung der MAPLE-Befehle

with(inttrans)	Befehle zur Fourier-Transformation.
laplace($f(t), t, s$)	Laplace-Transformierte der Zeitfunktion $f(t)$. s ist die Variable der Bildfunktion.
invlaplace($F(s), s, t$)	Inverse Laplace-Transformation von $F(s)$. t ist die Variable der zugehörigen Zeitfunktion.
laplace(DG, t, s)	Transformation der Differenzialgleichung DG mit Variablen t in den Bildbereich mit der Variablen s.
laplace($\{DG1, \ldots, DGn\}, t, s$)	Transformation eines Differenzialgleichungssystems in den Bildbereich.
dsolve($\{DG1, \ldots, DGn, init\}, \{y1(t), \ldots, yn(t)\}, method = laplace$)	Lösen von Differenzialgleichungssystemen mit den Anfangsbedingungen $init$ mit der Laplace-Transformation.
convert($F(s), parfrac, s$)	Partialbruchzerlegung der Bildfunktion $F(s)$.

diff($f(t), t$)	Ableitung des Ausdrucks $f(t)$ nach t.
diff($f(t), t\$n$)	n-te Ableitung des Ausdrucks $f(t)$ nach t.
D(f)	Ableitung der Funktion f.
(D@@n)(f)	n-te Ableitung der Funktion f.
Heaviside(t)	Sprungfunktion $S(t)$.
alias($S = Heaviside$)	Bezeichnung der Sprungfunktion mit $S(t)$.
S(t) - **S**($t - T$)	Rechteckfunktion mit Höhe 1 und Breite T.
alias($Q(s) = laplace(q(t), t, s)$)	Zuweisung des Namens $Q(s)$ der Laplace-Transformierten von $q(t)$.
solve($eq, Q(s)$)	Auflösung der Gleichung eq nach der Laplace-Transformierten $Q(s)$.

MAPLE-Worksheets zu Kapitel 14

Die folgenden elektronischen Arbeitsblätter stehen für Kapitel 14 mit MAPLE zur Verfügung.

– Laplace-Transformation mit MAPLE
– Inverse Laplace-Transformation mit MAPLE
– Methoden der Rücktransformation mit MAPLE
– Anwendungen mit MAPLE

15. Fourier-Reihen

Satz von Fourier für p-periodische Funktionen: Sei $f : \mathbb{R} \to \mathbb{R}$ eine p-periodische Funktion, die stückweise stetig differenzierbar ist und die für alle $x \in \mathbb{R}$ die Mittelwerteigenschaft erfüllt. Dann konvergiert die Fourier-Reihe

$$f(x) = a_0 + \sum_{n=1}^{\infty} a_n \cos\left(n \tfrac{2\pi}{p} x\right) + \sum_{n=1}^{\infty} b_n \sin\left(n \tfrac{2\pi}{p} x\right)$$

für alle $x \in \mathbb{R}$ und stimmt mit der Funktion f überein. Die Koeffizienten sind

$$a_0 = \frac{1}{p} \int_0^p f(x)\, dx$$

$$a_n = \frac{2}{p} \int_0^p f(x) \cos\left(n \tfrac{2\pi}{p} x\right) dx \quad n = 1, 2, 3, \ldots$$

$$b_n = \frac{2}{p} \int_0^p f(x) \sin\left(n \tfrac{2\pi}{p} x\right) dx \quad n = 1, 2, 3, \ldots \; .$$

15.1 Berechnung der Fourier-Koeffizienten

Beispiel 15.1 (Mit MAPLE). Gegeben ist die Funktion $f(x) = \frac{1}{\pi}(x-\pi)^2$ im Intervall $0 \leq x \leq 2\pi$, die 2π-periodisch auf $\mathbb{R}$ fortgesetzt wird:

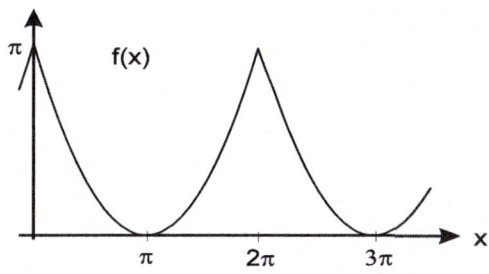

Abb. 15.1. Funktion $f(x) = \frac{1}{\pi}(x-\pi)^2$ im Intervall $0 \leq x \leq 2\pi$

Aufgrund der Achsensymmetrie bezüglich der y-Achse ist

$$b_n = 0 \quad \text{für} \quad n = 1, 2, 3, \ldots \; .$$

Mit dem **int**-Befehl werden die Fourier-Koeffizienten a_n in Abhängigkeit von n bestimmt. Als Ergebnis der Integration erhalten wir einen Ausdruck für a_n. Zur MAPLE-Notation der Koeffizienten wählen wir den ||-Operator (**cat**-Operator). Alternativ kann man die Koeffizienten als Vektor $a[n]$ abspeichern.

> f := x -> 1/Pi * (x - Pi)^2:
> p := 2 * Pi:
> a||0 := 1/p * int(f(x), x = 0..p);

$$a0 := \frac{1}{3}\pi$$

> a||n := 2/p * int(f(x) * cos(n * x), x = 0..p);

$$2\,\frac{\cos(\pi n)\left(-2\sin(\pi n) + \pi^2 n^2 \sin(\pi n)\,\pi^2 + 2\pi n \cos(\pi n)\right)}{\pi^2 n^3}$$

Da MAPLE $\sin(\pi n)$ bzw. $\cos(\pi n)$ nicht durch 0 bzw. $(-1)^n$ vereinfachen kann (n ist nicht als natürliche Zahl deklariert), wird dies explizit mit dem **subs**-Befehl durchgeführt. Alternativ kann man über den **assume**-Befehl annehmen, dass n eine Integer-Zahl darstellt. Dann erfolgt die Vereinfachung automatisch.

> a||n := subs({sin(n * Pi) = 0, cos(n * Pi) = (-1)^n}, a||n);

$$an := 4\,\frac{((-1)^n)^2}{\pi n^2}$$

Somit ist

$$f(x) = \frac{\pi}{3} + \frac{4}{\pi} \sum_{n=1}^{\infty} \frac{1}{n^2} \cos(nx) \ .$$

Die graphische Darstellung der Funktion f zusammen mit den ersten Partialsummen erfolgt mit dem **plot**-Befehl

> plot({f(x), a0 + add(an * cos (n * x), n = 1..5)},
>   x = 0..p, title = 'f(x) und Fourier-Reihe');

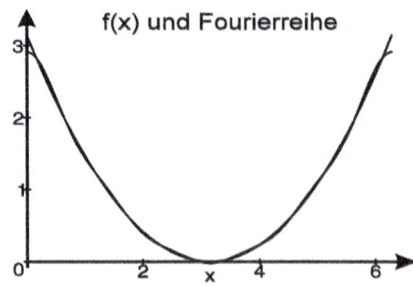

Abb. 15.2. Die Partialsumme der Funktion $f(x) = \frac{1}{\pi}(x-\pi)^2$ für $n=5$ □

15.2 Analyse T-periodischer Signale

Anwendungsbeispiel 15.2 (Fourier-Zerlegung eines Sinusimpuls-Einweggleichrichters, mit MAPLE).

Wir betrachten das in Abb. 15.3 gezeigte Signal des Sinusimpulses eines *Einweggleichrichters* mit Periode T:

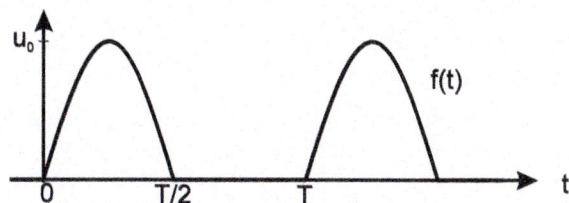

Abb. 15.3. Sinusimpuls eines Einweggleichrichters

Der Impuls wird im Periodenintervall $[0, T]$ durch die Funktionsgleichung

$$f(t) = \begin{cases} u_0 \sin(\omega_0 t) & 0 \leq t \leq \frac{T}{2} \\ 0 & \frac{T}{2} < t \leq T \end{cases}$$

mit $\omega_0 = \frac{2\pi}{T}$ beschrieben. Da das Signal im Bereich $\frac{T}{2} \leq t \leq T$ gleich Null ist, reduzieren sich die Integrationsgrenzen der Integrale auf $t = 0..\frac{T}{2}$.

> w0 := 2 * Pi / T:
> f(t) := u0 * sin(w0 * t):

Berechnung des Koeffizienten a_0:
> a||0 := 1/T * int(f(t), t = 0.. T/2);

$$a0 := \frac{u0}{\pi}$$

Berechnung der Koeffizienten a_n:
> a||n := 2/T * int(f(t) * cos(n * 2 * Pi/T * t), t = 0..T/2):
> a||n := simplify(%);

$$an = -\frac{u0\,(\cos(n\,\pi) + 1)}{\pi\,(1+n)\,(-1+n)}$$

> a||n := subs(cos(n * Pi) = (-1)^n, a||n);

$$an := -\frac{u0\,((-1)^n + 1)}{\pi\,(1+n)\,(-1+n)}$$

Anhand des Ergebnisses für a_n erkennt man, dass der Integralausdruck formal zwar berechnet wird, aber nur für $n \neq 1$ definiert ist. Der Koeffizient a_1 muss separat bestimmt werden:
> a||1 := 2/T * int(f(t) * cos(2 * Pi/T * t), t = 0.. T/2);

$$a1 := 0$$

Insgesamt erhält man also für die Koeffizienten a_n:

$$a_n = \begin{cases} 0 & \text{für } n \text{ ungerade} \\ -\dfrac{2\,u_0}{\pi\,(n^2-1)} & \text{für } n \text{ gerade}, n > 0 \end{cases}$$

Berechnung der Koeffizienten b_n:
> b||n := 2 / T * int(f(t) * sin(n * 2 * Pi/T * t), t = 0.. T / 2):
> b||n := simplify(%);

$$bn := -\frac{\sin(n\,\pi)\,u0}{\pi\,(1+n)\,(-1+n)}$$

Auch hier muss der Koeffizient b_1 separat berechnet werden, da der Ausdruck nur für $n \neq 1$ definiert ist. Also
> b||1 := 2/T * int(f(t) * sin(2 * Pi/T * t), t = 0.. T/2);

$$b1 := \frac{1}{2}u0$$

Ersetzen wir in der allgemeinen Formel für b_n noch $\sin(n\,\pi) = 0$, gilt für $n \neq 1$
> b||n := subs(sin(n * Pi) = 0, b||n);

$$bn := 0$$

Die Fourier-Reihe des Sinusimpulses hat demnach folgende Gestalt

$$f(t) = \frac{u_0}{\pi} + \frac{u_0}{2}\sin(\omega_0 t) - \frac{2}{\pi}u_0 \sum_{\substack{n=2 \\ n \text{ gerade}}}^{\infty} \frac{1}{n^2-1}\cos(n\,\omega_0 t)$$

Die graphische Darstellung der Fourier-Reihe für $n = 8$ erfolgt durch
> T := 3: u0 := 1:
> p1 := a0 + b1 * sin(w0 * t) + add(an * cos(n * 2 * Pi/T *), n = 2..8):
> plot(p1, t = - T.. 2 * T, y = -0.2..1.1, numpoints = 200);

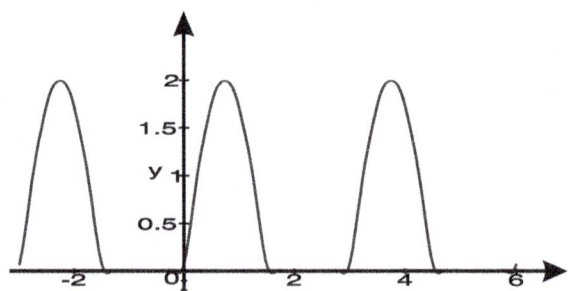

Abb. 15.4. Partialsumme der Fourier-Reihe für $n = 8$

□

Anwendungsbeispiel 15.3 (Fourier-Zerlegung einer Kippschwingung, mit MAPLE).

Gegeben ist eine *Kippschwingung* mit Periode T. Gesucht ist das Amplitudenspektrum dieser Funktion.

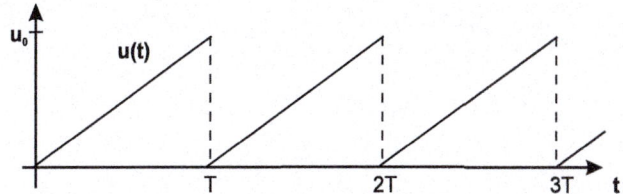

Abb. 15.5. Zeitlicher Verlauf einer Kippschwingung

Die Kippschwingung wird im Periodenintervall $t \in [0, T)$ durch die Gleichung $u(t) = \frac{u_0}{T} t$ beschrieben. Zur Abkürzung setzen wir $\omega_0 = \frac{2\pi}{T}$.
> w0 := 2 * Pi/T:
> u(t) := u0 / T * t:

Berechnung des Koeffizienten a_0:
> a[0] := 1/T * int(u(t), t = 0.. T);

$$a_0 := \frac{1}{2} u0$$

Berechnung der Koeffizienten a_n:
> a[n] := 2/T * int(u(t) * cos(n * w0 * t), t = 0.. T):
> a[n] := simplify(%);

$$a_n := \frac{u0 \left(\cos(\pi n)^2 - 1 + 2 \sin(\pi n) \cos(\pi n) n \pi\right)}{\pi^2 n^2}$$

> a[n] := subs({cos(Pi * n) = (-1)^n, sin(Pi * n) = 0}, a[n]);

$$a_n := \frac{u0 \left(((-1)^n)^2 - 1\right)}{\pi^2 n^2}$$

Berechnung der Koeffizienten b_n:
> b[n] := 2/ T * int(u(t) * sin (n * w0 * t), t = 0..T);

$$b_n := -\frac{u0 \left(-\sin(n\pi)\cos(n\pi) + 2\cos(n\pi)^2 n\pi - n\pi\right)}{n^2 \pi^2}$$

> b[n] := subs({cos(2 * Pi * n) = 1, sin(2 * Pi * n) = 0}, b[n]);

$$b_n := -\frac{u0}{n\pi}$$

Die Fourier-Reihe der Kippschwingung besitzt somit die Gestalt

$$u(t) = \frac{u_0}{2} - \frac{u_0}{\pi} \left[\sin(\omega_0 t) + \frac{1}{2} \sin(2\omega_0 t) + \frac{1}{3} \sin(3\omega_0 t) + \ldots \right]$$

Die Kippschwingung enthält die folgenden Komponenten:

(1) Den Gleichspannungsanteil $\frac{u_0}{2}$

(2) Die Grundschwingung mit Frequenz ω_0 und der Amplitude $\frac{u_0}{\pi}$

(3) Sinusförmige Oberschwingungen mit den Frequenzen $2\omega_0, 3\omega_0, 4\omega_0, \ldots$ und den Amplituden $\frac{u_0}{2\pi}, \frac{u_0}{3\pi}, \frac{u_0}{4\pi}, \ldots$

In Abb. 15.6 ist die Partialsumme der Fourier-Reihe für $n = 30$ gezeichnet
> plot(a[0] + add(b[n] * sin(n * 2 * Pi/T * t),n=1..30), t=0..2 * T);

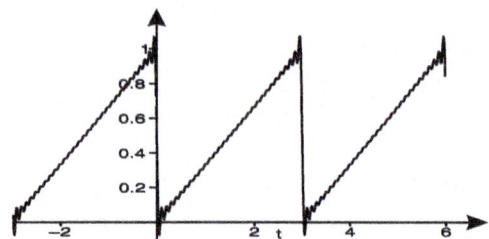

Abb. 15.6. Partialsumme der Fourier-Reihe für $n = 30$

und in Abb. 15.7 das Amplitudenspektrum.
> A||n:=sqrt(a[n]^2+b[n]^2):
> Spek:= [[0,0], [0,a[0]]], seq([[n,0], [n, An]] ,n=1..30):
> plot(Spek, x=0..33, color=black, thickness=3);

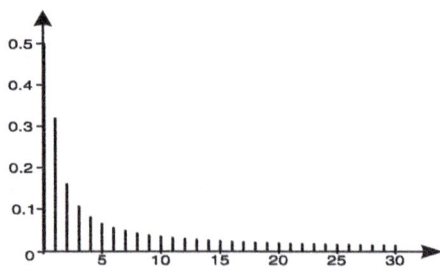

Abb. 15.7. Amplitudenspektrum bis $n = 30$

Diskussion: Die Fourier-Koeffizienten bei der Kippschwingung sind $\sim \frac{1}{n}$. Dies bedeutet, dass der Anteil der Oberschwingungen am Gesamtsignal groß ist. Wie langsam die Abnahme der Amplituden ist, entnimmt man dem Amplitudenspektrum. Hohe Frequenzen besitzen noch relativ große Amplituden. Im Bereich der Unstetigkeitsstelle führen diese Oberschwingungen zu Überschwingungen, was man an der graphischen Darstellung der Fourier-Reihe sieht. □

15.3 Prozedur zur Berechnung der Fourier-Koeffizienten

Um die Berechnung der Fourier-Reihen zu automatisieren werden in der Prozedur **fourier_reihen** die Fourier-Koeffizienten einer Funktion numerisch berechnet. Die Annäherung der Fourier-Reihe an die Funktion wird mit steigender Ordnung durch eine Animation visualisiert und das Amplitudenspektrum der Funktion graphisch dargestellt.

Die Fourier-Koeffizienten werden bestimmt, indem das Integral für die Koeffizienten in seiner trägen (inerten) Form verwendet und mit **evalf** numerisch berechnet wird. Die Fourier-Koeffizienten werden mit $af[k]$ und $bf[k]$ bezeichnet und die Einzelbilder mit steigendem k in $pl[k]$ abgespeichert. Mit **numpoints=5k** werden die Bilder mit mehr Zwischenpunkten erstellt. Der **display**-Befehl mit der Option **insequence=true** ergibt eine Animation, bei der die Funktion zusammen mit den Teilsummen der Fourier-Reihe mit wachsender Ordnung visualisiert werden.

```
> fourier_reihen:=proc()
> #Numerische Bestimmung der Fourier-Koeffizienten, Animation des
> #Konvergenzvorgangs und Berechnung des Amplitudenspektrums.
>
> local funk, x, p, N, af, bf, fourier_r, k, i ,
> plotfunk, plfunk, plfourier, pl, Ampl_spek ;
>
> funk:=args[1]:
> x:=op(1,args[2]):
> p:=op(2,op(2,args[2])) - op(1,op(2,args[2])):
> N:=args[3]:
>
> #Funktionsplot über 3 Periodenintervalle
> funk:=unapply(funk,x):
> plotfunk:=add(funk(x-(k-2) * p) *
>                 (Heaviside(x-(k-2) * p)-Heaviside(x-(k-1) * p)),k=1..3):
> plfunk:=plot(plotfunk,x=-p..2 * p,color=red);
>
> #Numerische Bestimmung der Fourier-Koeffizienten
> af:=array(0..N):     bf:=array(1..N):
> af[0]:=evalf(1/p * Int(funk(x),args[2])):
> lprint( 'k , a_k, b_k ');
> lprint(0,af[0]);
> for k from 1 to N do
>     af[k]:=evalf(2/p * Int(cos(k * 2 * Pi/p * x) * funk(x),args[2])):
>     bf[k]:=evalf(2/p * Int(sin(k * 2 * Pi/p * x) * funk(x),args[2])):
>     lprint(k,af[k],bf[k]);
> end do:
>
```

230 15. Fourier-Reihen

```
> #Graphische Darstellung der Teilsummen für steigendes k
> fourier_r:=af[0]:
> for k from 1 to N do
>    fourier_r:=fourier_r+(af[k] * cos(k * 2 * Pi/p * x))
>                                                   +(bf[k] * sin(k * 2 * Pi/p * x));
>    plfourier:=plot(fourier_r, x=-p..2 * p, numpoints =30 * k, thickness=2);
>    pl[k]:=plots[display]({plfunk,plfourier}):
> end do:
>
> #Darstellung des Amplitudenspektrums
> Ampl_spek := [[0,0] ,[0,af[0]]], seq([ [k,0] , [k, sqrt(af[k]^2+bf[k]^2)]] ,k=1..N);
> print(plot(Ampl_spek, x=0..N+2,color=black,thickness=3,
>                                      title='Amplitudenspektrum'));
> #Animation
> plots[display]([ seq(pl[k], k=1..N) ], insequence=true);
> end:
```

Der Aufruf von **fourier_reihen** erfolgt durch
> fourier_reihen($ausdruck$, $var = a..b$, N);
wobei

- $ausdruck$: Funktionsausdruck in der Variablen var
- var: Variable des Funktionsausdrucks
- $a..b$: Periodenintervall
- N: Anzahl der Summenglieder der Reihe.

Beispiel 15.4 (Mit MAPLE). Gesucht sind die Fourier-Koeffizienten der Fourier-Reihe sowie das Amplitudenspektrum der Funktion

$$f(t) = |sin(t)| \ .$$

Die Funktion f ist π-periodisch. Der Aufruf für die Berechnung der Fourier-Koeffizienten bis zur Ordnung 8 erfolgt damit durch
> f(t):=abs(sin(t)):
> fourier_reihen(f(t), t=0..Pi, 8);

k	a_k	b_k
0	.6366197720	
1	-.4244131814	.8780751464e-16
2	-.8488263630e-1	.1759291886e-15
3	-.3637827270e-1	.1078351678e-14
4	-.2021015149e-1	.1166316272e-14
5	-.1286100550e-1	.1254280867e-14
6	-.8903773040e-2	.2078841026e-15
7	-.6529433564e-2	0
8	-.4993096252e-2	0

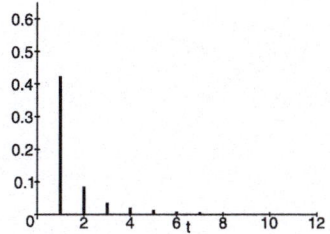
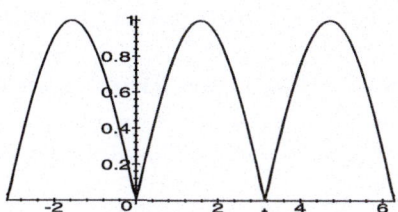

⚠ **Achtung:** Man beachte, dass bei der numerischen Berechnung der Koeffizienten Rundungsfehler auftreten, die dazu führen, dass Koeffizienten, die aus einer analytischen Rechnung Null ergeben, nun einen sehr kleinen Wert (in der Größenordnung $< 10^{-10}$) besitzen! □

Graphische Darstellung periodischer Funktionen mit MAPLE

In der Regel sind periodische Funktionen durch eine Funktionsvorschrift im Periodenintervall $[0, T]$ festgelegt. Die periodische Darstellung der Funktionen außerhalb des Intervalls $[0, T]$ erhält man durch Verschieben des Graphen jeweils um eine Periode T. In der Prozedur **fourier_reihen** wird die graphische Darstellung im Intervall $[-T, 2T]$ mit der Heavisidefunktion $S(t)$ realisiert:

$$f_p(t) = \sum_{k=1}^{3} f(t - (k-2)\,p) \cdot (S(t - (k-2)\,p) - S(t - (k-1)\,p)).$$

$f_p(t)$ ist die T-periodische Fortsetzung der Funktion f im Intervall $[-T, 2T]$. Alternativ verwendet man den **floor**-Befehl, um die periodische Fortsetzung einer Funktion zu konstruieren. Die Prozedur **PE** erstellt zu einer Funktion f in einem vorgegebenen Periodenintervall die periodische Erweiterung.

```
> PE := proc()
> local x, f, l, r:
>     x:=op(1,args[2]):
>     l:=lhs(op(2,args[2])):   r:=rhs(op(2,args[2])):
>     f:=unapply(args[1],x):
>     f(x-floor((x-l)/r) * r):
> end:
```

Beispiel 15.5 (Mit MAPLE**).** Um beispielsweise eine Sägezahnkurve zu erstellen, gehen wir von der Funktion $f(x) = x$ im Intervall $[0, 3]$ aus und stellen diese Funktion im Intervall von -4 bis 7 graphisch dar

```
> f1:=PE(x, x=0..3);
> plot(f1, x=-4..7);
```

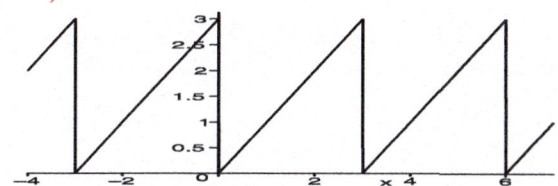

□

15.4 Berechnung der komplexen Fourier-Koeffizienten

Satz von Fourier: (Komplexe Formulierung). Sei $f : \mathbb{R} \to \mathbb{C}$ eine komplexwertige Funktion mit reeller Periode p. f sei stückweise stetig differenzierbar und erfülle die Mittelwerteigenschaft. Dann konvergiert die komplexe Fourier-Reihe $\sum_{n=-\infty}^{\infty} c_n e^{in\frac{2\pi}{p}x}$ für alle $x \in \mathbb{R}$ gegen $f(x)$. Die komplexen Fourier-Koeffizienten sind gegeben durch

$$c_n = \frac{1}{p} \int_0^p f(x) \, e^{-in\frac{2\pi}{p}x} \, dx \qquad \text{für } n \in \mathbb{Z}\,.$$

Beispiel 15.6 (Zweiweggleichrichter, mit MAPLE-Worksheet). Gesucht sind die komplexen Fourier-Koeffizienten des Zweiweggleichrichters (Abb. 15.8)

$$i(t) = i_0 \, |\sin(\omega_0 t)| \quad \text{mit} \quad \omega_0 = \frac{2\pi}{T}.$$

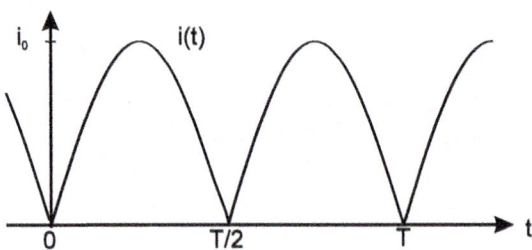

Abb. 15.8. Zweiweggleichrichter

Da die Berechnung des Integrals $\int_0^T |\sin(\omega_0 t)| \, e^{-in\omega_0 t} \, dt$ mit MAPLE nicht explizit durchgeführt wird, spalten wir das Integral von $t = 0..T$ auf in ein Integral von $t = 0..\frac{T}{2}$ und ein zweites von $t = \frac{T}{2}..T$:

```
> w0 := 2 * Pi/T:
> i(t) := i0 * sin(w0 * t) :
> integral := 1/T * (Int(i(t) * exp(-I * n * w0 * t), t = 0..T/2)
                   + Int(-i(t) * exp(-I * n * w0 * t), t = T/2..T)):
> value(%):
> c[n] := normal(%);
```

$$c_n := -\frac{1}{2} \frac{i0 \left(2 e^{-I n \pi} + 1 + e^{-2 I n \pi}\right)}{\pi (n^2 - 1)}$$

Für $n = \pm 1$ müssen die Koeffizienten c_1 und c_{-1} separat berechnet werden.
```
> value(subs(n = +1, integral)):    c[1] := normal(%);
```

$$c_1 := 0$$

```
> value(subs(n = -1, integral)):     c[-1] := normal(%);
```
$$c_{-1} := 0$$

Zur Vereinfachung der allgemeinen Koeffizienten c_n setzen wir $e^{-in\pi} = (-1)^n$ und $e^{-2\pi i n} = 1$:
```
> c[n] := subs({exp(-I * n * Pi) = (-1)^n, exp(-2 * I * n * Pi) = 1}, c[n]);
```
$$c_n := -\frac{1}{2} \frac{i0\,(2\,(-1)^n + 2)}{\pi\,(n^2 - 1)} \qquad \square$$

15.5 Zusammenstellung der MAPLE-Befehle

int$(f(x), x = 0..p)$	Berechnung des bestimmten Integrals $\int_0^p f(x)\,dx$.
Int$(f(x), x = 0..p)$	Inerte Form des **int**-Befehls: Das Integral wird nur symbolisch dargestellt.
value$(\text{Int}(f(x), x = 0..p))$	Symbolische Auswertung der inerten Form des bestimmten Integrals.
evalf$(\text{Int}(f(x), x = 0..p))$	Numerische Auswertung des bestimmten Integrals. In diesem Fall darf das Integral keine Parameter enthalten.
add$(a[n] * \cos(n * x), n = 1..N)$	Summe $\sum_{n=1}^{N} a_n \cos(n\,x)$.
simplify(...)	Vereinfachung eines Ausdrucks.
normal(...)	Bestimmung des Hauptnenners und Kürzen von gemeinsamen Faktoren.
subs$(\sin(2 * Pi * n) = 0, expr)$	Ersetzt in *expr* $\sin(2\pi\,n)$ durch Null.

MAPLE-Worksheets zu Kapitel 15

 Die folgenden elektronischen Arbeitsblätter stehen für Kapitel 15 mit MAPLE zur Verfügung.

— 2π-periodischer Funktionen mit MAPLE
— T-periodische Signale mit MAPLE
— Numerische Bestimmung der Fourier-Koeffizienten mit MAPLE
— Komplexe Fourier-Koeffizienten mit MAPLE
— Darstellung periodischer Funktionen mit MAPLE

16. Fourier-Transformation

16.1 Fourier-Transformation und Beispiele

Die Berechnung der Fourier-Transformierten einer Zeitfunktion $f(t)$

$$F(\omega) = \int_{-\infty}^{\infty} f(t)\, e^{-i\omega t}\, dt$$

erfolgt in MAPLE mit dem Befehl

> **fourier**($ausdruck, t, w$), mit den Parametern

- $ausdruck$: zu transformierender Ausdruck,
- t: Variable des zu transformierenden Ausdrucks,
- w: Variable der Transformierten.

Vor dem Aufruf muss diese Prozedur durch das Package **inttrans** (**Integraltrans**formationen) mit **with(inttrans)** bereitgestellt werden. Im Folgenden gehen wir immer davon aus, dass der Befehl **fourier** geladen ist.

Bei der Berechnung von Fourier-Transformierten wird oftmals die Sprungfunktion $S(t)$ benötigt, die in MAPLE mit $Heaviside(t)$ bezeichnet wird. Z.B. der Rechteckimpuls $rect(t/T)$ setzt sich aus zwei Heaviside-Funktionen zusammen:

$$rect(t/T) := \text{Heaviside}(t+T) - \text{Heaviside}(t-T).$$

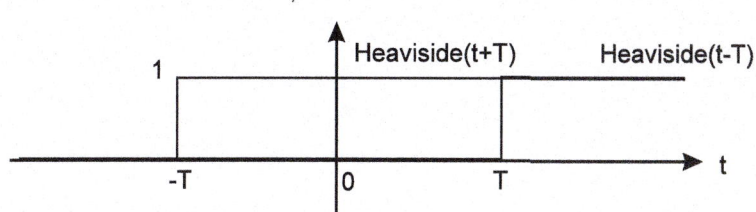

Abb. 16.1. Rechteckfunktion $rect(t/T) = Heaviside(t+T) - Heaviside(t-T)$

Beispiele 16.1 (Mit MAPLE).

① Fourier-Transformation der Rechteckfunktion
> with(inttrans):
> rect(t/T) := Heaviside(t+T) - Heaviside(t-T):
> fourier(rect(t/T), t, w);

$$e^{(I\,w\,T)}\left(\pi\, Dirac(w) - \frac{I}{w}\right) - e^{(-I\,w\,T)}\left(\pi\, Dirac(w) - \frac{I}{w}\right)$$

> simplify(%);

$$2\,\frac{\sin(\,w\,T\,)}{w}$$

Im Zwischenergebnis der Fourier-Transformierten kommt die *Dirac*-Funktion vor (siehe Abschnitt 16.3).

② Gesucht ist die Fourier-Transformierte der Funktion $S(t)\,e^{-a\,t}$:
> fourier(Heaviside(t) * exp(-a * t), t, w);

$$\text{fourier}(\,\text{Heaviside}(\,t\,)\,e^{(-a\,t)},t,w\,)$$

⚠ **Achtung:** MAPLE liefert **kein** Ergebnis, da der Parameter a nicht näher spezifiziert ist. Für $a < 0$ existiert die Fourier-Transformation dieser Funktion nicht! Schränken wir jedoch mit **assume** $a \geq 0$ ein, so folgt
> assume(a>=0):
> fourier(Heaviside(t) * exp(-a * t), t, w);

$$\frac{1}{a\tilde{\ } + I\,w}$$

Die Markierung ~ bei $a\tilde{\ }$ im Endergebnis erinnert daran, dass für den Parameter a Einschränkungen angenommen wurden.

③ Gesucht ist die Fourier-Transformierte von $S(t)e^{-g\,t}cos(\omega_0\,t)$, wenn $S(t)$ die Sprungfunktion darstellt.
> S(t):=Heaviside(t):
> assume(g>=0, w0>=0):
> fourier(S(t) * exp(-g * t) * cos(w0 * t), t, w):
> normal(%, expanded);

$$\frac{g\tilde{\ } + I\,w}{g\tilde{\ }^2 + 2\,I\,g\tilde{\ }\,w - w^2 + w0\tilde{\ }^2}$$

④ Die wichtigsten Eigenschaften der Fourier-Transformation kann man mit MAPLE direkt nachprüfen: Die Linearität, die Symmetrieeigenschaft sowie die Eigenschaft der Ableitung sind als Formeln verfügbar:
> with(inttrans):
> fourier(k1 * f1(t)+k2 * f2(t), t, w);

$$k1\,\text{fourier}(\,f1(\,t\,),t,w\,) + \ k2\,\text{fourier}(\,f2(\,t\,),t,w\,)$$

> fourier(fourier(f(t), t, w), w, t);

$$2\,\pi\,f(\,-t\,)$$

> fourier(diff(f(t), t), t, w);

$$I\,w\,\text{fourier}(\,f(\,t\,),t,w\,)$$
□

16.2 Inverse Fourier-Transformation

Gesucht wird die zur Transformierten $F(\omega) = \frac{1}{\alpha + i\omega}$ gehörende Zeitfunktion $f(t)$. Diese Zeitfunktion bestimmt man durch die inverse Fourier-Transformation. Mit MAPLE lautet der Befehl:

> **invfourier**($ausdruck, w, t$), mit den Parametern

- $ausdruck$: zu transformierender Ausdruck,
- w : Variable des Ausdrucks,
- t : Variable der Inversen.

```
> with(inttrans):
> assume(a>0):
> f(t):=invfourier(1/(a+I*w), w, t);
```

$$f(t) := e^{(-a\tilde{}\, t)} \text{Heaviside}(t)$$

16.3 Darstellung der Deltafunktion

In der Systemtheorie und in vielen anderen Gebieten der Technik und Physik spielt die Impulsfunktion $\delta(t)$ eine wichtige Rolle. Man bezeichnet diese Funktion auch oftmals nach ihrem Erfinder Dirac-Funktion oder auch aufgrund der Notation als Deltafunktion. In der Physik werden dieser Funktion die folgenden Eigenschaften zugewiesen:

Eigenschaften der Deltafunktion:

(1) $\delta(t) = 0 \quad$ für $t \neq 0$

(2) $\delta(0) = \infty$

(3) $\int_{-\infty}^{\infty} \delta(t)\, dt = 1$

(4) $\int_{-\infty}^{\infty} \delta(t)\, f(t)\, dt = f(0) \quad$ für jede stetige Funktion $f : \mathbb{R} \to \mathbb{R}$.

Heuristisch legt man die Deltafunktion über einen Grenzübergang fest: Für $T > 0$ definiert man zunächst Rechteckfunktionen $\delta_T(t)$, die für $-\frac{T}{2} \leq t \leq \frac{T}{2}$ den konstanten Wert $\frac{1}{T}$ annehmen; außerhalb des Intervalls Null sind. Dann

16. Fourier-Transformation

setzt man
$$\delta(t) := \lim_{T \to 0} \delta_T(t)$$

In MAPLE wird die Dirac- bzw. Deltafunktion definiert durch
> Dirac(t);

Wir zeigen im Folgenden den Übergang des Spektrums der Funktionenfamilie $\delta_T(t)$ für $T \to 0$ zum Spektrum der Deltafunktion auf. Da
$$\delta_T(t) = \frac{1}{T} \, rect(\frac{2t}{T})$$
gilt nach Beispiel 16.1 ① für das Spektrum

$$F_T(\omega) := \mathcal{F}\left(\delta_T(t)\right)(\omega) = \frac{\sin(\omega\, T/2)}{\omega\, T}.$$

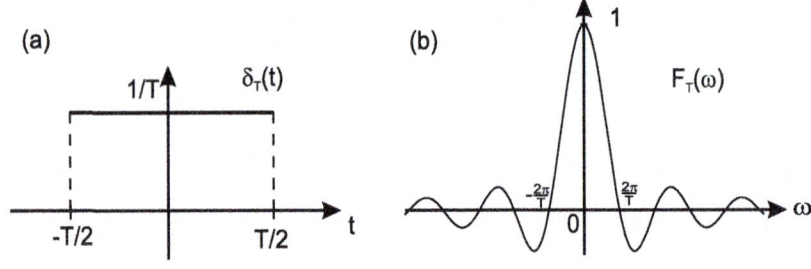

Abb. 16.2. a) Zeitfunktion $\delta_T(t)$, b) Transformierte $F_T(\omega)$

Wir diskutieren das Spektrum $F_T(\omega)$ in Abhängigkeit des Parameters T: Die Maximalamplitude ist 1; unabhängig von T. Die erste Nullstelle des Spektrums liegt bei $\omega = \pm \frac{2\pi}{T}$; abhängig von T. Für $T \to 0$ strebt diese Nullstelle gegen $\pm \infty$:

$$\delta_T(t) \xrightarrow{T \to 0} \delta(t) \quad \Rightarrow \quad F_T(\omega) \xrightarrow{T \to 0} 1.$$

Der Übergang $F_T(\omega) \to 1$ für $T \to 0$ lässt sich graphisch mit MAPLE sehr schön veranschaulichen:
> Delta_T := 1/T * (Heaviside(t + T/2) - Heaviside(t - T/2)):
> with(inttrans):
> F_T := fourier(Delta_T, t, w): F_T:=simplify(%);

$$F\_T := 2\,\frac{\sin\left(\frac{1}{2} w T\right)}{w T}$$

Für kleiner werdendes T werden diese Funktionen als Bilder $pl[n]$ abgelegt:
> for n from 1 to 15 do
> T := 1/n^2:
> pl[n] := plot(F_T, w = -200..200, y = -0.3..1.1, numpoints = 100):
> end do:

und mit dem **display**-Befehl mit der Option **insequence = true** als Bildsequenz animiert
> with(plots):
> display([seq(pl[n], n = 1..15)], insequence=true);

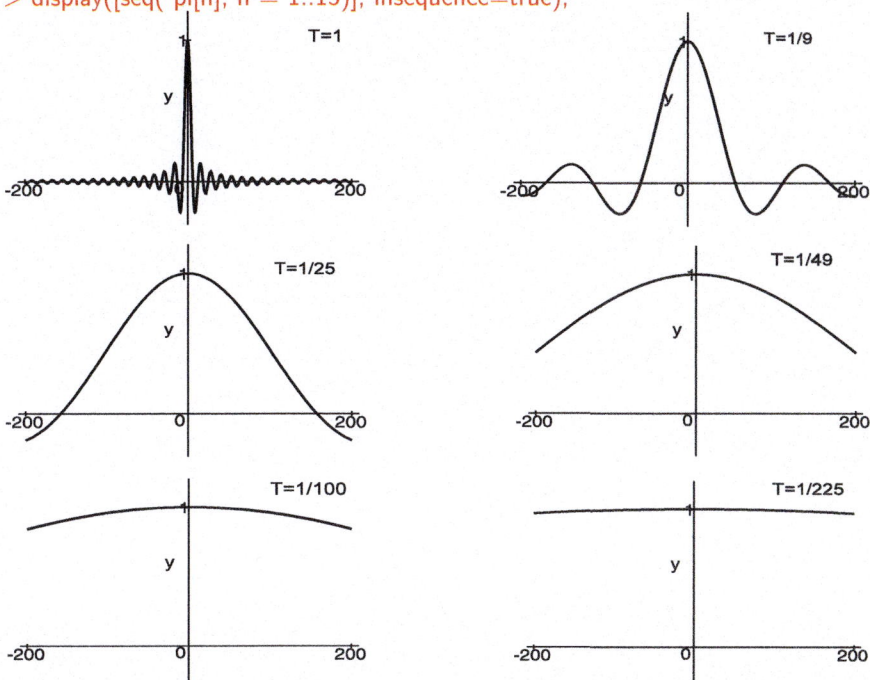

Animation: Man erkennt an den Einzelbildern, dass die Maximalamplitude stets bei 1 bleibt, die Nullstellen aber gegen $\pm\infty$ wandern, so dass man als Grenzfunktion die konstante Funktion $F(\omega) = 1$ erhält.

16.4 Anwendungsbeispiele

16.4.1 Lösen von Differenzialgleichungen mit der Fourier-Transformation

Beispiel 16.2 (Musterbeispiel, mit MAPLE). Gesucht ist eine partikuläre Lösung der Differenzialgleichung

$$y''(t) - y(t) = t \sin(t).$$

1. Schritt: Wir wenden auf die DG die Fourier-Transformation an:
> deq := diff(y(t),t$2) - y(t) = t * sin(t):
> with(inttrans):
> fourier(deq, t, w);

$$-w^2 \operatorname{fourier}(y(t), t, w) - \operatorname{fourier}(y(t), t, w) = \pi \operatorname{Dirac}(1, w-1) \\ - \pi \operatorname{Dirac}(1, w+1)$$

2. Schritt: Man löst die algebraische Gleichung mit dem **solve**-Befehl nach der Fourier-Transformierten $F(w)$ auf.
> F(w) := solve(%, fourier(y(t), t, w));

$$F(w) := -\frac{\pi\,\mathrm{Dirac}(1, w-1) - \pi\,\mathrm{Dirac}(1, w+1)}{w^2+1}$$

3. Schritt: Die Rücktransformation liefert die gesuchte Lösung
> invfourier(%, w, t):
> y(t):=simplify(evalc(%));

$$\boxed{y(t) := -\tfrac{1}{2}\cos(t) - \tfrac{1}{2}\,t\sin(t)}$$

⚠ **Achtung:** Man beachte, dass im Gegensatz zum **dsolve**-Befehl mit der Fourier-Transformation nur eine partikuläre Lösung der Differenzialgleichung berechnet wird, und zwar genau die Lösung mit verschwindenden Anfangsbedingungen. □

◆ 16.4.2 Frequenzanalyse des Doppelpendelsystems

Wir wenden die Fourier-Analyse an, um die Eigenfrequenzen des Doppelpendelsystems aus Kapitel 12 Beispiel 12.5 *ohne* Reibung zu bestimmen. Dazu lösen wir das Differenzialgleichungssystem für die Winkelauslenkungen $\varphi_1(t)$ und $\varphi_2(t)$, wenn auf das Pendel (1) die Deltafunktion $\delta(t)$ wirkt. Damit lauten die Differenzialgleichungen für das Pendelsystem

$$\ddot{\varphi}_1(t) = -\frac{g}{l}\varphi_1(t) + \frac{d}{m}(\varphi_2(t) - \varphi_1(t)) + \delta(t)$$

$$\ddot{\varphi}_2(t) = -\frac{g}{l}\varphi_2(t) + \frac{d}{m}(\varphi_1(t) - \varphi_2(t)).$$

Diese Differenzialgleichungen werden direkt in MAPLE umgesetzt:
> deq1 := diff(phi1(t),t$2)=-g/l * phi1(t) + d/m * (phi2(t)-phi1(t)) + Dirac(t);
> deq2 := diff(phi2(t),t$2)=-g/l * phi2(t)+d/m * (phi1(t)-phi2(t));

$$deq1 := \frac{\partial^2}{\partial t^2}\phi 1(t) = -\frac{g\,\phi 1(t)}{l} + \frac{d\,(\phi 2(t) - \phi 1(t))}{m} + Dirac(t)$$

$$deq2 := \frac{\partial^2}{\partial t^2}\phi 2(t) = -\frac{g\,\phi 2(t)}{l} + \frac{d\,(\phi 1(t) - \phi 2(t))}{m}$$

Wir lösen das Differenzialgleichungssystem im Frequenzbereich, indem wir auf beide Differenzialgleichungen die Fourier-Transformation anwenden. Mit dem **fourier**-Befehl erhält man zwei algebraische Gleichungen für $\Phi_1(\omega)$ und

16.4 Anwendungsbeispiele

$\Phi_2(\omega)$, den Fourier-Transformierten der Winkelauslenkungen $\varphi_1(t)$ und $\varphi_2(t)$:

$$\Phi_1(\omega) = \mathcal{F}(\varphi_1), \ \Phi_2(\omega) = \mathcal{F}(\varphi_2).$$

> with(inttrans):
> eq1 := fourier(deq1, t, w);
> eq2 := fourier(deq2, t, w);

$$eq1 := -w^2 \operatorname{fourier}(\phi 1(t), t, w) =$$
$$-\frac{g \operatorname{fourier}(\phi 1(t), t, w)}{l} + \frac{d\left(\operatorname{fourier}(\phi 2(t), t, w) - \operatorname{fourier}(\phi 1(t), t, w)\right)}{m} + 1$$

$$eq2 := -w^2 \operatorname{fourier}(\phi 2(t), t, w) =$$
$$-\frac{g \operatorname{fourier}(\phi 2(t), t, w)}{l} + \frac{d\left(\operatorname{fourier}(\phi 1(t), t, w) - \operatorname{fourier}(\phi 2(t), t, w)\right)}{m}$$

Zur übersichtlicheren Darstellung ersetzen wir mit dem **alias**-Befehl die Ausdrücke der Form $fourier(\phi(t), t, w)$ durch $\Phi(w)$.

> alias(Phi1(w) = fourier(phi1(t), t, w)):
> alias(Phi2(w) = fourier(phi2(t), t, w)):

Die beiden linearen Gleichungen für $\Phi_1(\omega)$ und $\Phi_2(\omega)$ lauten damit
> eq1; eq2;

$$-w^2 \Phi 1(w) = -\frac{g \Phi 1(w)}{l} + \frac{d(\Phi 2(w) - \Phi 1(w))}{m} + 1$$

$$-w^2 \Phi 2(w) = -\frac{g \Phi 2(w)}{l} + \frac{d(\Phi 1(w) - \Phi 2(w))}{m}$$

Durch das Lösen des LGS mit **solve** erhält man die Transformierten der Winkelauslenkungen.
> sol := solve({eq1, eq2}, {Phi1(w), Phi2(w)});
> assign(sol);

$$sol := \left\{ \Phi 1(w) = \frac{l(-w^2 l m + g m + d l)}{-2 m w^2 l g + m g^2 + m w^4 l^2 + 2 g d l - 2 w^2 l^2 d}, \right.$$

$$\left. \Phi 2(w) = \frac{l^2 d}{-2 m w^2 l g + m g^2 + m w^4 l^2 + 2 g d l - 2 w^2 l^2 d} \right\}$$

$\Phi_1(\omega)$ und $\Phi_2(\omega)$ sind die Übertragungsfunktionen für Pendel (1) bzw. (2). Wir stellen die Übertragungsfunktion für $\varphi_1(t)$ in Abb. 16.3 graphisch dar:
> parameter := {g=10, m=0.1, l=1, d=1}:
> plot(subs(parameter, Phi1(w)), w = -10..10);

Aus dem Graphen entnimmt man die Resonanzfrequenzen $\omega_1 = 3.1$ und $\omega_2 = 5.48$; diese beiden Frequenzen stimmen mit den Eigenfrequenzen überein, die wir mittels der Eigenwerttheorie der Matrizen bestimmt haben. Da keine Rei-

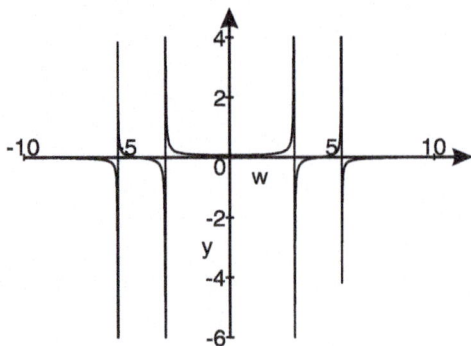

Abb. 16.3. Frequenzspektrum des Doppelpendelsystems (Pendel 1)

bungskräfte bei der Erstellung des Modells berücksichtigt wurden, entsprechen die Eigenfrequenzen genau den Polstellen. □

16.4.3 Frequenzanalyse eines Hochpasses

Gegeben ist der in Abb. 16.4 gezeigte Hochpass. Ziel der folgenden Betrachtung ist es, die Übertragungsfunktion der Schaltung zu bestimmen. Dazu wählt man als spezielles Eingangssignal die Deltafunktion $U_e(t) = \delta(t)$. Die Spannung am Ausgang $U_a(t)$ ist dann die Impulsantwort. Die Fourier-Transformierte der Impulsantwort wird als Übertragungsfunktion bezeichnet.

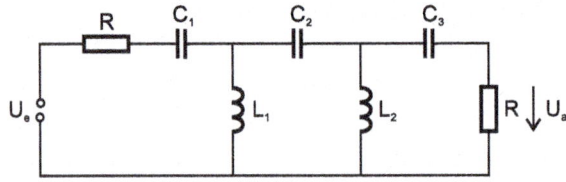

Abb. 16.4. Hochpass

Der Hochpass besteht aus fünf Energiespeichern C_1, C_2, C_3; L_1, L_2; diesen Energiespeichern werden fünf Zustandsvariable U_1, U_2, U_3; I_1, I_2 zugeordnet. Anwenden der Maschen- und Knotenregel liefert von links nach rechts:

$$
\begin{aligned}
M_1: \quad & U_0 = R\,I_0 + U_1 + L_1\,\dot{I}_1 \\
\&: \quad & I_0 = C_1\,\dot{U}_1 \\
K_1: \quad & I_0 = I_1 + C_2\,\dot{U}_2 \\
M_2: \quad & L_1\,\dot{I}_1 = U_2 + L_2\,\dot{I}_2 \\
K_2: \quad & C_2\,\dot{U}_2 = I_2 + C_3\,\dot{U}_3 \\
M_3: \quad & L_2\,\dot{I}_2 = U_3 + R\cdot C_3\,\dot{U}_3
\end{aligned}
$$

Die Differenzialgleichungen lauten in MAPLE

```
> deq1 := R * C1 * diff(U1(t), t) + L1 * diff(I1(t), t) + U1(t) = Dirac(t) :
> deq2 := C1 * diff(U1(t), t) - C2 * diff(U2(t), t) = I1(t) :
```

16.4 Anwendungsbeispiele

```
> deq3 := L1 * diff(I1(t), t) - L2 * diff(I2(t), t) = U2(t):
> deq4 := C2 * diff(U2(t), t) - C3 * diff(U3(t), t) = I2(t):
> deq5 := L2 * diff(I2(t), t) - R * C3 * diff(U3(t), t) = U3(t):
```

Durch Anwenden des **fourier**-Befehls auf die Differenzialgleichungen folgt ein lineares Gleichungssystem für die Fourier-Transformierten der Variablen $U_1(t)$, $U_2(t)$, $U_3(t)$, $I_1(t)$, $I_2(t)$.

```
> with(inttrans):
> eq1 := fourier(deq1, t, w):
> eq2 := fourier(deq2, t, w):
> eq3 := fourier(deq3, t, w):
> eq4 := fourier(deq4, t, w):
> eq5 := fourier(deq5, t, w);
```

$$eq5 := I\,L2\,w\,\text{fourier}\,(I2(t),\,t,\,w) - I\,R\,C3\,w\,\text{fourier}\,(U3(t),\,t,\,w)$$
$$= \text{fourier}\,(U3(t),\,t,\,w)$$

Zur Abkürzung ersetzen wir mit dem **alias**-Befehl $fourier\,(f(t),\,t,\,w)$ durch $F(\omega)$ bzw.

```
> alias(U1(w) = fourier(U1(t), t, w)):
> alias(U2(w) = fourier(U2(t), t, w)):
> alias(U2(w) = fourier(U2(t), t, w)):
> alias(I1(w) = fourier(I1(t), t, w)):
> alias(I2(w) = fourier(I2(t), t, w)):
```

und lösen die linearen Gleichungen nach den Variablen $U_1(\omega)$, $U_2(\omega)$, $U_3(\omega)$, $I_1(\omega)$, $I_2(\omega)$ mit dem **solve**-Befehl auf.

```
> sol := solve({eq1, eq2, eq3, eq4, eq5},{U1(w), U2(w), U3(w), I1(w), I2(w)});
> assign(sol):
```

Für das Übertragungsverhalten ist die am Ohmschen Widerstand abgegriffene Spannung von Interesse

$$U_a(t) = R \cdot C_3 \cdot U_3'(t)$$

bzw. genauer die Fourier-Transformierte von $U_a(t)$:

$$H(\omega) = \mathcal{F}(U_a(t)) = R\,C_3\,\mathcal{F}\left(U_3'(t)\right)(\omega) = R \cdot C_3 \cdot i\,\omega \cdot U_3(\omega).$$

Für die Parameter $R = 1000\,\Omega$, $C_1 = C_3 = 5.28 \cdot 10^{-9}\,F$, $C_2 = \frac{1}{2}C_1$, $L_1 = L_2 = 3.128 \cdot 10^{-3}\,H$ stellen wir die Übertragungsfunktion in Abb. 16.5 graphisch dar.

```
> R:=1000: C1:=5.28e-9: C2:=C1/2: C3:=C1: L1:=3.128e-3: L2:=L1:
> H(w) := R * C3 * I * w * U3(w):
> plot(abs(H(w)), w = 0..500000);
```

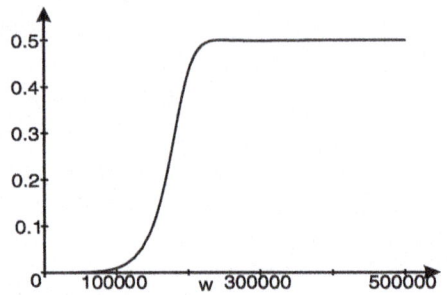

Abb. 16.5. Frequenzspektrum des Hochpasses

Man erkennt deutlich den Hochpasscharakter der Schaltung: Tiefe Frequenzen werden gesperrt $(H(\omega) \approx 0)$ und hohe Frequenzen können passieren $(H(\omega) \approx \frac{1}{2})$. Die Grenzfrequenz bei halber Amplitude liegt bei $\omega_g = 175000 \frac{1}{s}$. □

16.5 Zusammenstellung der MAPLE-Befehle

Spezielle Funktionen
Heaviside(t) Sprungfunktion.
alias($S(t) = Heaviside(t)$)
 Definition von $S(t)$ als Sprungfunktion.
$1/T\,(S(t) - S(t-T))$ Impulsfunktion mit Breite T und Höhe $\frac{1}{T}$.
Dirac(t) Deltafunktion, Diracfunktion, δ-Funktion.
Dirac(n, t) n-te Ableitung von Dirac(t).

Befehle zur Fourier-Transformation
with(inttrans) Befehle zur Fourier-Transformation.
fourier($f(t), t, w$) Fourier-Transformation der Funktion f mit der Variablen t. ω ist die Variable der Transformierten

$$F(\omega) = \int_{-\infty}^{\infty} f(t)\, e^{-i\omega t}\, dt\,.$$

invfourier($F(w), w, t$) Inverse Fourier-Transformation der Funktion $F(\omega)$. t ist die Variable der zugehörigen Zeitfunktion.

fourier(DG, t, w) Transformation einer DG in den Frequenzbereich.

Maple-Worksheets zu Kapitel 16

 Die folgenden elektronischen Arbeitsblätter stehen für Kapitel 16 mit Maple zur Verfügung.

- Von den Fourier-Reihen zur Fourier-Transformation
- Fourier-Transformation mit Maple
- Lösen von DG mit der Fourier-Transformation
- Deltafunktion mit Maple
- Systeme mit einem und zwei Energiespeicher mit Maple
- Systemanalyse des Doppelpendels über die Impulsantwort
- Systemanalyse eines Hochpasses über die Impulsantwort

Literaturverzeichnis

Lehrbücher Ingenieurmathematik:

Ayres, F.: Differential- und Integralrechnung. McGraw-Hill 1975.

Brauch, W., Dreyer, H.J., Haacke, W.: Mathematik für Ingenieure.
Vieweg+Teubner 2006.

Bronstein, I.N., Semendjajew, K.A.: Taschenbuch der Mathematik.
Harri Deutsch, Thun/Frankfurt 1989.

Burg, K., Haf, W., Wille, F.: Höhere Mathematik für Ingenieure I-IV.
Vieweg+Teubner 2008-09.

Engeln-Müllges, G., Reutter, F.: Formelsamml. zur Numerischen Mathematik.
BI Wissenschaftsverlag, Mannheim 1987.

Fetzer, A., Fränkel, H.: Mathematik 1+2. Springer 2008+09.

v. Finckenstein, K.: Grundkurs Mathematik für Ingenieure.
Teubner, Stuttgart 1986.

Fischer, G.: Lineare Algebra. Vieweg, Braunschweig 2002.

Forster, O.: Analysis 1. Vieweg+Teubner 2011.

Hainzel, J.: Mathematik für Naturwissenschaftler. Teubner, Stuttgart 1985.

Hohloch, E., Kümmerer, H.: Brücken zur Mathematik 1-7. Cornelsen 1989-96.

Meyberg, K., Vachenauer, P.: Höhere Mathematik 1+2. Springer 2003.

Munz, C.D., Westermann, T.: Numerische Behandlung gewöhnlicher und
partieller Differenzialgleichungen. Springer 2010.

Papula, L.: Mathematik für Ingenieure 1+2. Vieweg+Teubner 2009.

Spiegel, M.R.: Höhere Mathematik für Ingenieure und Naturwissenschaftler.
McGraw-Hill 1978.

Stingl, P.: Mathematik für Fachhochschulen. Carl Hanser 2003.

Werner, W.: Mathematik lernen mit Maple (Band 1+2). dpunkt 2001.

Westermann, T.: Mathematik für Ingenieure. Springer 2011.

Literatur zu MAPLE:

Bahns, D., Schweigert, Ch.: Softwarepraktikum - Analysis und Lineare Algebra. Vieweg+Teubner 2007

Burkhardt, W.: Erste Schritte mit Maple. Springer 1996.

Char, B.W. et al.: Maple9 Learning Guide. Maple Inc. 2003.

Devitt, J.S.: Calculus with Maple V. Brooks/Cole 1994.

Dodson, C.T.J., Gonzalez, E.A.: Experiments In Mathematics Using Maple. Springer 1995.

Heck, A.: Introduction to Maple. Springer 2003.

Heinrich, E., Janetzko, H.D.: Das Maple Arbeitsbuch. Vieweg, Braunschweig 1995.

Kofler, M. et al.: Maple: Einführung, Anwendung, Referenz. Addison-Wesley 2001.

Komma, M.: Moderne Physik mit Maple. Int. Thomson Publishing 1998.

Lopez, R.J.: Maple via Calculus. Birkhäuser, Boston 1994.

Maple 14 Advanced Programming Guide. Maplesoft, Waterloo 2010.

Maple 14 User Manual. Maplesoft, Waterloo 2010.

Monagan, M.B. et al.: Maple9 Programming. Maple Inc. 2003.

Stoppel, H.: Mathematik anschaulich. Oldenburg 2001.

Westermann, T., Buhmann, W., Diemer, L., Endres, E., Laule, M., Wilke, G.: Mathematische Begriffe visualisiert mit MAPLE. Springer 2001.

Westermann, T.: Mathematische Probleme lösen mit Maple. Springer 2010.

Index

Ableitung, 91
  eines Vektors, 164
Ableitung höherer Ord., 135
Anfangswertprobleme, 206
Ausfluss aus Behälter, 209
Ausgleichsfunktion, 149
Ausgleichsrechnung, 148

Balkenbiegung, 194
Bandpass, 82
Basisfunktionen, 186
Betragsgleichungen, 21

Chemische Reaktion, 178

Deltafunktion, 238
DG 1. Ordnung, 175
DG n-ter Ordnung, 193
Differenzialgleichungen
  numerisches Lösen, 199
Differenziation, 92
Diskriminante, 19
Doppelintegrale, 155
Doppelpendelsystem, 240
Dreifachintegrale, 157

Eigenvektoren, 179, 180
Eigenwerte, 179, 180
Einlesen von Daten, 54
Einweggleichrichter, 225
Elektrische Netzwerke, 23
Elektrostatisches Potenzial, 132
Euler-Verfahren, 199, 200
Exponentialfunktion, 64

Filterschaltungen, 81
Fläche, 171
Fourier-Reihe, 223, 225
  komplexe, 232
  reelle, 223
Fourier-Transformation, 235
Frequenzanalyse, 240
  Doppelpendelsystem, 240
  Hochpass, 242
Frequenzband, 83
Fundamentalsystem, 180
Funktionen, 49

Einlesen von Daten, 54
Funktionsgrenzwerte, 87

Gamma-Funktion, 213
Gekoppelte Pendel, 182
  mit Reibung, 182
Gekoppelter Schwingkreis, 210
Gleichungen
  Betrags-, 21
  quadratische, 19
  Wurzel-, 21
Gradient, 137
Gradientenfeld, 169

Hochpass, 81
homogene LDGS, 182

I, 69
Impedanz
  Längs-, 77
  Quer-, 77
implizite Differenziation, 94
inhomogene LDGS, 186
Integralsubstitution, 106
Integration, 103

Kettenschaltungen, 77
Kippschwingung, 227
Kirchhoffsche Gesetze, 23
Knotensatz, 23
Kommutierter Sinusstrom, 232
Komplexe Amplitude, 73
Komplexe Rechnung, 71
Komplexe Zahlen, 69, 84
Krümmung, 112
Kreisbewegung, 164
Kurve, 163
  Parameterdarstellung, 163
Kurvenintegral, 167
  Berechnung von, 168

Lösung
  homogene, 186
  spezielle, 186
Laplace-Transformation, 213
LDGS, 186, 210
LGS, 23

lineare Ketten, 78
Linearisierung, 140
Linie, 163
Linienintegral, 167
logarithmische Differenziation, 93
Logarithmusfunktion, 64
Lokale Extrema, 143

Magnetfeld von Leiterschleifen, 98
Maschensatz, 23
Masse eines Körpers, 159
Massenstrom, 172
Messdaten, 54
Mittelungseigenschaft, 109

Newton-Verfahren, 95
Newtonsches Abkühlungsgesetz, 176

Oberflächenintegral, 172

Parameterdarstellung
    einer Fläche, 171
    einer Kurve, 163
Partialbruchzerlegung, 107
Partielle Ableitung
    höherer Ordnung, 135
partielle Ableitung, 135
partielle Integration, 104
Pendelgleichung, 207
Polygonzugverfahren, 200
Polynome, 57
Potenz-Wurzelfunktion, 64
Potenzialfeld, 169
Potenzreihen, 122, 129
Prädiktor-Korrektor, 202

Quadrupol, 133

rationale Funktionen, 60

Regressionsgerade, 148
Reihe
    harmonische, 118
Reihen, 129
rekursive Folge, 86
Richtungsableitung, 139
Rotationskörper, 112
Runge-Kutta-Verfahren, 203

Satz von Fourier, 223
Schwerpunkt, 159
Schwingungen, 74
Schwingungen einer Karosserie, 187
Singularität, 131
starre Körper, 160
Streckenzugverfahren, 199
Superposition, 74

Tangentialebene, 136, 171
Taylor-Reihen, 139
Torricelli-Gesetz, 209
Trägheitsmoment, 159

Umkehrfunktion, 56
Ungleichungen, 22

Vektorfeld, 165
Vektorrechnung, 29
Vereinfachungsbefehle, 67
Volumen, 159

Wurzelgleichungen, 21
Wurzelziehen
    babylonisches, 86, 97

Zahlengrenzwerte, 85
Zahlenreihen, 117
Zweiweggleichrichter, 232

Maple-Befehle

→, 224
x ->, 49, 85, 131
abs, 69, 84
Add, 18
add, 140, 142, 233
alias, 221, 241, 243, 244
AreParallel, 35
args, 88, 140, 144, 204
argument, 69, 70, 84
Array, 42
assign, 24, 175, 177
assume, 215, 217, 236
asympt, 62
BandMatrix, 42
Basis, 48
binomial, 18
cat, 140
changevar, 106
CharacteristicMatrix, 198
CharacteristicPolynomial, 180, 198
charpoly, 188
close, 55
coeff, 58, 60
collect, 58, 60
ColumnSpace, 48
combine, 65–67
complexplot, 70
conjugate, 69
contourplot, 133, 151
contours, 151
convert, 31, 60, 69, 107, 124, 125, 221
coordinates, 36
cost, 59
CrossProduct, 31
D, 92, 135, 136, 152, 193, 197, 212, 221
degree, 58, 60
denom, 61
densityplot, 134, 151
DEplot, 211, 212
detail, 34
Determinant, 43, 46, 48, 146
DEtools, 211
DiagonalMatrix, 42, 48
Diff, 135, 152
diff, 92–94, 100, 135, 152, 193, 197, 207, 212, 215, 217, 221, 240, 242

Digits, 25
Dirac, 238, 244
display, 52, 59, 99, 102, 124, 137, 177, 239
distance, 35
do, 88
DotProduct, 30, 139, 152
draw, 35, 37
dsolve, 175, 177, 193, 197, 207, 210, 212
Eigenvalues, 180, 181, 183, 198
Eigenvectors, 180, 181, 183, 184, 189, 198
else, 88
end, 88
Equation, 33
eval, 41, 48
evalc, 69, 71, 84, 190
evalf, 20, 31, 50, 104, 174, 233
expand, 18, 57, 60, 61, 65, 67
expanded, 236
extrema, 147, 152
factor, 58, 60, 61, 72, 105
fi, 88
fieldplot, 151
fieldplot3d, 151
FindAngle, 36
fourier, 235, 236, 241, 243, 244
fsolve, 20, 58, 60, 72
gcd, 61
Gradient, 137–139, 152
gradplot, 137, 138, 151
gradplot3d, 137, 138, 151
Heaviside, 221, 235, 244
Hessian, 145, 146, 152
if, 88
Im, 69, 84
infinity, 117
inifcns, 49
insequence, 102
Int, 103, 155–157, 174, 232, 233
int, 103, 155, 174, 190, 224, 233
interp, 59, 60
intersection, 35
intparts, 104
inttrans, 235
inverse, 42

252 Maple-Befehle

invfourier, 237, 244
invlaplace, 214, 216, 218, 220, 221
isolate, 94, 105
kette, 81
laplace, 213, 215, 217, 219, 221
leftbox, 102
leftsum, 102
limit, 85, 87, 94, 117
line, 33
LinearAlgebra, 25, 29, 180, 198
LinearSolve, 25, 44, 48, 181, 184
list, 59
ln, 17
local, 88, 140, 141
log, 17
log10, 17
loglogplot, 53
logplot, 53
lprint, 88
map, 93, 174
Matrix, 25, 41, 46, 48, 180, 183, 189, 198
MatrixInverse, 48, 189
mtaylor, 140, 152
nops, 59, 140, 141
Norm, 30, 152
normal, 61, 232, 233, 236
numer, 61
numeric, 197, 206, 210
numpoints, 191
odeplot, 207, 212
op, 105, 141
options, 131
orientation, 137
parfrac, 107
plane, 34
plot, 21, 51, 84, 85, 98, 131, 216, 220, 224, 241
plot options, 53
plot3d, 131, 132, 134, 151
plots, 152, 239
point, 33
polar, 69
powcreate, 122
powseries, 122
print, 36, 88
proc, 51, 88
product, 18
RandomMatrix, 42

Rank, 44, 48
Re, 69, 84
readdata, 54
readlib, 152
RootOf, 20
RowSpace, 48
ScalarPotential, 170
semilogplot, 53
seq, 59, 85, 99, 102, 142
series, 125
simplify, 18, 64, 66, 67, 84, 190, 216, 217, 233
simplify, symbolic, 56, 64, 66
solve, 19, 22, 23, 71, 94, 177, 180, 205, 216, 218, 219, 221, 241, 243
sort, 57, 60
spacecurve, 163
string, 124
student, 102, 104
style, 133, 136, 151
SubMatrix, 145, 146
subs, 60, 93, 177, 181, 190, 216, 224, 233
sum, 18, 117, 224
taylor, 124
textplot, 52, 177
tpsform, 122
Transpose, 42
type, 29
unapply, 50, 56, 88, 142
value, 104, 106, 155–157, 174, 232, 233
Vector, 25, 29, 189
VectorAngle, 31
VectorCalculus, 137, 139, 145
view, 124, 131
whattype, 29
while, 88
with, 152, 239
writedata, 54
zip, 59

Maple-Prozeduren

ausgleich, 149
bise, 88
bogen, 111
DGsolve, 204
differential, 140
Drei_Int, 157
extremum_2d, 143, 144
extremum_nd, 145, 146
fehler, 141
fourier_reihen, 229
geomet, 37
kette, 81
konv_radius, 120
newton, 96
quot_krit, 119
Regressionsgerade, 148
starr, 160, 162
stationaer, 143
taylor_poly, 125
xrotate, 113
yrotate, 113

Zusammenfassung der MAPLE-Strukturen

⊙ Operatoren
+	Addition	<	kleiner
-	Subtraktion	<=	kleiner gleich
*	Multiplikation	>	größer
/	Division	>=	größer gleich
**	Potenz	=	gleich
^	Potenz	<>	ungleich
.	Matrizenmultiplikation		

⊙ Nulloperatoren
- :=   Zuweisung
- ;   Befehlsende zur Ausführung und Ausgabe des Ergebnisses
- :   Befehlsende zur Ausführung *ohne* Ausgabe des Ergebnisses
- %   zuletzt berechneter Ausdruck (ditto-Operator)
- \\   An- und Abführungszeichen für Texte in MAPLE-Befehlen

⊙ Klammern
(...)	Klammerung in einer mathematischen Formel
[., .,..., .]	Erzeugung einer Liste
< ., .,..., . >	Erzeugung eines Spaltenvektors
< .| .|...| .>	Erzeugung eines Zeilenvektors
{ ., .,..., . }	Erzeugung einer Menge

⊙ Programmierstrukturen

for-Schleife   for <*index*> from <*start*> by <*schritt*> to <*ende*>
do <*anweisungen*> end do;

while-Schleife   while <*bedingung*>
do <*anweisungen*> end do;

if-Bedingung   if <*bedingung*> then <*anweisungen*> endif;

if/else   if <*bedingung*> then <*anweisungen*>
else <*anweisungen*>
endif;

if/elseif/else   if <*bedingung*> then <*anweisungen*>
elif <*bedingung*> then <*anweisungen*>
else <*anweisungen*>
endif;

Prozeduren   p:= proc(<*parameter*>)
local <*variablen*>;
<*anweisungen*>
end;

The manufacturer's authorised representative in the EU is Springer Nature Customer Service Centre GmbH, Europaplatz 3, 69115 Heidelberg, Germany. If you have any concerns regarding our products, please contact ProductSafety@springernature.com

Printed and bound by CPI Group (UK) Ltd, Croydon, CR0 4YY

26/03/2026

02078978-0001